公共建筑及周边场地功能适变设计关键技术

胡越　严鑫　张晓奕　著

U0379956

机械工业出版社

CHINA MACHINE PRESS

在全球气候变化和我国城镇化与社会经济结构加速转型背景下，建筑及其环境建成后如何适应不断变化的多样需求，保证全生命周期内的安全底线、使用效率与空间活力，是新时代建筑学面临的主要问题。

本书是关于广义韧性建筑功能适变关键技术的学术专著。全书分成5章，第1章~第3章是对研究背景及关键技术的理论基础和方法的概述；第4章是对五棵松文化体育中心功能适变理性设计方法的详细介绍；第5章是对功能适变关键技术路线的介绍以及对未来工作的构想。

本书适合建筑师及相关设计从业人员阅读，也可作为建筑学及相关专业师生的参考书。

图书在版编目（CIP）数据

公共建筑及周边场地功能适变设计关键技术 / 胡越，严鑫，张晓奕著. -- 北京：机械工业出版社，2024. 8.
ISBN 978-7-111-76360-4

Ⅰ. TU242

中国国家版本馆CIP数据核字第2024JW4258号

机械工业出版社（北京市百万庄大街22号　邮政编码100037）
策划编辑：时　颂　　　　　　　责任编辑：时　颂
责任校对：张　薇　李　杉　　　封面设计：王　旭
责任印制：郜　敏
中煤（北京）印务有限公司印刷
2024年11月第1版第1次印刷
148mm×210mm·9.875印张·258千字
标准书号：ISBN 978-7-111-76360-4
定价：89.00元

电话服务　　　　　　　　　网络服务
客服电话：010-88361066　　机 工 官 网：www.cmpbook.com
　　　　　010-88379833　　机 工 官 博：weibo.com/cmp1952
　　　　　010-68326294　　金 书 网：www.golden-book.com
封底无防伪标均为盗版　　机工教育服务网：www.cmpedu.com

1990 年北京亚运会工程是我参与设计的第一个工程，通过这个工程项目我们深刻体会到了大型体育中心赛后利用的重要性。

2003 年我和我的团队承接了五棵松文化体育中心总图的设计工作。在此之前我已经开始了设计方法论的研究。在这样的背景下，我们在设计五棵松文化体育中心总图时将重心集中在下面两个方面：
（1）体育中心场地的功能适变；
（2）基于功能适变的理性设计方法探索。

这是一次以体育中心功能适变为目的、以设计方法创新为手段的设计实验。

这里需要对上述两个关键点做一个简短的解释。所谓体育中心场地的功能适变，是试图设计一个具有强大韧性的体育中心，以便应对大型体育中心在使用过程中的"潮汐现象"，让场地能够更好地适应赛时和平时在需求方面的巨大差异，能够保障体育中心在全生命周期中高效运营。

作为一个古老的职业，建筑设计一直以跨越艺术和工程两个领域为其主要特征。在这样的学科背景下，建筑设计总是以感性的、个人经验的、注重创作灵感的设计方法见长。而这种方法在进入 20 世纪以后越来越难以适应社会对建筑的需求，20 世纪在西方国家掀起了现代设计法运动，建筑师和学者试图通过改变传统设计方法使建筑更好地适应新时代的需求。在对设计方法的研究过程中，我们敏感地意识到设计方法的变革对于中国建筑实践的重要性。

因此针对五棵松文化体育中心总图设计，我们采用了一种基于理性设计的方法。

这个方法我们称为"工作系统"，其核心是在主要设计需求——体育中心场地功能适变的驱动下，分析建设场地及周边环境的特征，根据特征选取样本，对样本进行调研，分析调研结果，建立数学模型，将体育中心场地代入模型运算，其运算结果可以作为对场地进行细化和景观设计的依据，其流程图如图 0-1 所示。

2008 年奥运会结束后我们又继续完成了五棵松体育馆奥运会后改造、北部商业和地下停车场设计、棒球场拆除后地下商业街的设计、体育馆冬奥会改造以及冬奥会训练馆设计等一系列工作。面对业主在持续的运营中的一系列改造提升需求，我们在完成常

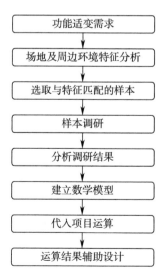

图 0-1 "工作系统"流程图

规设计任务的同时也深刻地体会到，设计之初对体育中心功能适变的关注，为体育中心后续的运营改造提供了良好的条件，同时持续的优化调整也给设计师提出了新的挑战。我们需要在持续的更新中提供持续的适变设计。

基于上述认识，我们在"工作系统"的基础上发展了一种基于持续感知环境的智能化辅助设计方法，同时将这个针对五棵松文化体育中心功能适变的设计方法拓展为一个具有普遍意义的功能适变设计关键技术。

本书分成 5 章，第 1 章 ~ 第 3 章是对研究背景及关键技术的理论基础和方法的概述，第 4 章是对五棵松文化体育中心功能适变理性设计方法的详细介绍，第 5 章是对功能适变关键技术路线的介绍以及对未来工作的构想。

胡　越

目录

背景

在全球气候变化和我国城镇化与社会经济结构加速转型背景下，建筑及其环境建成后如何适应不断变化的多样需求，保证全生命周期内的安全底线、使用效率与空间活力，是新时代建筑学面临的主要问题。

为了解决上述问题，首先在城市规划领域出现了关于韧性城市的研究。随着研究的深入，韧性城市研究逐渐从城市应对灾害扩展到应对社会、经济领域的各种冲击。由于城市最基本的单元是建筑，因此建筑的韧性研究也逐渐进入人们的视野。

1.1 | 韧性建筑研究的社会需求

从宏观的社会层面看韧性建筑研究非常必要，其强烈的社会需求主要来自下面几个方面：

1. 全球气候变化

由于温室气体大量排放导致全球气候变化，极端气候增加、海平面升高、生态系统受到冲击、暴雨冰雹频繁出现，给城市造成了极大的冲击。例如 2005 年美国卡特里娜飓风造成超过 1800 人死亡，经济损失达 1760 亿美元。受灾严重的新奥尔良市，由于城市基础设施陈旧，导致大面积受灾，并出现了无政府状态，造成重大损失。[1]2012 年 7·21 北京特大暴雨直接导致 79 人死亡，许多罹难者死亡的原因是由于城市道路排水系统经受不起短时间大量雨水的冲击，道路积水过高从而被困车中溺亡。[2]近几年来类似的灾害高频出现，城市抵御灾害的能力不足所造成的损失，促使全社会逐渐开始重视城市的韧性。韧性城市的研究必然涉及大量的建筑物和城市基础设施，从而带动韧性建筑的研究。

2. 绿色可持续发展

导致全球气候变化的主要原因是由于在人类发展过程中向大气中排入了过量的温室气体，而温室气体的主要成分是二氧化碳。令人遗憾的是建筑及相关行业的总碳排放量占比极高，以我国 2020 年的统计，建筑全行业碳排放占到了社会总碳排放的 50.9%。因此建筑行业的节能减排任务繁重、迫在眉睫。从建筑行业的碳排放量看，建筑材料生产和建筑的运维又占了主要部分。因此建筑行业的减碳方法主要集中在减量和增效两个方面。减量主要是减少高能耗建材的使用量，有效的方法是减少新建建筑的建设量，同时减少既有建筑在全生命周期内的改造强度，而建筑的韧性能力提升会有效地减少建筑在全生命周期中的改造强度从而减少碳排放。

3. 社会变化

进入 21 世纪以来随着技术的进步，人类社会的发展和变化速度正在加快，这种加快的迹象表现在社会的多个层面，包括政治、经济、科学技术、文化、教育、人口等方面。例如据统计从 2010 年到 2019 年全世界新能源装机达 12.5 亿 kW，占总装机的比例从 4.6% 提升到 16.8%，其增加速度呈加快趋势。

近几年随着国家人口结构的变化，社会对教育建筑的需求出现了大起大落的现象。据报道，我国近两年来已有逾两万所幼儿园关闭，类似的情况将在几年后传导到中小学以至大学。而当前中学正在由于学位数量少而加紧扩大规模。而采用新建和扩建方式在现有规范制约下建造的学校建筑，在即将到来的生源不足情况下很难转型，从而缩短了建筑第一次改造的时间，即使改造也会面临较大的改造强度，因此采用传统方式设计的教育建筑显然难于应对急速变化的社会需求。可以预测类似教育建筑的问题会在许多领域出现。社会剧烈的变化给传统模式的建筑提出了挑战。相对固化的建筑难于应对加速变化的社会需求。

4. 城市更新

近些年来，城市建设从增量时代转变为存量时代，从大拆大建转变为更新改造。在这种大背景下既有建筑改造将成为建筑师的重要工作。根据抽样调查，目前既有建筑改造主要集中在功能提升和功能转换上，其中功能转换占比接近 50%。所谓功能转换是指既有建筑改造中将原建筑的功能改变为新功能，比如将酒店改成办公楼、工业建筑改成文化建筑等。不论是功能提升还是功能转换,其主要原因都是老建筑功能不能很好地适应新时代的需求,因此在改造过程中提升建筑的韧性显得尤为重要。

5. 高质量发展

随着我国经济社会的发展,城市建设和建筑也从追求量的增加,转为追求质的提升。高品质的城市环境和建筑需要建筑更加耐久、长寿、适应能力强、文化价值高。实际上这些也是韧性建筑的需求。

综上所述,不论从应对全球气候变化、实现绿色可持续发展、满足社会加速变化的需求,还是从实现城市更新和高质量发展的国家战略来看,都需要建筑提升其韧性能力。

1.2 ｜ 韧性建筑的研究概况

面对如此强烈的需求，近几年来韧性城市的研究已经成为建筑学学科的热门课题。

1. 韧性建筑研究现状

根据我们对知网进行的文献检索发现，关于韧性建筑，从1980年有相关研究开始到2001年，每年平均发表的相关论文数量较少且没有明显的变化。从2001年至2010年每年发表的相关论文有了明显的增加。2010年至2019年相关论文数量快速增长。2019年至2023年相关论文数量出现爆发式增长（图1-1）。

截至2023年8月共有相关论文2049篇。其中题目与韧性城市相关的论文占比约39.5%（图1-2），而题目与韧性建筑相关的论文仅占比1.5%。

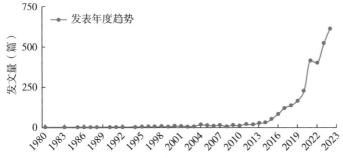

图1-1　韧性建筑研究论文发表年度趋势

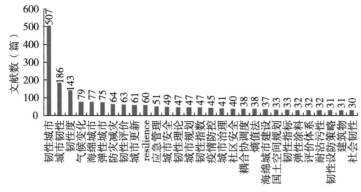

图 1-2　韧性城市相关研究论文数量统计

从上面的简单分析可以看出，近几年关于韧性城市的研究呈爆发式增长，但专门的韧性建筑研究相对较少。同时在韧性城市相关研究中包括不少韧性建筑的内容，防震减灾和结构韧性的研究也可以归入韧性建筑研究。

通过对韧性建筑研究的分析可以看出，大部分研究分布在韧性城市、绿色建筑、结构韧性、医疗建筑、体育建筑、住宅、市政基础设施相关建构筑物、建筑消防中。具体研究内容主要包括安全韧性、建筑"平急结合"、多功能使用以及气候适应性等方面。

2. 韧性建筑研究现状的分析

综合看来，当前建筑学领域有关韧性建筑的社会需求强烈，但有关韧性建筑的研究和实践相对滞后，主要表现在下列几个方面：

（1）建筑的综合韧性理论缺失。当前对建筑主动应对各类外部影响能力的认识，主要集中在工程学领域，相关建筑学的研究内容分散、缺乏系统性，没有形成统一理论，难以适应城市可持续发展的广泛需求。

（2）韧性建筑的系统工程学设计控制方法缺失。当前建筑设计重艺术创作，轻科学流程。设计环节相互割裂，设计方法缺乏量化支撑，难以满足我国海量建筑的普遍韧性提升需要。

（3）韧性建筑技术的系统性解决方案缺失。技术体系整体目标不明，自主可控技术体系存在短板，既有专项韧性技术缺乏整合平台，难以一体化应对多维度外部冲击与风险挑战。

在此背景下，我们面向大型场馆功能适变与海量既有一般建筑的设计和更新改造中的功能适变两大需求，针对建筑韧性理论、设计方法与系统方案三大关键科学问题，提出了广义韧性建筑理论。

2 理论基础

2.1 | 广义韧性建筑

广义韧性建筑指的是在全生命周期中能够全面高效地应对自然环境、经济、技术、社会变化的建筑。

广义韧性建筑理论从本体论拓展了传统建筑学普遍仅面向建筑本体的对象局限，关注城市空间、建筑与近邻附属环境，以及内部各功能构成空间、潜在功能转换空间的动态交互关系，将多层级嵌套空间作为一体化主动应对外部影响的开放系统，形成了系统适变论。认识论上，在工程韧性聚焦防灾减灾的认知基础上，将宏观社会经济影响、功能与产业演变、城市交互空间更替和使用行为特征变化作为广义韧性建筑适变的外部条件，形成了多维适变论。方法论上突破了建筑建成后固化状态耐久与延寿的认知局限，提出通过空间重组、功能转换、主体重构，实现物质空间与非物质空间需求的统一，强调以变化的建筑应对变化的外部影响，形成了永续适变论。

广义韧性建筑的研究内容包括三个方面：安全韧性、适变韧性、品质韧性。安全韧性主要针对建筑各专业应对自然灾害和社会突发事件的安全问题，适变韧性主要针对建筑各专业在应对社会需求变化时的应变能力，品质韧性主要针对建筑各专业保持建筑在全生命周期中持续的高品质。根据学科分类，其中的适变韧性和品质韧性统称为建筑学韧性，而安全韧性可以称为工程学韧性。

2.2 | 流程控制

从目前韧性建筑的研究现状来看，工程学韧性方面的研究相对较多，特别是在结构防震和建筑消防上。但建筑学相关的韧性研究非常薄弱，我们的广义韧性建筑将把研究重点聚焦在建筑学韧性的研究上。

鉴于建筑学跨越工程与人文的学科特征，在韧性建筑的研究中简单套用工程技术的研究路径，其成果很难在建筑学的实践中得到有效的应用。因此我们从建筑设计方法论入手，系统地建构了适应专业特点的建筑学韧性科学方法。这种方法我们称之为"流程控制"。

流程控制主要指人们主动地对设计流程的必要环节进行研究，并有针对性地对该环节进行控制。对流程的控制需要设计方法的支撑，并通过设计管理和设计实践予以实现。

在长时间的实践过程中，我们首先发现世界各地的传统建筑，特别是大量建造的成片的普通传统建筑，比现代普通建筑品质好。经过对设计方法的对比研究，我们看到传统建筑设计与现代建筑设计在方法上有明显的区别，现代建筑设计始终在倡导一种类似服装中高级定制的设计方法，而传统建筑设计却一直采用一种类似服装中成衣设计的方法。显然成衣的设计方法可以在方法论上保证普通大量建造的建筑的质量，而定制设计的方法只适用于少量建造的地标建筑。而那种类似成衣式的设计方式其核心是设计遵循一种成文的或约定俗成的法则。流程控制即是基于这个对传统建筑设计方法的分析，借鉴法则性设计的方法，通过流程控制，借助城市设计平台在设计中加入法则，指导大量建造的普通建筑设计，从而实现普通建筑的高质量设计。在韧性建筑设计中，我们应用了流程控制方法，在城市设计中植入韧性建筑设计法则，韧性建筑设计法则可以作为法则设计的重要组成部分。根据流程控制的技术路线，韧性建筑设计法则需要经历三个发展阶段：

（1）第一阶段用韧性建筑设计导则指导设计——导则是一种由精英设计的韧性建筑设计策略。

（2）第二阶段用韧性建筑设计评价体系+设计导则指导设计——设计导则使用定性和定量相组合的评价体系，对设计进行评价和设计优化。

（3）第三阶段用基于持续更新的数据和智能设计模型实现智能化的韧性建筑辅助设计。

本书的研究聚焦在第三阶段。

广义韧性建筑的
功能适变

如前所述，广义韧性建筑研究由安全韧性、适变韧性
以及品质韧性三部分组成。建筑学韧性研究主要聚焦
在适变韧性和品质韧性两部分。而适变韧性主要研究
建筑的功能适变。

3.1 | 功能适变

改革开放以来我国举办过包括两届奥运会在内的多次国际大型赛事，并因此建设了大量体育中心。同时，随着社会的发展，大型体育中心已经成为我国大中城市的标配。据统计资料显示，我国2019年共有4万座以上的体育场65座，位于体育中心内的63座。由此看来我国大型体育中心数量保守估计不少于63座。

根据《北京大型体育场馆综合利用发展研究报告》提供的数据，2018年经营比较好的国家体育场共举办大型活动20次[3]，而美国大型场馆年平均举办活动场次达200场以上。可以看出我国大型体育中心的利用率很低。其中原因复杂，但场馆在设计时过于关注赛事服务导致场馆没有足够的适变能力也是主要原因。

通过对谷德设计网和建日筑闻两大网站既有建筑改造实践成果的分析发现，有近50%的项目是功能转换，而在功能转换类改造工程中，占比较高的建筑是工业建筑、库房、办公建筑等。之所以这类建筑较多进行了功能转换，除了产业转型的大背景外，其空间大、易于功能转换也是不容忽视的重要因素。

2020年一场突如其来的疫情席卷全球。为了应对大量的传染病人，世界各地大都将体育馆、会展中心临时改造成隔离医院，另外利用通用性强、易于拆装的箱式建筑搭建临时传染病医院。不论是城市更新中的功能转换类改造还是疫情期间的临时设施建设都向我们揭示一个道理，就是建筑的功能适变与建筑的特征有很大关系，空间大、单元组合、易于拆装等特征使建筑在应变时具有很大的优势。而仅仅为大型赛事设计的大型场馆又由于没有充分考虑平时运营的功能适变问题，出现利用率低、维护费用高等问题。由此看来，不论是应对突发事件还是面对长期运营，功能适变都是问题的关键，而功能适变是可以通过设计实现的。因此研究建筑的功能适变应该成为广义韧性建筑的重要课题。

所谓功能适变指的是建筑适应使用需求变化的能力，即能够进行功能转换、多功能以及灵活使用的综合能力。

功能适变是广义韧性建筑中建筑学韧性研究的重要内容。功能适变的建筑学核心是建筑空间适变以及与之相适应的各专业适变设计。

功能适变从建筑设计方面看有五大策略：

第一种策略是尽力提高建筑品质，通过高品质的设计和建造质量使建筑可以被使用者珍惜，在使用时尽量去适应它从而达到功能适变。这是一种以不变应万变的设计策略，普通建筑的高品质可以通过流程控制中的高质量设计导则实现。

第二种策略是在建筑设计时，将功能适变作为一种重要性能纳入建筑设计中，鉴于对未来较难预测，在设计阶段主要是针对功能适变的需求，在设计时采用有效的设计策略，为未来的功能变化提前进行潜伏设计和冗余设计，为变化和更新预留条件。

第三种策略需要借助流程控制中的评价体系和设计导则辅助实现。

第四种策略需要借助智能设计模型，通过持续更新的数据、长时间的项目跟踪，不断调整更新设计，采用变化的设计适应变化的设计需求。

第五种策略是通过智能感知和可调整智能化机械装置，随时调整建筑以便适应不断的变化来实现功能适变。

3.2 | 功能适变建筑的特征

功能适变建筑的特征简称"7+1"特征，即由 7 个特征和 1 个可行性条件组成。7 个特征分别是：通用性、复合性、拓展性、冗余性、独立性、可变性、临时性。

通用性：指建筑中主体大空间的设计尽量满足多种功能类型的使用需求。

复合性：指建筑空间有明确的多功能、多工况、多场景使用的设计。

拓展性：指建筑容易实现功能和规模的扩展。

冗余性：指建筑各专业各项指标应在可能的条件下留有余量。

独立性：指各专业尽量相互独立，互不干扰。

可变性：指建筑中有为实现功能适变而设计的可变设施。

临时性：指建筑中或建筑用地内有为实现功能适变设计的临时设施。

可行性：指建筑在实施功能适变设计过程中在经济上、技术上和规范上可行。

可行性条件是一个普遍的限制条件，7 个特征的实现有赖于这个条件的满足。

3.3 ｜ 功能适变设计关键技术

根据功能适变第四种策略，结合之前五棵松文化体育中心总图设计的研究成果，我们发展了一种关键技术。

3.3.1
方法论基础

参考美国学者、方法论专家阿希曼的设计流程纵横结构，在对当代不同区域的设计流程考察的基础上生成了建筑设计流程结构图（图3-1）。[4]流程结构图横向按种属关系分成五个层级。在横向层级的基础上，每个纵向结构表示在此层级下设计流程的具体步骤。第五层级下的纵向结构是设计流程所有步骤的先后顺序。为了重点突出，纵向流程中没有表示流程的回路，只表现了大致的流程关系。在此基础上进一步生成设计流程控制结构图（图3-2）。[5]设计流程控制结构图是将建筑设计流程结构图中的横向结构的第三层级到第五层级截取简化为第四层级的五个关键步骤：设计输入、内部作业、设计评价、设计输出、设计确认。通过这个图可以帮助设计人进一步分析流程控制的具体内容。同时根据流程控制理论生成设计流程控制框架图（图3-3）。流程控制框架图主要包括三个要点：

（1）将建筑进行分级，分为普通建筑和重要建筑，这个步骤将在城市设计中完成。重要建筑需要从宏观的角度确定。流程控制主要针对普通建筑。

（2）将城市设计作为流程控制运行的平台。

（3）在设计输入、内部作业、设计评价三个步骤中表示需要控制的主要要素。

根据流程控制理论绘制法则生成流程图（图3-4），为法则生成描绘了大致的框架。

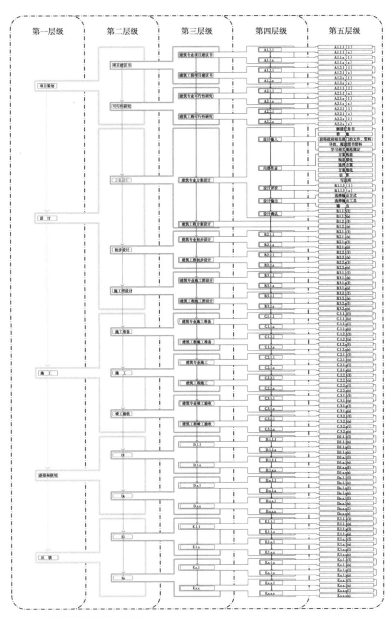

图 3-1　建筑设计流程结构图

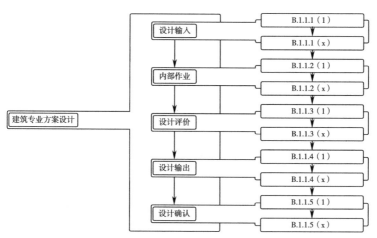

图 3-2 设计流程控制结构图

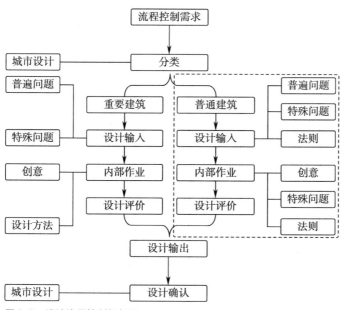

图 3-3 设计流程控制框架图

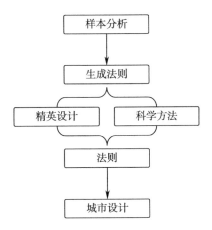

图 3-4　法则生成流程图

3.3.2
关键技术框架

本研究的目标是为建筑及其周边场地提供持续的功能适变能力。根据流程控制理论和法则生成流程图，需要在设计输入和内部作业两个阶段提供持续的信息和可以持续更新的智能设计模型。

首先，我们必须清楚持续的功能适变需要解决什么关键问题：

第一个问题是提供可持续更新的信息，信息包括之前提到的三态信息，既物态、人态、业态。

第二个问题是提供一个与设计项目的功能和场地同类型的建筑及周边场地、环境的三态交互智能设计模型。

第三个问题是智能设计模型对设计或项目的作用。

可以持续更新的三态信息包括两方面的内容。一方面是项目所在地块及周边场地、环境的信息。其中的物态和业态信息可以由业主和设计单位提供，定期更新是可行的。另一方面是特征相似的案例的信息收集。它是我们建立智能设计模型的数据基础，需要研究团队长期跟踪调研形成数据库，也可以与现有的城市建设数据库连接。其中的人态数据也分成两部分，一部分是项目及周边地块使用者的动态信息。另一部分是特征相似的案例使用者的动态信息。人态信息目前有效的获取方法是通过移动大数据。最后大量的信息可以直接为设计师和业主提供决策依据。同时以信息为基础建立的智能设计模型的主要作用将在 3.3.3 中介绍，这里就不重复说明了。

该智能设计模型主要应用在三个场景中。

一种是新建项目，它的技术框架如下：
（1）提取项目环境特征信息，主要包括项目周边建筑、功能、交通、地形、地理信息，需要对上述信息进行特征简化。
（2）提取建筑自身的规模、功能、建筑形态特征信息。
（3）根据提取的特征信息选取足够数量与之相匹配的调研样本，此处的样本应该在周边环境和建筑本体的特征两方面与项目基本相符。
（4）对样本进行三态信息调研和信息收集。
（5）分析调研数据。
（6）建立与项目特征匹配的互动数学模型和智能设计模型。
（7）将设计信息代入模型进行计算。
（8）得到不同工况下的使用场景模拟和功能适变方案。
（9）根据使用场景模拟和功能适变方案对建筑方案进行修改和功能适变提升。

另一种是常规改造项目，它的技术框架如下：
（1）提取项目环境特征信息，主要包括项目周边建筑、功能、交通、地形、地理信息，需要对上述信息进行特征简化。
（2）提取建筑自身的三态信息。
（3）获取与项目特征匹配的建筑以及自身的数学模型和智能设

计模型。

（4）将更新的项目信息代入数学模型和智能设计模型中进行运算。

（5）得出在不同工况下的使用场景模拟和功能适变方案。

（6）根据使用场景模拟和功能适变方案对项目进行修改和功能适变提升。

第三种是持续更新项目，它的技术框架如下：

（1）提取可持续更新的项目环境特征信息，主要包括项目周边建筑、功能、交通、地形、地理信息，需要对上述信息进行特征简化。

（2）提取可持续更新的建筑自身的规模、功能、建筑形态特征信息。

（3）建立与项目特征匹配的建筑以及自身的互动数学模型和智能设计模型，此模型应具有持续更新能力。

（4）将更新的项目信息代入互动数学模型和智能设计模型中进行运算。

（5）得出在不同工况下的使用场景模拟和功能适变方案。

（6）根据使用场景模拟和功能适变方案对项目进行修改和功能适变提升。

3.3.3
几个关键问题的
解释

1. 信息在建筑设计上的可靠性

英国著名学者希利尔认为："从理论上说设计问题是一种有无数解的问题，而实践中，可能的解答范围由两类要素约束而缩小，一类是外在于设计者的外在因素，另一类是设计者的内在因素。"[6]由此看来建筑设计主要受两类因素约束，而外在因素是我们研究的重点。对外在因素的准确把握是提高设计水平的重要手段，其在建筑设计中非常重要。外在因素的主要内容就是建筑及周边环境的信息，当然也包括材料、技术、法规等内容。除了上述具有普遍性的信息外，还包括与建筑相关的人（除设计者外）的主观信息。而这一部分较难研究。本研究的主要信息就是上述那些具有普遍性的信息。这个信息的客观性、普遍性决定了它们适于采用科学的方法收集并作为形成智能设计模型的依据。

本研究的另外一类重要信息是人在建筑和周边场地中的行为。在研究的过程中我们发现，虽然这类信息存在影响因素多、数据庞大、相互关系复杂的问题，但随着移动通信、互联网等技术的进步，获取在建筑环境中人的行为信息变得比较容易，并且，人在建筑环境中的行为就是多种信息与人的互动结果，因此，此类信息同样具有可靠性、真实性。而如何提高信息的精度成为研究的重点。

2. 信息在关键技术中的可行性

在信息获取可靠性的基础上，信息是否对结果具有足够的约束，是否适量、清晰，不会过于庞大、含混导致在现有的条件下无法处理是关键问题。

任何建筑都不会是孤立存在的，它必然与周边环境发生关系。不论是新设计还是既有建筑改造，环境对于个体建筑的影响都是不能忽略的重要因素。环境对于建筑的影响是多方面的，除了地理、气候、地质等基础物理条件外，还要包括建设现状、文化、经济、人口、交通、基础设施、社会等诸多问题。另外使用者的信息则更为复杂。面对如此庞杂的信息我们必须捋清脉络。首先可以将所有的信息分成两大类，一类是客观信息，包括建筑本体的信息，建筑外部环境的地理、气候、规划、基础设施信息；另一类是主观信息，包括与人相关的信息。而人的信息必然是人与上述客观信息互动的结果。

在我们采集的信息中，物态、业态信息源比较单纯，信息量可控。但人态信息却来自人、社会、环境诸多要素的互动。由于本研究中的人态信息主要体现在建筑环境中人的行为，信息来源简单，数据可控，同时又是多元信息共同作用的结果，因此可以认为信息收集、分析是可行的。

3. 智能设计模型对建筑及周边场地设计的作用

建筑设计既不是科学，也不是工程技术。建筑设计可以被看作是一个发现问题和解决问题的过程。随着社会的进步，建筑设计面临的问题日益复杂，仅仅依靠传统的设计方法显然无法应对时代对建筑设计的需求。然而无视建筑设计的行业特点会导致建筑学领域的科研与设计实践严重脱节，自说自话。我们认为在建筑学领域的科学研究，首先应该认清建筑设计中理性部分和感性部分的边界，同时必须认识清楚科学的方法是为在设计中更好地发挥感性的作用，而不是用理性取代感性的部分。正如英国著名的设计方法论学者琼斯认为的那样，科学方法可以帮助设计者"把逻辑推理与想象活动用外在的手段分开，使设计者的心智不受实际限制所束缚，不被分析推理步骤所混淆而自由产生想法、猜想、解答；给设计者提供一种记忆之外的对信息的系统记录，使设计者可专心于创作并随时提供所需要的帮助"。[7]

通过对设计流程的分析，在以设计输入、内部作业和设计输出为主的设计流程中，显然设计输入和设计输出更容易也更需要用理性的方法予以支撑，而内部作业是黑箱，理性的方法只能起到辅助作用。我们认为理性方法在设计中最有效的就是帮助建筑设计收集、分析海量设计条件——三态信息，同时为不同类型的信息，特别是人的使用行为与物理环境之间建立关系并为设计提供参考。由于建筑设计与设计条件的关系不遵循严格的逻辑链条，同时这类信息又极其复杂庞大，因此利用数字技术为不同类型的信息之间建立联系，并通过机器学习不断更新使体现这种关系的智能设计模型逐步趋近现实，是本研究的关键。

上述信息和智能设计模型对功能适变设计的作用主要体现在以下方面：

（1）持续为设计师、业主提供项目使用者的行为特征信息，此信息是使用者和环境、建筑本体、业态互动的结果。

（2）持续预测使用者在建筑及周围场地的行为模式，为设计师、业主优化设计提供参考。

（3）持续协助设计师、业主发现设计中的消极空间。

（4）对功能适变空间进行多场景使用模拟，以便对空间进行优化。

（5）为建筑中的功能适变互动装置设计提供定位。

（6）为建立设计和运营智能交互平台提供基础。

（7）提供基于功能类型的功能适变方案。

3.3.4 五棵松文化体育中心持续更新的启示

建筑学是一门以实践为主的学科，实践是本次研究的内在动力和灵感源泉，研究成果最终也必须回馈实践。

五棵松文化体育中心作为双奥设施，在设计、建设和运营的20余年中经历了起伏跌宕的变化，重大事件包括夏奥会、冬奥会、全球金融危机、甲方更迭等。2006年业主的更迭是项目长时间持续功能适变的最大动力。

1. 持续更新的信息对持续功能适变的重要性

我们平时的建筑实践往往在项目建成后，设计工作既告一段落。而且在大多数情况下也是根据任务书的要求进行设计，建筑师很少关心项目在全生命周期中未来会有什么变化。但五棵松文化体育中心设计由于其奥运会建筑的特殊性，在设计之初就对赛后利用做了一些预先设想。但这些设想基本还在建筑师的常规操作之内。2006年甲方更迭后，新业主出于对赛后运营的设想，在国内率先引进了NBA的运营方式，并由运营商AEG带来了详细的建筑改造方案。当时由于考虑到奥运项目对场馆的严苛要求和赛后运营方案冲突较大，于是我们在仔细分析了奥运设计大纲和赛后运营的要求后，决定采用分步实施的设计策略，在奥运前先将与奥运不冲突的运营需求实现，其余的留待奥运后实施。这样一个本可以在奥运前完成的设计工作被延续到奥运会后。另外为甲方平衡投资的北部商业设施，也在奥运会后才完成。紧接着2008年全球金融危机对北部商业设施开发产生了相当不利的影响，同时赛后棒球场的拆除和后续利用也需要继续策划和设计。为了满足城市的需求在原体育公园下部需要建设一座大型地下停车场，之后在棒球场拆除后建设了大型下沉式商业和艺术馆……持续的调整一直到冬奥会结束。持续的更新和持续的设计这一反常规的过程，从一个侧面反映了传统一事一议的设计模式无法适应激烈变化的外部环境。五棵松文化体育中心经过持续的更新和功能适变设计，目前已经成为国内运营最好的体育中心之一，其中体育馆年平均举办活动超过200场，达到国际先进水平。这个成绩在我国缺少有商业价值的体育赛事的大背景下非常不容易，持续的功能适变是重要原因之一。

由此看来对项目的持续更新是建筑及周边场地功能适变成功的关键，它需要持续更新的建筑和周边环境、场地信息作为依托。一成不变的建筑及周边场地信息难于应对不断变化的外部环境。如何在运营的过程中定时更新对项目和场地的认知是我们必须面对的问题。本研究在五棵松文化体育中心总图设计研究的基础上提出的信息收集整理的科学方法是基于我们常年服务该项目的成果总结。

2. 功能适变设计在持续更新中的重要性

从五棵松文化体育中心持续更新的实践可以看出，建筑及场地的功能适变设计对项目持续更新的重要性。五棵松体育馆在奥运前既进行了周密的赛后运营设计，其方正的比赛大厅、主体结构预留演出设备荷载、符合NBA标准的竞赛层设计、比赛场地的冰蓝转换功能、独立的热身场设计、加大的活动看台规模等一系列措施，为体育馆的功能适变提供了良好的基础。

文化体育中心内有两个大型商业设施，一个是位于中心北端的北部商业设施，另一个位于中心西南角的地下商业设施。在经历全球金融危机等变故后，两个商业的运营状态形成了鲜明的对比。其中北部商业设施几易其主，一直到疫情结束后万达广场介入才改变了长期经营不善的状况。究其原因除了外部不可抗拒的因素影响外，与频繁更换业主以及建筑功能适变能力差有很大的关系。在设计之初我们提出采用 mall 的模式进行空间设计，这种模式比较适应本项目的规模，同时其招商和运营较灵活，适应能力强，但最终设计采用了大卖场模式，这种功能适变能力差的模式给项目日后运营带来了一系列的问题。而地下商业设施在设计之初采用了开放街区的模式，这个模式初看起来与北方的气候不适宜，但其在运营时比较灵活，功能适变能力强，室外空间可以减少运营成本，并且与室外运动场地结合较好，事实证明，主要空间的功能适变能力强为项目的应变提供了极大的可能性。

3. 五棵松文化体育中心功能适变设计的特点总结

之前已经在文中多处提到了五棵松文化体育中心功能适变设计的特点，在本章结尾处我们想集中做一个总结：

（1）提出了详细的功能适变需求和奥运会设计需求。

（2）提出了奥运前后两阶段的功能适变设计实施策略。

（3）根据需求提出了以调研和数学模型为基础的设计方法－工作系统。

（4）生成 5KS 软件，对功能适变进行辅助设计。

（5）根据后续发展需求持续更新了项目信息和数学模型。

（6）提出功能适变特征，并总结设计策略。

（7）将 5KS 软件提升为功能适变智能辅助设计模型。

五棵松文化体育中心
功能适变理性设计方法

本章引自 2006 年胡越工作室完成的《五棵松体育公园
科研报告》中的部分内容，相关内容是基于对 2003 年
以前的调研数据分析得出的。

4.1 ｜ 五棵松文化体育中心项目概况

4.1.1
五棵松文化体育
中心设计概况

五棵松文化体育中心位于西长安街延长线与西四环交汇处的东北侧，南侧是复兴门外大街，西侧是西四环路，北侧是五棵松北路，东侧是西翠路，占地面积 50 公顷（图 4-1）。

本项目是 2008 年北京奥运会的一处重要的比赛设施。在中心内部，赛时由下列部分构成：①五棵松体育馆（可容纳 18000 人）；②五棵松棒球场（可容纳 15000 人）；③五棵松文化体育和公共服务配套设施。根据当年的规划，赛后棒球场将被拆除，整个园区将形成一个大型的运动公园，成为西部社区市民体育健身、娱乐的重要场所（图 4-2）。

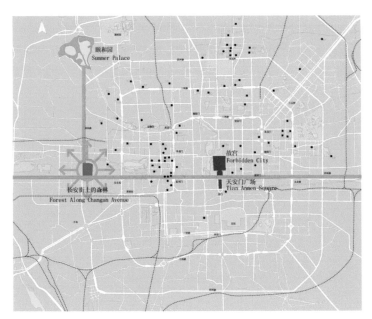

图 4-1 五棵松文化体育中心位置

图 4-2　五棵松文化体育中心效果图

2002 年 7 月，由北京市规划委员会（现"北京市规划和自然委员会"，简称"市规委"）组织的五棵松文化体育中心总图及篮球馆个体概念设计国际招标结束，评出了两个二等奖，一个由瑞士 BP 公司获得，另一个由美国 Sasaki 公司获得。之后经过群众投票，由市领导决定以瑞士 BP 公司的方案为蓝本，进行深化设计。但是在开始阶段由于 BP 公司的总图设计过于理想化，与我国现实情况严重脱节。于是市规委决定，体育馆由瑞士 BP 公司深化，总图部分由瑞士 BP 公司的中方合作单位北京市建筑设计研究院进行修改。

瑞士 BP 公司总图的投标方案构思独特，极具现代感（图 4-3）。方案以矩形网格为基准，将整个场地、地面抬高约 3 米，在此基础上，将道路设计成网格，网格之间为活动及绿化场地，这些场地根据其面积和功能，做了不同深度的下沉，该方案主要有下列特点：

（1）大面积绿化。

（2）突出体育馆，附属建筑低矮、分散。

（3）将全部用地抬高，公园活动区域下沉。

图 4-3 五棵松文化体育中心概念方案

（4）全面人车分流，公园内高台上无车行，车行及停车全部在地下。

基于上述特点，该方案存在以下问题：
（1）土方量过大。
（2）人行流线过于复杂，上下次数多，使用不方便。
（3）车行路及停车场在地下，费用过高，且一旦发生问题排除难度大。
（4）商业开发设施及体育馆由于用地标高和用地分散等原因，给使用带来不便，缺乏吸引力。
（5）未考虑奥运期间安全保卫等特殊要求。

通过仔细的分析，我们认为如果对原方案存在的问题进行优化，必然会对方案产生根本性的改变，因此有必要重新设计一个方案，但同时还希望新的方案与旧的方案在设计精神上有所联系。

4.1.2 方案进展

2003 年 3 月，我们开始着手对总图进行修改、深化。主要在两个大方向上进行方案的发展。

方案一是在原方案的基础上进行优化（图 4-4），方案二是重新构思。在经过仔细分析后，方案二经过集中优化，成为一个非常有发展潜质的方案。该方案根据功能要求，在保持体育馆原有布局不动的前提下，将棒球场的三块场地布置在用地的西北侧，将商业开发设施布置在用地的东北侧。其余部分均为树林，体育馆的下沉广场与棒球场用地形成两个具有强烈几何逻辑关系的对仗形式，而剩余的绿地形成了一个 S 形，整个图形让人联想起"太极"图形（图 4-5）。

图 4-4
总图设计方案一

图 4-5
总图设计方案二

两个类型的方案同时交专家进行评议，结果方案二被评为推荐方案。两个方案报奥组委，但奥组委不置可否，市规委默认按方案二进行深化。在对方案进行进一步分析后，我们发现将体育馆向西平移，在总图上有一定优势，主要是疏散人流与地铁的距离关系较好，主馆靠近四环位置较突出（图4-6）。

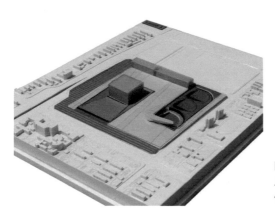

图 4-6
总图设计方案二
修改

于是又将推荐方案进行修改，派生出另一个方案——主馆在用地西侧，两个方案报市规委和奥组委批准，两个部门考虑到主馆移至西侧，总图方案与中标方案相去更远，于是决定维持原状。体育馆位置按瑞士 BP 公司原方案的位置设置。

2003 年 6 月 15 日，为配合项目法人招标，北京市建筑设计研究院提交了一版正式方案（图4-7），此方案仍维持了原方案的一些特点：用地向上抬起，体育馆位于用地的东南方，附属建筑在体育馆北侧，"运动广场"下沉至自然地坪，同时在高台上满植树木。

在项目法人招标之前，北京市政府对地块内的建设规模进行了重新调整，这样附属设施的规模从 10 万平方米扩大到 25 万平方

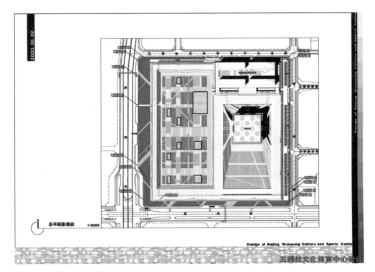

图 4-7　第一版提报方案

米。于是，商业建筑对整个体育公园的干扰增大，市规委在建设
用地沿玉渊潭南路向西又开辟了一条五棵松体育中心中路，此路
将体育中心分成两半，在此格局的基础上又对总图进行重新布局
（图 4-8）。

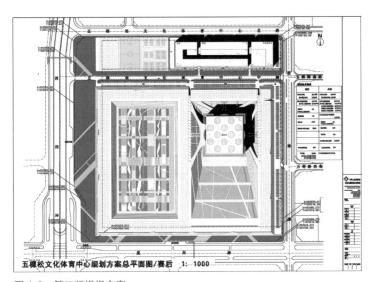

图 4-8　第二版提报方案

2004 年 7 月，根据北京市政府的要求，对五棵松体育馆进行较大规模的优化，为配合体育馆的优化，总图也进行了调整，同时明确了棒球场的位置（图 4-9）。

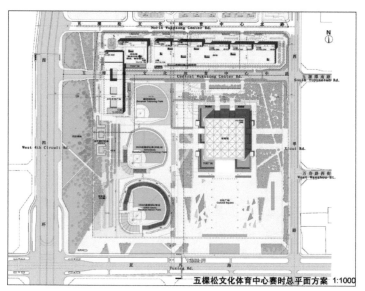

图 4-9　第三版提报方案

4.2 | 方案主要设想

五棵松文化体育中心总图设计的设想主要源自下面两个方面：一个是项目的特性和对项目的分析，另一个是设计人关于建筑方法的思考。

4.2.1
项目的特性

五棵松文化体育中心有以下几个特点：

（1）大型体育中心。

（2）位于城市稠密地区，交通便利。

（3）区内有大面积绿地。

4.2.2
项目面临的
主要问题

19世纪工业革命以后，人类社会进入了快速发展的阶段，体育娱乐和观看竞技比赛逐渐成为人们日常生活中的重要组成部分，特别是大型竞技比赛，十分受人关注。由于政治和商业因素的介入，主办大型体育赛事已经成为各国和地区政府非常热衷的话题，同时大型体育赛事的举办，也给观众带来了欢乐。为了举办大型体育赛事，兴建大型体育场馆是必不可少的。但从全世界的范围看，大型体育场馆赛后的经营矛盾十分突出，针对这一问题，人们提出了各式各样的方法，有些较成功，有些只停留在图纸上，缺乏实际操作的可能性。主要有下列两类：

一类是依靠体育赛事的商业化运作，解决大型场馆的日常运营。这种方法在许多国家和地区均获得了良好的效果，是被实践证明最行之有效的途径，成功的例子如美国的NBA，欧洲、南美洲的职业足球比赛等。

另一类是将体育建筑与商业服务设施结合在一起，这种方式多数停留在纸面上，在现实情况下，运营成功与否，受到许多条件限制，比较复杂。从我国目前体育事业的整体来看，只有极少数项目的比赛能够实现现实意义上的规模和商业化运营。因此，我国的大型体育场馆，特别是奥运会的体育场馆，其赛后利用仍然面临很多的问题，形势不容乐观。

大型体育场馆的建设和赛后利用长期以来一直受到专业领域和社会各界人士的关心，有关学者对此也进行了多年的研究，并提出了许多建设性的建议，近些年也有了一些成功的例子。然而还存在着一个普遍被大家忽视的问题——在大多数大型体育场馆的建设中，占用了大量的土地，这些土地一般是用来布置室外练习场地、停车场及人员疏散广场的。由于赛时功能对上述设置要求极高，因此占用了大量的土地，而这些土地在赛后大部分时间里均闲置不用；同时，由于其场地在使用上的特点，大部分为硬质铺地或塑胶地面，缺少绿化，环境不好，不容易使人们停留下来，因而造成土地的巨大浪费。

由于自然地理条件的限制，我国山多、平原少，再加上人口众多，因此土地资源极其短缺。

从我国目前的城市建设现状来看，城市规划和房屋建设中普遍存在着土地利用率低下的问题，主要反映在中小城市规划、开发区、大型城市新建区、城市边缘地区、大型体育中心等占地大、建筑密度低，特别是大型体育中心除运动场地外停车场、疏散广场利用率低。因此大型体育场馆、体育中心的室外场地的赛后利用必须引起足够的重视。

4.2.3 建筑设计的思维方式

建筑师是一个古老的职业，建筑设计是一个独特的思维过程，虽然经历了数千年的变化，但其内容的核心仍然没有发生根本变化。那么建筑设计的思维过程包含什么类型的思维方式呢？首先让我们看一下思维的概念。

1. 思维及分类

《辞源》中说："思维是思索、思考的意思。"[8] 从信念化的观点看，思维是人接受信息、存储信息、加工信息以及输出信息的活动过程，而且是概括地反映客观现实的过程。

从生理学上讲，思维是一种高级生理现象，是脑内一种生化反应的过程。

从思维的本质说，思维是具有意识的人脑对客观现实的本质特性和内部规律自觉的、间接的和概括的反映。

那么人类思维都有哪些主要类型？从资料上看，关于思维的分类方式非常庞杂和不规范，许多著述中关于思维的分类概念混淆、重叠。为了下面的分析更为清晰准确，我们采纳按思维技巧来分类的方法，将思维分成 26 个类型。[9]

（1）归纳思维。从一个个具体的事例中，推导出它们的一般规律和共通结论的思维。

（2）演绎思维。把一般规律应用于一个个具体事例的思维。在逻辑学上又叫演绎推理。它是从一般的原理、原则推至个别具体事例的思维方法。

（3）批判思维。一面品评和批判自己的想法或假说，一面进行思维。在解决问题的时候，历来都强调批判思维。批判思维包括独立自主、自信、思考、不迷信权威、头脑开放、尊重他人等六大要素。

（4）集中思维。从许多资料中，找出合乎逻辑的联系，从而导出一定的结论；对几种解决方案加以比较研究，从而找出一种解决办法的，就属于这种思维。

（5）侧向思维。利用"局外"信息来发现解决问题的途径的思维，如同眼睛的侧视。侧向思维就是从其他领域得到启示的思维方法。

（6）求异思维。也叫发散性思维。同一个问题探求多种答案，最常见的就是数学中的一题多解或语文中的一词多义。

（7）求证思维。就是用自己掌握的知识和经验去验证某一个结论的思维。求证思维的结构包括论题、论据和论证方式。每个人每天都会用到求证思维。

（8）逆向思维。从反面想，看看结果是什么。

（9）横向思维。简单地说就是左思右想，思前想后。这种思维大都是从与之相关的事物中寻找解决问题的突破口。横向思维的思维方向大多是围绕同一个问题从不同的角度去分析，或是在对各个与之相关的事物的分析中寻找答案。

（10）递进思维。从目前的一步为起点，以更深的目标为方向，一步一步深入达到的思维。如同数学运算中的多步运算。

（11）想象思维。就是在联想中思维，这是在已知材料的基础上经过新的配合创造出新形象的思维，是由此及彼的过程。

（12）分解思维。把一个问题分解成各个部分，从每个部分及其相互关系中去寻找答案。

（13）推理思维。通过判断、推理去解答问题。也是一种逻辑思维。先要对一个事物进行分析、判断，得出结论再以此类推。

（14）对比思维。通过对两种相同或是不同事物的对比进行思维，寻找事物的异同及其本质与特性。

（15）交叉思维。从一头寻找答案，在一定的点暂时停顿，再从另一头找答案，也在这点上停顿，两头交叉汇合沟通思路，找出正确的答案。在解决较为复杂的问题时经常要用到这种思维，如"围魏救赵"。

（16）转化思维。在解决问题的过程中遇到障碍时，把问题由一种形式转换成另一种形式，使问题变得更简单、更清晰。

（17）跳跃思维。跳过事物中的某些中间环节，省略某些次要的过程，直接到达终点。

（18）直觉思维。一次性猛然接触事物本质的思维，它是得出结论后再去论证。这种思维需要平时对事物本质认识的积累。直觉思维由"显意识→潜意识→显意识"构成一个动态整体结构，以整体性和跃迁性区别于其他思维形式。

（19）渗透思维。分析问题时，看到错综复杂的互相渗透的因素，通过对这些潜在因素关系的分析解决问题。

（20）统摄思维。凭借思维来把握事物的全貌，并统摄推论各个环节。它是用一个概念取代若干个概念，是一种高度抽象的思维。

（21）幻想思维。"脱离现实性"是它最主要的特点。幻想思维可以在人脑中纵横驰骋，也可在毫无现实干扰的理想状态下，进行任意方向的发散，从而成为创造性思维的重要组成部分。因为幻想脱离实际，所以无法避免错误的产生，但只要幻想最终能回到现实中来并在现实中加以检验，错误就会被发现和纠正。

（22）灵感思维。人们在创造过程中达到高潮阶段以后出现的一种最富有创造性的思维突破。它常常以"一闪念"的形式出现，是由人们潜意识思维与显意识思维多次叠加而成的，也是人们进行长期创造性思维活动达到的一种境界。

（23）平行思维。是为了解决一个较为大型的问题，需要从不同的方向寻求互不干扰、互不冲突即平行的方法来解决问题的一种思路。它也是发散思维的一种形式。

（24）组合思维。在思维过程中，通过对若干要素的重新组合，产生新的事物或是创意。组合法是根据需要，将不同的事物组合在一起，从而创造出新的事物。

（25）辩证思维。以变化发展的视角认识事物的思维方式，通常被认为与逻辑思维相对立。运用辩证法的规律进行思维，主要是运用质与量互相转化、对立统一、否定之否定三个规律。

（26）综合思维。综合思维就是多种思维方式结合起来，很多问题光靠一种思维方式是不能解决的，必须有多种思维综合运用才能解决。

2. 建筑设计的思维方式和特点

在分析之前我们必须清楚地认识到人的思维过程是一个复杂的过程，不可能从头至尾只用一种思维方式，必然是一个运用多种思维方式进行思考的过程。但是为了分析问题的方便，我们只提取那些在思维过程中起主导作用的思维方式。这里我们只想讨论建筑设计工作的方案创作阶段，首先，先简单描述一下我们在一般情况下进行方案设计的方法，我们可以把这个过程分三个阶段。

第一阶段是获取已知条件阶段。

在这个阶段中，设计师从业主、规划管理部门以及国家或地方的规范、现场的条件中获取大量信息，并对其进行分类整理，我们将这个阶段称为 A 阶段，其成果为 Xa。

第二阶段是方案创作阶段。

在这个阶段，设计师根据 A 阶段获取的信息 Xa 进行构思，在构思中设计师还会从不同的信息来源中获得信息 Yn。这其中包括书籍资料、讨论会等。这个过程对方案的创作起到决定性作用，我们称它为 B 阶段，其成果为 Xb。

第三阶段是方案深化阶段。

在 B 阶段建立方案的构思后，我们会用 A 阶段的成果 Xa，对 Xb 进行校核和修改，最后形成成果 Xc，此阶段称为 C 阶段。

那么 A 阶段实际上是一个信息收集和整理的阶段，此阶段是一个学习阶段，一般不进行创作。B 阶段是创作阶段，主要的工作是思考，在这个阶段中我们主要采用了上述 26 种思维方式中的下面两种。
（1）想象思维。
（2）灵感思维。

C 阶段是一个整理的阶段。
A、B、C 三个阶段的思维在建筑设计过程中有下面几个特点：
（1）Xa 是 Xb 的前提条件。

（2）Xa 不能控制 Xb 的产生，Xb 的出现往往来自 Yn。

（3）Xc 的产生受到 Xa 的限制，但经常会出现 Xc 直接来自 Xb 而与 Xa 相矛盾，也就是说 Xa 不能有效地控制 Xb 而产生 Xc。

上面的特点用一句话来概括就是：条件不能有效地控制结果的产生。

下面让我们再换一个角度来看问题。

思维方式从其抽象性来分，主要有下列三种：①直观行为思维；②具体形象思维；③抽象逻辑思维。

从建筑设计的主要思维形式看，具体形象思维占了极其重要的地位，可以这样说，建筑设计过程中具体形象思维占有主导作用。

那么什么是具体形象思维，它又有什么特点呢？

具体形象思维是指以具体的形象或图像为思维内容的思维形态，是人的一种本能思维。它是指人在认识过程中对事物进行观察、认识、体验、想象和分析结合而进行具体再现的思维过程。

具体形象思维方法运用的一个特点就是只能从具体的事物形象出发，而不能从抽象的思维概念出发。从具体形象思维的概念和方法看，其基础是我们已经看到过的具体的形象，而大部分建筑师在其从事专业学习开始，最主要的形象元素就是已经建成的建筑形象。越多在媒体出现的形象，给我们的印象就越深，我们在进行形象思维时受其影响就越大。

由此可见，这种方法只能使我们在创造思维时，跟着别人走。

现在让我们回过头来总结一下。

我们现在最常用的建筑创作的思维方法导致下面的两个现象：

（1）现状条件不能有效地控制设计结果。

（2）形象思维受到已有建筑的影响而很难创新。因此，要想进行设计上的创新，必须改变这种传统的方案设计方法。

4.2.4 中国传统建筑设计方式

中国传统建筑是一个非常独特的系统，它是从最基本的结构单元一直到城市的一个完整而独特的体系。他们之间有着极其紧密的数的联系。另外中国传统建筑的建造过程也极为奇特。可以这样说，中国的建筑和城市，是一个高度集成的建造系统，这个系统是通过一个固定的模式演化出来的。

由于中国的建筑理论、设计、建造较缺乏文字资料和系统的论述，因此中国古典建筑的设计施工流程尚不是很清楚。

但我们认为由于中国社会文化的特殊性和建筑系统的独树一帜，建造流程是从使用者直接到工匠，建筑的整个流程取消了一个极其主要的过程——设计过程（西方模式下的设计过程）。

那么是什么系统可以在取消设计阶段的基础上形成完整、复杂的建筑，这样的建筑又需要怎样的前提呢？

1.前提

我们知道欧洲建筑在长期的历史发展中，在早期受材料和技术条件的限制，建筑体系和样式相对变化较少，但对材料的可能性及新技术的探索使得建筑的样式仍然有一些显著的变化。例如在结构技术上，曾出现过墙承重结构、拱、壳、扶壁、框架等结构形式，从而形成丰富多彩的样式。另外欧洲人对待建筑的态度及市民文化的发展，使得建筑功能对样式有着不同的要求，建筑作为文化艺术的重要组成部分，其对样式的探索也使建筑设计出现了丰富多彩的景象。而中国传统建筑的形制、体系一直沿用着一个源头逐渐推进，其主体是一个体系，结构是一个系统，同时社会对于建筑的认识远不同于西方，在传统思想注重人的内心修养的基础上，建筑的形式、技术，让位于等级、管理等政治和伦理等问题，另外其独特的建筑体系可以使官员、文人较深入地参与到建筑设计和城市规划中来。中国建筑体系发展取决于多种因素，从思想、文化传统到社会需求，从建筑技术到材料选择均对其产生了不同程度的影响，因此我们认为产生中国传统建筑体系应该有下面几个前提条件。

（1）文化：

1）不认为建筑是一个永久的创造物，它需要随时更新；

2）使用功能对建筑形式的影响弱；

3）社会不重视对建筑学的系统探索和发展。

（2）技术层面：

1）结构及构造体系精密，系统性、灵活性强，能够适应多种使用功能的要求；

2）材料较易于建造。

2. 系统的建构

（1）理论基础。中国传统建筑建造的理论基础结合了儒、道两家的思想，从主要的建筑形制和城市规划格局看，主要遵循儒家等级和秩序的要求，如大家较熟悉的《周礼·考工记》中对城市的要求，另外道家思想和中国传统山水画的理论对中国古典园林的设计亦产生了深远的影响。可以这样认为，在古代中国，行政管理、伦理道德和哲学思想对建筑和城市的形成产生了巨大的影响，这些思想并没有向专业化的建筑设计理论上发展。传统思想认为建筑与城市是一个非永久性的东西，对中国建筑的发展也产生了很大的影响。

（2）使用要求。建筑不通过使用功能产生个性，只反映地域、气候的差别，从宫殿到庙宇到行政管理用房再到普通住宅均可以采用相同的形式和构造，其建筑只通过大小、屋顶样式等文化因素表现等级差别。

（3）结构形式。采用类似框架的形式，能够适应多种功能的要求，灵活性高。

（4）建筑系统。通过实物和资料研究发现，一个建筑主要由下列内容组成：

1）斗拱（标准结构单元），斗口尺寸决定了斗拱的大小，斗口是基础元素，确定斗口后，按照长年形成的构造规则形成斗拱。

2）开间，开间数和尺寸直接与建筑的等级有关，进深与开间相关。

3）檐高，檐高与开间大小和间数有数的关系。

4）柱网，根据开间、间数、进深形成柱网。

5）屋架，根据建筑的等级、开间、进深及斗拱尺寸，按固定的模式建造屋架。

6）屋顶，屋顶的形式严格按等级制度进行设计，并与平面形式紧密结合。

7）保护和装饰构件与建筑性质、等级发生紧密联系，其种类、材质均有详细的规定。

3. 结论

通过对中国传统建筑系统的分析，可以得出这样的结论，即中国传统建筑的设计和建造过程，没有传统西方式的设计环节，使用者与工匠直接对接，这种现象主要的原因之一是，一个较为完整的建造系统，使使用者可以直接参与设计。

4.2.5 现代建筑师的困惑

很久以来建筑设计一直与风格和时尚紧密相关，特别是近些年来由于中国大规模的城市建设，使得许多领风气之先的建筑师，纷纷来到中国一试身手。许多媒体也在不遗余力地吹捧各种前卫、时尚的设计。所谓设计，是设计者对环境和使用者要求的一种反映，是一种自我表达的方式。它不同于纯艺术创作，但与艺术创作又息息相关。当设计一旦进入自我表达的过程中时，设计者就不自觉地向使用者兜售自己的"梦想"。因而，实际上不论是使用者还是投资者，甚至建造者都对建筑有或多或少的设想，有时设计者的"梦想"正好与投资者或使用者的设想相符，或者其"梦想"被使用者或投资者接受，那设计者的"梦想"从某种角度来看，就能得以实现。但在大多数情况下并不是这样，投资者和使用者的设想与设计者的"梦"大相径庭，综合起来主要有以下几个方面原因：

（1）设计者的设想过于自我，完全不顾客观条件。

（2）设计者的趣味与投资者和使用者不一致，甚至相去甚远。

（3）设计者没能使使用者和投资者理解其设想。

（4）其他的因素。

记得有一次被问到，最让我不高兴的事是什么，作为一个有几十年工作经验的建筑师，我马上想到在这几十年的工作中，最让我不高兴的事，是我费尽心机设计的方案在业主或管理者那儿被任意修改，这样的"痛"是非常令人不愉快的。经历了如此多"痛"的经历，我不禁自问，是不是哪儿出了错，建筑师的自我陶醉，真的是社会需要的吗？人们对建筑的设计建造过程直接参与不对吗？从另一个方面看，那些耀眼的时尚真的值得夸耀吗？真的能给社会、环境带来好处吗？那种孤芳自赏、矫揉造作的作品是否有价值呢？

我想这的确让人有些厌烦也显得太书生气，我们确实应该做点什么来改变这种已经无路可走的"专业方式"。

4.2.6
大自然的设计

从现有的人类已掌握的知识来看，地球是整个宇宙中一颗微不足道的普通行星，又是在偶然的情况下，碰巧有一个适于产生生命的环境，于是地球上产生了多姿多彩的各种生命。通过上亿年的进化，衍生出许多复杂的生命系统，许多生命系统设计之复杂，"构思"之巧妙，令人类自叹不如。今天，我们对"大自然的设计"还有许多问题不知道，或知道得不够清楚。就现在已知的粗陋的知识，已经让我们受用无穷，那么是什么使这些生命（包括我们）被设计得如此精妙，可以从事如此复杂的行为。虽然从现代生物学已经了解的知识看，许多生物的器官和构造并不全是有用的和高效的，但从宏观上看，我们的大多数器官和构造是生物体不断与环境相适应，在长期的"试错"过程中逐渐演化而来的。这反映了"设计条件"对设计结果的影响。当条件发生变化时，这个物种必须做出积极的反映，否则它将面临灭绝的灾难。因此，我们可以认为，大自然的设计必然反映条件的要求，至少不能有悖于条件。

4.3 ｜ 工作系统构架

当我们在工作中发现建筑设计工作模式存在诸多弊端时，我们试图建立一个新的工作模式，它能摒弃传统方式中的一些缺点，这个工作模式称为工作系统。

本工作系统的设立，遵循下面几个原则：

（1）设计者必须对条件进行仔细分析，并按重要性进行分类。

（2）设计结果必须满足主要条件的要求。

（3）工作系统是"半自动"的过程，设计人负责设计工作系统，工作系统负责设计核心部分的设计内容。

经过长时间的分析，最后为五棵松文化体育中心总图设计工作搭建了如下的架构：

（1）分析项目周围的建筑类型、道路交通条件。

（2）分析项目本身的特性（包括项目内容、用地条件等）。

（3）根据上述分析结果，在城市中选取与主体相似的项目（主要特点相似或相同的项目）。

（4）对选定的项目进行调查。

（5）根据调查报告进行数据分析、整理。

（6）根据整理后的数据编制计算机软件。

（7）根据计算机软件，结合设计步骤对项目进行推导式设计。

（8）整合各层设计结果，形成最后的设计。

4.4 ｜ 工作内容

4.4.1
推导式工作方法的确定

为了更加理性和有效地进行五棵松文化体育中心总图的设计工作，我们在设计开始之前先对工作方式进行了仔细的研究，确定了推导式工作方法。推导式工作方法是工作系统的重要组成部分。推导式工作方法过去在建筑设计中并不常见，它的产生充分借鉴了其他工程设计及科学研究的方法，其核心是建立一个科学、层次清晰、理性的工作步骤，从而避免传统设计方法的随意性。

4.4.2
体育健身场所分析

（1）从对北京市普通市民体育健身场所的调查来看，场所类型主要有以下几种：

1）公园。

2）大型体育中心。

3）街边绿地。

4）居室区内的绿地、广场。

（2）上述4种类型场地的场地特点。

1）以园林景观为主。从目前已经调整和掌握的资料看，在公园中，人们平时不能使用的水面、草坪、花坛，占地较大（图4-10）。

2）以功能空间为主。这部分主要是指大型体育中心内的道路、疏散广场和停车场。此部分占地很大，且这部分场地主要是硬质铺地，没有树木。

3）场地条件限制了部分运动形式。目前北京市的公园内均禁止自行车、大型球类进入，同时没有为球类、田径等运动提供场地，这样上述四种场地主要是中老年人在使用，许多需要场地的体育健身活动在上述场地内不能进行，或被管理部门禁止。

图 4-10 公园中的
大片水面

4.4.3
以往大型体育中心
用地的特点

由于其功能的要求，大型体育中心的占地往往很大，过去大型体育中心均建在城市人口密集区，但由于交通压力不断增加，目前大部分新建大型体育中心均在郊区。

体育中心的用地面积大主要有下列原因：

（1）需要大量的疏散广场，用于举行大型活动时的人员集散。

（2）大面积的停车场。国外大型体育中心的停车场占地面积相当大，毫不夸张地说，这部分占地是除建筑之外最大的一块用地（图 4-11）。国内过去由于私家车较少，停车场在体育中心中

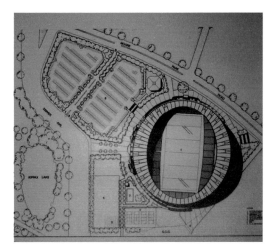

图 4-11 体育中心
内大面积的停车场

的占地较少。但随着近几年私家车的大量增加，体育中心的停车场问题变得越来越尖锐。

（3）室外运动场地。此部分占地功能性强，占地大小与运动项目及体育中心的发展紧密相关。

体育中心的室外场地以往主要是供体育场馆运营时使用，而大部分室外场地真正发挥其功能作用的时候主要是在体育场馆举行大型活动时。首先在每一年中大型体育场馆举行大型活动的次数有限，即使运营非常好的场馆其运营的时间也很少能超过一年1/3的时间，而除大型国际体育比赛外（如奥运会、单项国际锦标赛或洲际综合运动会），一般情况下均在晚上举办活动，因此大型体育场馆周边的室外场地真正发挥作用的时间较短，使用效率低，这就是室外场地的第一个特点。它的第二个特点是场地的环境质量差，由于上述场地的使用性质，决定其形式主要是平坦的硬质铺地，几乎没有树木，因此非常不适合人在其中活动（图4-12、图4-13）。

图4-12 体育中心室外场地示例一　　图4-13 体育中心室外场地示例二

4.4.4 设计目标

通过上面的分析，我们认为五棵松文化体育中心用地位于城市人口密集的区域，其较大的场地条件非常有利于将其设计成一个平时供周围市民进行体育健身和休息的体育公园。然而，这个场地必须满足大型体育场馆疏散和停车问题。

因此我们为五棵松文化体育中心的室外用地设计制定了目标：

（1）设计一个多用途的场地，这个场地能够兼顾疏散、停车、运动休闲等多种功能，并具有巨大的场地功能适变能力。

（2）在满足上述功能的前提下，设计一个高质量的、适于人们在其间休息、活动的场所。

（3）设计一个高效的使用空间，通过上面的分析，我们发现传统的公园造景占地面积非常大，供人活动的场地面积却很小，而五棵松的场地上既没有文物古迹，也没有自然山水，因此我们认为它有条件为市民提供最大的场地条件。

（4）五棵松文化体育中心的室外场地应该有别于现有的公园、体育中心的用地，它应该能够向人们提供一个主动设计的、能从事各种健身活动的体育公园。

基于上述四个设计目标，我们提出了功能适变的设计方法——工作系统。

4.4.5 推导式工作方法的步骤

第一步，基底设置。

第一步是整个设计的基础，也包含了整个设计内容的最主要设想。它的产生主要基于传统的灵感式设计方法以及对用地性质和存在问题的准确把握。

1. 基底设置

在整个五棵松体育中心用地内，布置了一个 6m × 6m 的网格，此网格的确定主要考虑以下三个原因：

（1）绿化管理部门的要求。

（2）停车。

（3）场地的功能适变设计。

2. 布置树阵

在上述 6m × 6m 的网格交点处种植伞状大型乔木。

3. 可以多功能使用的用地

基底的设计源于对以往的大型体育设施的分析。

第二步，建立几何逻辑关系。

五棵松文化体育中心内，特别在场地中，要求体现文化和体育的内涵，市规划局同时提出了室外运动场地的要求。我们在体育馆南主疏散广场一侧，设计一个文化广场。该广场利用体育馆主入口为背景和舞台，以前广场作为文化广场的主要构成部分，在文化广场设置了 16 个组合柱，每个柱内包括灯光和音响设施。由于体育馆及其前广场已确定，在总图中如何安置大面积的室外体育场地成为五棵松文化体育中心总图规划的主要工作之一。其位置的确定也关系到如何体现体育中心文化和体育的两大主题的问题。规划的主要任务是建立区域的内部结构和处理好各功能空间的关系，而平面布置和构图是实现规划任务的主要手段。各种功能区域在平面中的几何构图关系，即反映了各功能块在区域中的位置，也表现出许多功能关系之间的内在逻辑关系。因此我们在规划中非常关注总图中各功能块的几何逻辑关系，在总图规划中使各功能块和道路结构之间建立互相依存、条理分明、结构清晰的几何逻辑。五棵松文化体育中心是一个近似正方形的平面，体育馆及前广场位于东侧偏南，前广场直通至长安街，使得剩下的几何图形像一个美术字"C"（图 4-14）。

根据这种条件，我们将室外体育场（这里我们叫它"体育广场"）布置在用地西侧偏北，这样与"文化广场"形成了一个相互对峙

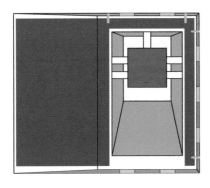

图 4-14　总图平面布置

的几何图形，而剩余的几何图形形成一个"S"形，这个图形表现出多功能绿化场地、"文化场地""体育广场"三者之间极富张力的几何逻辑关系，同时让人联想起太极图案（图 4-15）。

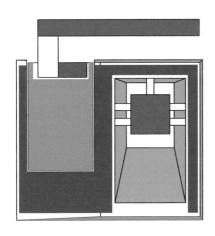

图 4-15　三个场地之间的几何
逻辑关系

第三步，五棵松文化体育中心场地分析。

在对五棵松文化体育中心室外场地进行研究的同时，根据设计的要求，体育公园作为体育中心外部空间重要的一部分也被纳入人性化设计的过程中。在寻找样本以备分析的过程中，需要以五棵松文化体育中心作为蓝本，与其有相似性的开放空间才会对五棵松文化体育中心的设计有借鉴价值，明确蓝本的特点是十分必要的。通过对五棵松文化体育中心规划用地和周边条件的分析，可以归纳出以下特点：

1. 外部条件

道路及交通状况：位于交通要道的节点——长安街与西四环交叉口东北，东为西翠路，南为长安街，北侧将要开辟一条道路。西南侧现有五棵松地铁站，交通比较便利。

周围建筑物类型：地段东侧、北侧和西侧均为居民区，南侧隔长安街与301医院相望。

地形地貌及景观特点：五棵松文化体育中心用地总体来说是平地。根据第一步基底设计的要求，场地内计划设计众多的树木、绿地以满足绿化的要求。

2. 内部条件

建筑物类型：中心建筑为2008年奥运会篮球馆，篮球馆西侧有室外运动场地（球类）；北侧为大型商业设施。

场地用途：体育馆外部空间分为三部分，体育馆集散广场（文化广场）、体育公园和体育广场（球类运动场地）。体育馆集散广场在赛时和举办大型活动时主要承担疏散功能，平时与体育公园一同供市民活动使用。

地面类型：体育馆集散广场以硬质地面为主，体育公园地面微坡，地面形式多样。

分析结果，该场地主要有下面几个特点：
（1）大型体育中心。

（2）周边为人口密集区。

（3）周边道路条件好，有主干路，城市快速路、次干路、地铁等。

（4）用地地形平坦。

（5）用地内为树林。

第四步，取样和调研。

1. 样本选取

通过以上对五棵松文化体育中心特点的分析，需要选择的调研样本应与五棵松文化体育中心在外部特点和内部特点上具有一定的相似性。在样本的选择过程中，需要制定符合条件的样本框，从操作上来讲，比较可行的方法是首先寻找位于北京市区内、地段周围有较多居民区、临城市干道、有较便利的交通条件、可供市民活动的城市开放空间，再从中根据条件和科学的方法进行选择。

2. 确定研究总体与调查总体

北京的中大型市民活动空间可以分为对城市开放的体育场馆外部空间、城市公园和街边公园三类。通过对文献资料的收集和预调研确定这三种城市开放空间的样本框，并对选择的样本进行确认。

（1）开放体育场馆外部空间样本框（表4-1）。

根据1997年的统计，北京市共有场馆4600多个，其中70%分布在学校，还有一些位于其他单位中。直接对城市开放的，有较大规模的市级、区级甚至社区级体育设施十分有限。

值得注意的是，不论体育场馆的大小，除了各种专业场地，平时附近居民使用的是体育场馆的外部空间，体育场馆使用状况和经营模式的不同使这些体育场馆的外部空间规模差别很大，如果对外部空间的规模进行分类，可以分为有较充分的活动场地和活动场地狭小两类外部空间。五棵松文化体育中心是有大面积的开放空间的，首先需要选择的是具有这个特点的样本，这样奥体中心、工人体育场、工人体育馆、首都体育馆、丰台体育中心和朝阳体育中心则被划为外部空间较大的一类，其中丰台体育中心在西四环以外，周围居民密度较低，朝阳体育中心也距市区很远。

表 4-1　开放体育场馆外部空间样本框

开放空间类型	名称	外部空间特点	地点
开放体育场馆	奥体中心	体育公园	北四环中路南
	工人体育馆、工人体育场	没有成形的体育公园	工人体育馆路
	首都体育馆	城市中的体育馆	西直门外大街与白颐路，白石桥
	海淀体育中心	加建严重，室外场地小	苏州街
	丰台体育中心	有较大活动场地	西四环西侧
	朝阳体育中心	正在建设中	东四环外
	东单体育公园	外部空间场地狭小	城中心，长安街南
	先农坛体育场	集散广场小，主要用于交通功能	南二环永定门北
	宣武体育场	外部空间小	西南二环东
	月坛体育场	外部空间比较狭小	西二环东
	北京体育馆	外部空间小	南二环北体育馆路
	天坛体育场	外部空间比较狭小	南二环北天坛东路
	自行车比赛场	外部空间小	南二环北龙潭路

（2）城市公园样本框（表 4-2）。

公园可以分为文物古迹型、绿化休闲型和主题公园三种。文物古迹型公园的核心是文物建筑及文物建筑序列，在管理上它们有的融于公园之中，如北海公园、劳动人民文化宫；有的独立开来，文物建筑外的部分就成为可供市民活动的空间，如天坛公园、颐和园。绿化休闲型公园主要以绿化和游憩空间为主，为市民提供低廉的门票和大量的活动场地，如莲花池公园、紫竹院公园、玉渊潭公园等。主题公园主要以主题活动吸引特定的人群，如北京游乐园和朝阳公园主要以机动游戏为主，北京动物园主要以观看动物为主。在众多的公园中，主题公园重点面对特定的年龄层次，而且有特殊的活动，所以不能将这类公园列入样本框中。

表4-2 城市公园样本框

开放空间类型		名称	特点	地点
城市公园	文物古迹型	天坛公园	有树，活动场地众多	南二环东路北
		中山公园	历史建筑，树木多	城中心，长安街北
		劳动人民文化宫	有较大的活动场地	城中心，长安街北
		北海公园	水面为主，山地景观	城中心，文津街北
		景山公园	山地景观	城中心，文津街北
		颐和园	水面为主，山地景观	西北四环外
		圆明园遗址公园	树木为主	西北四环外
		地坛公园	古迹、空地多	北二环安定门北
		月坛公园	古迹，绿化，广场	西二环西
		日坛公园	古迹，绿化，广场	东二环东日坛路
	绿化休闲型	莲花池公园	水面，广场，全民健身设施	西三环南路东
		紫竹院公园	水面，绿化，小山	西三环中路东
		陶然亭公园	水面，绿化，小山	南二环北
		玉渊潭公园	以水面为主	西三环中路东
		柳荫公园	水面，树木多	安定门外大街西
		青年湖公园	水面，树木多	安定门外大街西
		团结湖公园	水上乐园、树木多	东三环东
		红领巾公园	水面、绿化相间	东四环东
		龙潭湖公园	小型机动游戏	东南二环内
		万寿公园	绿化为主	南二环白纸坊街北
	主题公园	朝阳公园	机动游戏为主，网球场，有较大活动场地	东四环北路西
		北京游乐园	机动游戏为主	东南二环内
		大观园	历史故事为主	西南二环内
		北京动物园	观看动物为主	西北二环外，西直门外大街北
		少年儿童活动中心	科技展览与游艺	西北二环内

（3）街边公园样本框（表4-3）。

街边公园也是城市开放空间中不可忽视的一部分，主要为社区市民活动提供空间，市民在其中的活动也非常值得关注。值得一提的是，在北京少数几个社区型体育公园已经形成，在北京城区内规模较大的只有方庄体育公园。北京街边休闲空间众多，难以确定样本框和建立统一的界定标准，只能采取非概率抽样。

表4-3　街边公园样本框

开放空间类型		名称	特点	地点
街边公园	城市型	皇城根遗址公园	距离长，位于道路中央	北河沿大街、南河沿大街
		什刹海	水面为主	城中心平安大街北
		王府井东堂	类似于城市广场	城中心王府井大街
	社区型（举例）	钓鱼台东街边公园	植被、广场相间	三里河路
		南礼士路公园	植被、广场相间	西二环西
		方庄体育公园	全民健身设施、小广场与绿化相间	南二环外
		人定湖公园	水面，树木	北三环南
		双秀公园	树木绿化为主	北三环南
		南馆公园	绿化为主	东北二环内
		万芳亭公园	绿化、广场相间	南三环西路北
		双榆树公园	绿化，小型机动游戏	北三环西路北
		玲珑园	树木，玲珑塔	蓝靛厂南路西
		四季青公园	树木绿化为主	蓝靛厂北路西

3. 样本选取

根据五棵松文化体育中心的条件，须选择有较大外部空间的样本进行调研。由于调研的主体是体育中心外部空间，调研样本以这类空间为主，选择了北京为数不多的有较大外部空间并符合条件的体育场馆进行普查。了解市民在城市公园的活动状况对研究有巨大的借鉴作用，所以对符合条件的城市公园进行随机抽样。由于各种街边公园众多，与五棵松文化体育中心有共同点的又是少数，不宜采取随机抽样，而使用了非概率抽样的办法。

4. 其他原则

调查范围界定在四环以内以保证开放空间周围有较密集的居民区。

样本须在区域范围内独立存在，以保证单个样本内场地和活动种类的多样性、完整性，同一区域内有两个或两个以上相似的样本有可能是样本之间功能互补。

为了对五棵松文化体育中心有借鉴作用，样本的地貌特征应主要为平地、坡地，周围有较大量的居民区。

这样城市公园的样本框包括：天坛公园、月坛公园、日坛公园、莲花池公园、陶然亭公园、万寿公园。最后第一步选择出九个样本，其中体育场馆外部空间占多数，以城市公园和街边公园的样本作为补充。

第二步需要对选取样本内的活动场地进行普查，每个场地的大小不等，活动场地数目不等，共有 137 个场地（表 4-4）。

表 4-4　样本选取

位置 ＼ 特点	体育中心	位于人口密集区	交通方便	人多	用地平坦	多树
奥体中心	√		√		√	
工人体育场	√	√	√		√	
工人体育馆	√	√	√		√	
首都体育馆	√		√		√	
天坛公园		√	√	√		√
丰台体育中心	√		√		√	
南礼士路公园		√	√			√
钓鱼台东街边公园		√	√			√
莲花池公园		√	√	√		
方庄体育公园	√	√	√		√	

5. 研究内容

在市民活动空间调研中，我们采取了结构式观察和无结构访谈的方法，将场地作为基本的单位，通过实地的测量按时间和地点记录场地中各个元素的性质。然后与活动者谈话，通过谈话了解他们对场地的满意度，选择场地的原因和认为需要改进的地方等。通过预调研发现，根据人在场地中的活动可以分为固定的活动者和流动的活动者两大类。前者会在一个地点进行持续的活动，如跳舞、唱歌、休息等，而后者很少在小范围内的活动场地停留，而进行散步、长跑等活动。固定的活动者比较好分辨和记录，可以作为定量研究的主体，而流动的活动者容易和正在到达或离开固定活动场地的人们混淆，往往主要受道路、树木等少量元素的限制并且不易统计，在调查研究中只作为定性的参考对象。

（1）测量：在社会研究中，所谓测量就是对所确定的研究内容或调查指标进行有效的观测与量度。具体地说，测量是根据一定的规则将数字或符号分派于研究对象的特征之上，从而使社会现象数量化或类型化。

测量分类：测量的主要作用是准确的分类，所以确定分派规则和符号要满足准确、完备、互斥的原则。在五棵松文化体育中心的项目中，需要分类的项有：空间类型、内部元素、边界类型、地面材料、距离道路、活动状态、人群特征。[10]

测量尺度：从测量的角度可以将变量划分为四种类型：定类变量、定序变量、定距变量和定比变量。在开放空间市民活动调研中，应用到定类变量、定序变量和定比变量，定类变量主要用于定性测量，它不标识数量的多少而是表示不同的状态（有无问题），例如性别可分为男、女两类。定序变量可以区分更详细的等级，并且有高低、大小之分。如儿童、青年、中年、老年的区分；铺地软质、偏软质、中度、硬质的区分。定比变量的数字具有实在意义和真正的零点，是实际的、可以运算的数值，并代表真实的数量。如场地内人数的多少、场地面积的大小、距离的远近数值。

（2）观察：在社会研究中，观察法是一种搜集基本信息或原始资料的方法。其中结构式观察需要通过初步观察和资料收集，围绕所要观察的范畴预先设计出严格的方案，主要内容包括：对观察的范畴进行详细的分类，加以标准化以便于客观的测量和记录，最后对记录进行定量分析。

对每个地点进行了 5 次测量，[11]每次包括一天中不同时间段中，市民对地点的使用状况。对于同一地点、不同日期的各个时间段要求相同，以确保数据的准确。在测量中，利用测绘图标出地点的位置、每次每个时间段活动的范围等，同时记录活动的种类、参与活动的人员构成以及人数（表 4-5）。

表 4-5　基于五棵松文化体育中心项目的北京开放空间活动调研表

日期：9 月 18 日　时间：7:55　地点：地点编号：9　图纸上编号：16　调研次数：第 1 次　气象：阴　照片号

人群号	场地类型						地面条件					场地内树木类型				活动类型						人群类型					人数
	平	坡	多树	广场	路	构筑物	硬铺地	土	砂	间草	草	名称	常绿	落叶	灌木	活动名称	单一	混合	个数	动	静	男	女	老	中	青	
备注																											

记录人：

6. 调研报告

"要把一种空间意识推向创造性的运用，就要求设计者全神贯注地介入。"[12]培根指出设计者在设计时，应该注重人与建筑、环境元素之间的微妙关系，并强调对这种关系实际的掌握，来"创造包罗万象的感受，以促成人们的介入"。为了使五棵松集散广场今后能够适宜容纳市民的活动，对已有的相关城市开放空间进行研究，把握活动者、活动、环境元素的关系，才能创造人们乐于活动的场地。为了使调查研究具有科学性并能定量的影响设计过程，需要通过社会学的方法进行研究设计。[13]

研究设计要确定研究目的、研究的时间性、研究的空间范围、调查对象的范围、研究主题和内容、研究层次和角度、具体化与操作化。[14] 在开始调研之前，对基于五棵松的城市开放空间调查，进行了如下设计。

第一部分。

课题：北京市区市民在与五棵松相关的城市开放空间活动的研究。

目的：通过对影响因素的分析，研究市民活动与地点环境的关系，建立市民活动与地点环境的关系模型。这一研究不仅具有理论意义，更具有指导北京五棵松文化体育中心集散广场与公园设计的实际意义。

理论构架（理论假设）：影响市民选择活动地点的主要因素有地点的空间类型、界面材料、家具小品、绿化种类。

第二部分。

研究设计类型：描述性研究、横剖研究和抽样调查。

研究方法：以统计研究为主，结合实地研究。

具体方法：采用测量法收集数据资料，利用人工和计算机进行统计分析（相关分析），此外，还需结合现场观察、深度访谈等方法。

第三部分。

分析单位：主要是地点，辅助的分析单位有区域、人群、活动种类和空间种类。

研究内容：北京城市居民对以五棵松文化体育中心为蓝本的城市休憩类开放空间的利用状况。

第四部分。

抽样方案：研究总体是北京市区市民公园和体育场馆外部空间的群众活动地点。

选点：选取样本的第一阶段，将符合条件的城市外部空间分为体育场馆外部空间、市民公园和街边公园三组。对符合条件的体育场馆外部空间进行普查，对市民公园采取随机抽样的方法选取样本，街边公园由于不易建立样本框，采用非概率抽样的方法，旨在选择能代表北京的市民户外活动场所以及与目标——五棵松文化体育中心有相似性的地点。第二阶段是对选择的公园和体育场馆外部空间进行普查，共 137 个地点。

第五部分。

设计测量表：基本测量是调查地点的各项特征和基本情况，包括活动的类型、周围的活动、场地距离入口的远近、场地的主题、场地的大小、场地的遮蔽性、场地的服务设施、场地的地面材料、场地边界、场地的绿化。

第六部分。

调查时间：正式调查是在 2003 年 8 月 ~2003 年 10 月。

调查场所：直接在地点测量，这样通过表格以外的图片资料收集、无结构访谈和现场观察可以获得更多的信息和感性材料。

调查计划：在正式调查前进行文献考察和实地考察，走访了北京市测绘院和一些公园及体育场馆。在表格初稿设计好之后，进行"试调查"，以修订量表。正式调查每天测量 1~3 个公园或体育场馆，每个地点测量 5 次。2003 年 11 月 ~2003 年 12 月进行资料整理，2003 年 12 月 ~2004 年 3 月结合资料分析撰写研究报告，2003 年 9 月根据调查表进行五棵松软件的设计。

第七部分。

物质手段：调研组为胡越工作室，软件设计和编程由工作室与北京市建筑设计研究院研究所合作完成。

案例的数量局限使结果的普遍性受到影响，在北京符合条件的场地数量有限，在研究时已经尽可能选择相关的案例作为补充，但是为了保证主体类型的案例占主要比例，难免有不精确之处。

个案的特殊性使结果的普遍性受到影响。个案的现状受到很多因素的影响，很难通过统计调查的方法考虑所有的因素，需要加入大量实地研究作为平衡。

7. 调查研究过程

调查研究的过程按照研究设计中的步骤可以分为：根据项目前期分析进行预调研，修改调研方案，样本选取，制定详细调研计划，实地调查、访谈，整理调研数据，结果分析。在结果分析部分对五棵松体育馆集散广场设计方法研究是重要的数据支持，将在后文详细讨论。本步骤主要阐述样本选取、实地调查这两部分关键的内容，体现本次调查研究的科学性和针对性，同时也对这次调查研究的过程进行一个概括地勾画。

第五步，数据分析。

在调研数据分析的过程中，将定性的资料进行整理，形成描述性的结论，将定量的资料进行统计，作为下一阶段设计工作的基础资料。

以天坛公园东侧为例，蓝色部分是调研的范围，在地段图中标出（图4-16）。根据调查时的记录表和测绘图明确调研地点内的各种元素，并将元素分类标号。图4-18是分类图的一部分。其中第一列为树木种类，分别为枫树、白皮松和树龄300年以上的古柏。第二列为铺底类型，由上到下依次为卵石铺地、间草铺地、自然土地。第三列是构筑物类型，包括公厕、报栏和开敞式长廊。第四列为道路类型，分别为两侧有栏杆的道路、两侧有人行道的道路和两侧可进入的道路。

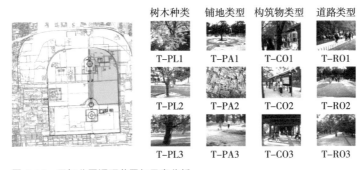

图4-16　天坛公园调研范围与元素分析

图4-17中直观表示了地点中的各种元素，使观者对地段情况能够有一个比较直观的了解和认识。其中深灰色部分是公园的观光部分，普通活动者的月票、年票不能使用，活动的范围主要在内墙里和入口到内墙之间的道路两侧。浅绿色部分是用围栏拦起的草坪及树林，同样也是不能进入的。特殊景观有七星石和柏抱槐。地段中有一条长廊、三处办公室、两个公厕、地段东边的红色建筑是关闭的东门。

图 4-17 天坛公园调研地段元素分布图

内墙外东北侧有一处全民健身设施。整个地段范围内能看到祈年殿,成为标识性的建筑,对活动者的场所感非常重要。值得注意的是,在调研范围的南边,有很大一片地面为自然土壤的松树林,对研究人群在绿荫广场中的活动有重要的借鉴作用。

活动地点的分布如图 4-18 所示,其中引出的标号为地点中活动的类型和对应的活动照片(图 4-19)。其中标号 T-BE1 中 T 代表天坛地段,BE 代表做操,数字 1 则是对应的活动照片。在这些活动中,靠近内墙东北入口的全民健身、交谊舞、太极拳以及长廊内的棋牌、休息等活动十分密集。并且几次调研发现，各个时间段、各地点的活动和人数相对固定，在天坛活动的市民已经形成固定的健身模式。

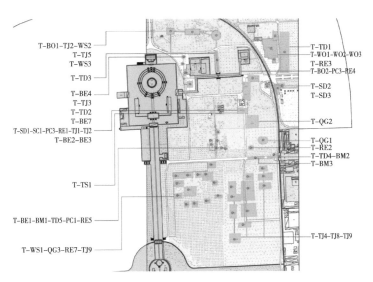

图 4-18　天坛公园调研地段活动地点分布图

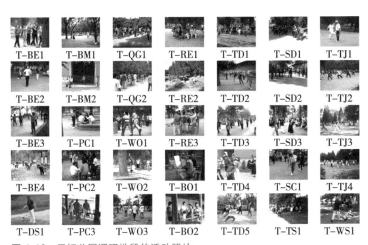

图 4-19　天坛公园调研地段的活动照片

1. 分项统计

通过访谈，了解活动者活动地点的满意状况，将活动者意见较大的场地记录为不符合条件的样本。这样，收集的数据——在各种景观条件下活动的面积和活动的人数可以反映人与活动选择景观元素的状况。将活动地点的条件和人数进行统计，可以得到表 4-6，它将与其他调研地段的统计结果一起成为进行后续设计的基础资料。

表 4-6　天坛调研地段统计表

场地类型	T	S	R		SUM
人数	1487	327	649		2463
人数比例	60.4%	13.3%	26.3%		
面积 /m²	22909	2947	3551		29407
面积比例	0.779	0.100	0.121		
周围条件	T	S	R		SUM
人数	1402	0	1061		2463
人数比例	56.9%	0.0%	43.1%		
地面条件	H	E	G		SUM
人数	1685	594	184		2463
人数比例	68.4%	24.1%	7.5%		
面积 /m²	12078	15069	2260		29407
面积比例	41.1%	51.2%	7.7%		
设施小品	I	F	B	S	SUM
人数	81	400	383	847	1711
人数比例	4.7%	23.4%	22.4%	49.5%	
总比例	3.3%	16.2%	15.6%	34.4%	69.5%
距离道路	D	B	T		SUM
人数	1161	148	1154		2463
人数比例	47.1%	6.0%	46.9%		

注：环境元素

T	T 多树	H	H 硬地	I	I 报栏	D	D 直接
S	S 广场	E	E 土地	F	F 健身器械	B	B 间接（灌木）
R	R 道路	G	G 间草	B	B 长椅	T	T 隐蔽（树木）
				S	S 遮蔽物		

2. 结果分析

通过调查研究和文献资料的收集，对北京城市外部空间的使用状况进行分析，将集散广场与城市公园、街边公园、体育公园的利用状况进行比较后，发现目前体育中心集散广场的使用情况由于设计和管理的原因，并不乐观，是北京城市外部空间利用很不充分的地区。针对体育馆外集散广场分析影响使用者活动的因素，将有助于实际地改善现有状况和设计新的人性化的集散广场空间。

3. 城市影响因素

城市影响因素是从宏观的角度讨论集散广场的利用状况。其中城市体育设施、开放空间的状况，市民对户外活动的态度以及政策导向都会宏观影响体育馆集散广场的利用，这一部分在前文中已经有过比较详细的论述。这里需要说明的是通过调查研究和分析得来的北京市民活动的人群特点和时间特点，这两个因素会宏观影响北京背景下体育馆集散广场的使用状况。

（1）活动人群的比例。

1）老年人。在实地调研中发现，老年人是这几类城市开放空间中最重要的构成因素，老年人基本是退休人员，有时间参与低消费的户外活动，相比之下在城市公共公园中的老年人比体育场馆外集散广场更多一些。通过访谈和观察进行分析，这种差别的原因可以归结为以下几点：

第一，很多缓和活动的参与者大部分为老年人，如太极拳、太极剑，老年人倾向于选择有一定私密性的安静场地。

第二，老年人非常注重绿化的健康特性，如靠近树木可以呼吸它们产生的含氧量高的新鲜空气，在土地上可以"接地气"等，倾向于选择公园中易于找到的有树木且有自然土壤的场地。

第三，部分老年人不愿参加交谊舞等需要硬质开阔场地的活动，其他人如果选择舞蹈类等稍剧烈的活动，会选择对场地开阔性和地面条件要求不高、便于控制位置的红绸舞、扇子舞等活动形式，集散广场这样的硬质铺地的开阔空间对他们没有吸引力。

最后，从休闲的角度讲，退休的老年人愿意参与一些有组织的休闲活动，在实际的调研中证实了老年人参与的户外活动往往是自发组织的长期活动。他们可以承担公园月票的价格，并且能够坚持几乎每天到固定的地点活动。其他人群很难保证有像老年人这样的时间和从事体育活动的态度，购买月票的人相对少得多，一些公园价格不低的门票便阻止了这些人的进入。

2）中年人。随着退休年龄的提前和健康意识的增强，在城市开放空间的活动中能看到越来越多中年人的身影。其中一部分中年人参加老年人团体的活动，另外一些则进行稍剧烈和技巧性更强的活动，如交谊舞、武术、韵律操和难度更大一些的红绸舞等。部分老年人也参与以中年人为主的活动，两个年龄段的人群在活动内容和群体上有很大的交集。空间开敞、硬质铺地的集散广场适合展开交谊舞等运动量较大的活动，体育馆外集散广场成为他们良好的选择。

3）青年人。青年人的活动与以上两类人群有巨大的不同，青年人喜欢参与剧烈的体育活动，与中年人和老年人很难有交集。他们需要大面积的硬质场地或者专业场地，体育馆外集散广场可以提供开阔的硬质场地。在校的青年人比较容易在学校找到活动场地，已经上班的青年人在工作的重负下也较难抽出时间在工作日到集散广场活动。只有在节假日，体育馆外集散广场会聚集较多的青年人。

4）儿童。儿童在体育馆外集散广场出现的频率比较少，他们往往在看护者认为方便而安全的近距离社区绿地中活动，节假日很多儿童会跟随父母到城市公园活动。城市公园景观丰富，能引起儿童注意的视觉焦点比体育馆集散广场中多，更重要的是，城市公园一般设有专门为儿童准备的游戏场，而体育馆外集散广场中很少有适合儿童参与的活动。

（2）人群的活动时间。借助休闲学的理论，可以了解各种人群所拥有的自由时间和他们由于社会角色而倾向参与的活动类型。通过实地调研可以更清楚地了解基于北京市现状人群选择的活动时间的分布状况。可以从不同季节和一天中不同时间段的差别来研究人群活动的特点。

季节不同对户外活动的影响很大，北京冬季白天长度较短，日出的时间明显后延,这使集散广场上人们开始活动的时间向后推移，而且北京冬季气温很低，会大大影响参与户外活动的人数，人们也会在阳光充足的开敞空间活动。冬季晚上到集散广场活动的人非常少，主要是经过集散广场到体育馆内运动或者到附属商业建筑中娱乐的穿行者。夏天天气炎热，年轻人往往集中在早上和晚上进行体育锻炼活动，其他时间人们愿意停留在气温相对较低的树荫和水边进行安静的活动，如钓鱼、聊天、棋牌等。夏天晚上，很多市民会选择运动量不大的散步或者纳凉聊天等消暑活动，在这个时候集散广场也常常会举办消夏的啤酒节等夜间活动。春季和秋季是北京气候较好的季节，在这段时间内各个时间段适宜进行的活动种类丰富。

对于一天中的不同时间段，通过调查统计可以看到在不同时间段活动人数以及人群类别有以下的特点。

早晨：在这个时间段老年活动者占了活动人群的主体，老年人睡眠时间较短，早晨起得很早，常常天还没亮不到 7:00 就已经到达活动地点。大部分老年人参加有组织的活动，锻炼时间持续的长短不同。很多老年人需要回家为家人准备午饭，或者身体状况不能坚持长时间的户外活动，在 8:00 或者 8:30 左右离去。另一些老年人没有家务的负担，住所距离活动场地比较远，早上到达活动场地后直到下午或傍晚才会离去。早上的活动之后，他们的活动类型会从动态活动转为静态活动。在早晨参加活动的还有相当数量的中年人和少数年轻人。

上午：9:00~10:00，阳光变得充足，当老年人渐渐离去，带着儿童休闲晒太阳的人开始增多，这种现象在城市公共公园中非常明显。这些儿童的年龄大都比较小，常常是看护的保姆或者隔代的长辈推着婴儿车带他们散步或者停留，年龄相近的儿童会由大人引导聚在一起嬉戏。

中午：中午是城市外部空间市民最少的时候，这时大部分人回家吃午餐和午休。大约从中午 12:00 到下午 3:00，体育馆外集散广场十分冷清，城市公园中会有小部分人在公园中用餐和午休。中国人的饮食和生活习惯与西方人不同，在西方城市开放空间中午时段有很多人聚集在广场上用餐和休息，这与西方人饮食相对简单和他们不习惯午睡有关，而且西方人喜欢在中午晒太阳，而中国人则有意避过中午 12:00 到下午 2:00 左右这段阳光最强的时间。

下午：很多中老年活动者会在下午 3:00 以后陆续回到集散广场和城市外部空间活动，当下午 4:00 左右有些学生放学后会到集散广场活动和游戏，例如利用集散广场上的篮球架打篮球，这种免费的开放空间对于没有收入的学生来说很具有吸引力。

晚上：晚上的时间活动变化性比较大，并且受照明状况的影响较大。冬季参加户外活动的人很少，春夏秋三季，到户外纳凉聊天和参与体育活动的人比较多，可以在体育馆外集散广场见到不同年龄层次的人，中老年人的比例还是要比其他年龄段的人高一些。但是如果体育馆外集散广场举办啤酒节等消费型的休闲活动，则能吸引大批的、已工作的年轻人和中年人。照明设备的限制成为重要的活动影响因素，静态活动趋向于在灯光不是很强烈的地区，而动态活动则趋向于靠近明亮的地区。

综上所述，早晚是城市开放空间中活动者最多的时段，春秋季节的早晨是城市户外活动最丰富也最典型的时间，这个时间往往是活动者最多并且能体现其对环境的主观选择的时间。其他时间活动不是很密集，使用者有充分的选择余地，容易找到适合的活动场地。所以，满足了春秋早晨的活动状况，再考虑其他时间活动特点的不同，则可以使体育馆集散广场基本符合市民活动的需求。

4. 区域影响因素

（1）周围居民、人口分布。

大型体育中心体育馆外集散广场周围居民的数量、居住距离的远近、人口比例构成以及社会层次都会对集散广场的利用造成影响。借助休闲学的理论，认为不同年龄、不同社会层次的人具有不同的自由时间和参与活动的倾向。不同教育程度和不同阶层的人的心理距离也相差很大，这些特点足以使集散广场上的活动产生很大的差别。如老年人聚集的地方可以观察到的户外活动比高级白领社区中要多得多。

（2）周围设施分布。

大型体育中心集散广场周围设施、建筑的性质和使用状况对集散广场也会产生影响。建筑的性质如办公、商业可以聚集人群，从而使集散广场有开展为这些人群服务的可能。另外，邻近的城市开放空间也会对体育馆集散广场的使用造成影响。如紫竹院公园对倾向自然环境的活动者产生吸引，对首都体育馆集散广场的使用产生了不小的影响。周围社区中体育设施和活动场地的多少也会影响体育馆集散广场的使用状况。当周围社区体育设施和开放场地有限的时候，集散广场就成为聚集市民活动的场所。

（3）交通便利程度。

体育中心最初都是为了举办大型比赛而建的，在选择建设基地时就已经考虑到了选择交通便利的城市地点。这有利于体育馆和周边辅助设施的利用，有条件吸引整个城市的人。对于体育馆外集散广场和体育公园而言，更多的使用者是周边的居民，方便周边居民到达可以增加这些外部空间的活力和使用频率。"到达"与道路和入口有关，车流量很大的危险城市道路即是周边居民前往的障碍之一，这种道路在心理上造成了城市的分割，具有边界的特征。如果不能安全便捷的联系道路两侧，道路会给人强烈分离的印象。[15]

5. 场地影响因素

体育馆集散广场自身状况对使用者的影响因素包括管理因素和设计因素两部分。其中管理因素对设计因素有一定的制约，会影响到场地的开放程度、设施的完备程度、环境条件的好坏、维护的状况，还有对交通、场地用途的管理等。但是本书注重设计方法的讨论，在五棵松文化体育中心的设计中，由于甲方的配合，有条件在相对理想的设计前提下进行工作。在此，主要针对设计层面的环境影响因素，对场地影响因素进行分析。

体育馆外集散广场从城市意向的角度可以理解为是城市节点。认知节点的首要条件，是通过其墙体、地面、细部、光照、植被、地形，或是天际线形成的唯一或连续的特征，最终获得节点的身份特征。[16] 将体育馆集散广场中各个构成元素分类成为边界、植物、地面状况等影响因素，分析它们对体育馆外集散广场使用状况的影响。从场地的环境因素入手分析是因为环境因素具有一定的复杂性，从这个角度讨论集散广场的使用状况有助于分析环境、使用者和活动之间的关系。

在对场地进行调研的过程中，运用了实地测量的方法，对每一个地点的环境元素进行记录，统计活动的类型、活动者的类型和相应的数目。经过统计，场地中元素对人群活动影响见表 4-7。

表 4-7　场地中元素对人群活动影响统计表

	TT	CS	NL	LH	WS	WA	OC	FZ	DY	平均值	加权值
场地类型											
T	60.4%		43.8%	11.4%	23.8%	28.6%	26.5%	39.5%	7.9%	30.3%	26.6%
S	13.3%	100.0%	56.2%	84.9%	66.7%	71.4%	73.5%	41.4%	25.6%	59.2%	52.0%
R	26.4%			3.8%	9.6%			15.6%	66.5%	24.4%	21.4%
SUM										113.8%	
周围条件											
T	56.9%	5.1%	100.0%	24.5%	30.4%	9.2%	27.0%	87.9%	100.0%	49.0%	41.0%
S		74.5%		32.6%	11.2%	51.0%	31.7%	8.6%		34.9%	29.0%
R	43.1%	20.4%		43.0%	58.4%	29.8%	41.4%	3.5%		35.6%	30.0%
SUM										1.2%	
地面条件											
H	68.4%	100.0%	100.0%	94.0%	96.4%	100.0%	86.2%	96.5%	97.6%	93.2%	83.0%
E	24.1%			5.5%	3.6%		13.8%		2.4%	9.9%	9.0%
G	7.5%									7.5%	7.0%
GR				0.5%						2.0%	2.0%
SUM										112.6%	
内部元素											
I	3.3%									3.3%	4.5%
F	0.2%		6.7%	4.7%	14.2%		22.4%	19.5%		14.0%	0.2%
B	0.2%		57.5%	6.6%		26.0%	11.3%	23.1%	0.6%	28.2%	38.9%
S	34.4%	94.9%	16.9%	7.7%	2.0%	3.1%		30.5%		27.1%	37.3%
SUM										72.5%	
距离道路											
D	47.1%	79.6%	64.3%	86.4%	85.8%	64.3%	60.9%	73.4%	100.0%	73.5%	58.8%
B	6.0%	20.4%	35.8%	9.7%	6.8%		10.9%	3.5%		13.3%	10.6%

	TT	CS	NL	LH	WS	WA	OC	FZ	DY	平均值	加权值
T	46.9%			3.9%	7.4%	35.7%	28.2%	23.1%		24.2%	19.4%
SUM										125.0%	

注：环境元素

T	T 多树	H	H 硬地	I	I 报栏	D	D 直接
S	S 广场	E	E 土地	F	F 健身器械	B	B 间接（灌木）
R	R 道路	G	G 间草	B	B 长椅	T	T 隐蔽（树木）
		GR	GR 草地	S	S 遮蔽物		

地段名称：

TT——天坛公园	CS——首都体育馆	NL——南礼士路公园
LH——莲花池公园	WS——工人体育场	WA——工人体育馆
OC——奥林匹克体育中心	FZ——方庄体育公园	DY——钓鱼台街边公园

（1）入口。

体育中心入口的位置和大小在很大程度上影响了人们进入体育中心活动，与主要街道相通的开阔的入口是容易识别的，多个不同方向的入口开放则能方便附近居民走较短的距离到达集散广场。在实地调研中发现，很多活动者倾向于聚集在入口附近区域的硬质广场活动（图 4-20、图 4-21）。入口是比较容易引起人们注意的地点，在入口活动可以满足活动的"表演者"渴望被关注的心理，醒目的活动也容易吸引更多的参与者。从人的步行距离来看，"大量的调查表明，对大多数人而言，在日常情况下步行 400~500m 的距离是可以接受的"。对儿童、老人和残疾人来说，合适的步行距离通常要短得多。[17] 活动者会尽量选择距入口较近的地方作为固定的活动地点以减短路程的长度。同时由于社会背景和生活习惯的原因，有很大一部分中老年北京市民观念中的领域感并不很强烈，只要活动的内容不受影响，人们可以忍受在拥挤的场地中活动。在一些场地中活动者的人均面积不到 2m²，如交谊舞、体育锻炼辅导讲座、唱戏看戏等活动。从调研统计发现，几个地段中入口对人的活动影响距离平均为 120m 左右。

图 4-20 活动者对入口附近的使用
（一）

图 4-21 活动者对入口附近的使用
（二）

（2）边界。

边界是影响人们活动的重要因素，人们喜欢停留在空间的边缘，如沿建筑立面的地区和一个空间与另一空间的过渡区，活动是从内部和朝向公共空间中心的边界发展起来的。亚历山大在《建筑模式语言》中提到："如果边界不复存在，那么空间就绝不会富有生气。"[18] 通过对边界的分析和归纳，可以从空间性质、材料以及高度来讨论边界对人们活动的影响。

边界可以按照界面的空间性质分为软边界（过渡型边界）和硬边界。软边界是指可以进入能够形成灰空间的边界类型，这样的边界最能够吸引活动者。它可以是建筑的一部分，如体育馆集散平台下空间、入口凹进处、柱廊、雨篷、遮阳棚，虽然人们很少在紧挨着体育馆的地区活动，但是这些地方在平时往往可以吸引活动者前来（图 4-22）。软边界可以是开敞的构筑物，如长廊，长廊在公园中比较常见，由于它可以遮蔽阳光风雨，视线开敞，同时可以提供大量的座椅，往往是公园中人的密度最大的地点。种植紧密的树木和灌木也可以形成软边界，树冠遮蔽形成的灰空间是人们活动停留最多的地方（图 4-23）。树林边缘深浅不同的背景以及繁茂的树冠为静态的活动提供了另一种高质量的空间，使人们既可以在一般遮掩中部分地隐蔽起来，同时又能很好地观察空间。在调研中，选择以树为边界的场地的活动者占了总数的 41%。事实上这样的边界形成了亚空间，将空间微妙的分割，

图 4-22　人们对入口内凹处边界的
使用

图 4-23　立体种植形成的软边界

使人感到得到了庇护和一定的私密感又不觉得与集散广场完全分割，在这些亚空间中仍然可以观察广场上人的活动。《交往与空间》中扬·盖尔提出在居住区中增加柔性边界，如紧靠宅前的良好休息区域，也正是增加街道空间的相对私密的亚空间，增加人们在户外逗留的时间。[19] 硬性的边界主要是指直接与广场和道路交接的墙面、建筑入口与外墙。与软边界相比，硬边界不适于人们逗留，人们在这样的边界旁边往往是经过或者进出建筑，规则的硬性边界本身没有能够引起人们兴趣的东西，在人的行为尺度上没有限定空间的元素，人们处在这样的无焦点的背景下很容易成为视觉的中心，像在舞台上被注视却又没有适宜的表演，难以给人稳定感和安全感。

按照边界的材料种类分为自然材料如植物、粗糙的石材、木材、土壤等，这些材料在自然界直接可以见到；人工材料如玻璃、金属、抛光的石材等。不同材料给人的心理感受区别很大，人们活动时倾向于亲近自然，自然的材料大多有比较丰富的质地和纹理容易给人温暖、轻松的感觉，特别是树木对人们的吸引力很强。树木自然的形态和色彩不会使人产生视觉疲劳，树干的触感给人以温暖自然的感觉，对空气的净化作用也是吸引活动者的重要原因之一。人工材料带有的工业感比较强，触感不如自然材料温暖，比较难以使人亲近。值得一提的是玻璃这种透明材质，视线可以穿过的特点在分割边界的时候仍然保持了界面两边的视觉联系，设计时对玻璃不同的使用方式会导致这种材料不同的表情，由于玻璃可以通过叠加和喷砂等不同的处理手法改变其透明率，它也可以成为使人感兴趣的元素吸引活动者。

边界的高度对人们活动产生的影响非常巨大，在心理感受上，人的本身尺度和自我保护意识使矮一些的边界给人自然亲切的感觉，而几层楼以上或者更高的边界则使人觉得冰冷压抑，这就导致在紧邻体育馆的地区活动的人比较少。除了心理影响，边界的高度还影响了集散广场上的小气候。高大的边界对阳光会产生遮挡，在一项调查中发现，25% 的使用者在选择地点时，最关心的是能照到阳光。[20]老年人和儿童对阳光的需求是最大的，经常照到阳光有利于身体健康和骨骼的生长。高大的建筑还会向下反折风，使风力增强，而户外空间中风是很大的问题，风大的时候人们很难保持平衡、保暖和自我防护。在不同地点做的研究结果非常相似，"在大多数时间，户外活动的人都要接受直接的阳光并避开风吹才感觉舒适。除了最热的暑天，在所有其他的日子里，风大或阴处的公园和广场实际上都无人光顾，而那些阳光充沛又能避风的地方则大受欢迎"。[21]

（3）场地空间。

空间是由边界界定的，空间的开敞与封闭决定了其性质的公共与私密。对于活动者来说，除了地面，其他空间都可以用开敞、半开敞、封闭来衡量，纵向和横向的开敞和封闭组合形成不同的空间形象。通过研究发现，半开敞的空间活动者的密度最高，在这样的空间中人们比较倾向于一些强度不大的活动，如唱歌唱戏、聊天、休息等。开敞的空间中进行体育活动是比较适宜的，如球类、舞蹈等，这类活动边界变化比较大，在空旷的地方不容易受到影响。

（4）地面材料。

在调研的外部空间中，地面材料有硬质铺底、土地、草铺地、草地以及在部分健身设施下使用的软质铺地，其中硬质铺地可以细分为卵石、小石块、砂子等铺出的凹凸不平的地面，和以地砖、沥青等为材料的平整地面。不同活动对地面材料的要求不同，在实地的调研中发现，在硬质铺地上活动的人最多，占到调查总人数的82.8%，这也说明了大量大众化的活动都是适宜在硬质铺地上进行的。其中在天坛公园和玉渊潭公园小卵石铺地上，很多老年人穿薄底鞋在上面行走来做最简单的足底按摩。但是步行交通对地面的铺装相当敏感，这种地面不适合用于正常行走，特别是对于行走困难的人。选择在土地上活动的人，一部分是因为运动类型的需要，如抖空竹需要选择地面条件软一些的地点，以防损坏器械（图4-24）。另一些人则表示，在土地上活动能够"接地气"，更贴近自然。湿润的土地被踩实后可以承担很多比较缓慢的活动，很多打太极拳、练太极剑、气功、扇子舞等的人群选择植树的土地作为活动场地（图4-25）。在这些土地中，大部分以前是长杂草的，周围草地繁茂便是证明，但是由于人们的活动，形成了与活动相一致的土场形状和通达的小路（图4-26）。

图4-24　活动者在土地上抖空竹

图4-25　活动者在土地上舞扇

图 4-26 在草地上拍摄的人

如在天坛公园东区，有比较大的植树的土地区域，很多活动者选择这里的场地（占地段调查总人数的 24.1%）。间草铺地则是硬质铺地与草地的中间状态，在北京的城市外部空间中用的还不算多，在很多停车场倒是可以见到大孔洞砌块的间草铺地。当砌块孔洞比较小的时候，对行走和活动的影响微乎其微，从人群的密度可以看出，一些间草铺地甚至比很多硬质铺地更受欢迎（图 4-27）。

图 4-27 间草铺地使用状况

（5）地形。

地形的变化能够对使用者产生很重要的视觉、功能以及心理作用。对绝大多数活动者来说，具有适度但可感受到的地形变化的广场景观比那些完全平坦的广场更具有美学吸引力。地形变化还有很重要的功能优势，例如，休息空间和交通空间能够借助微地形变化加以分隔。微微起坡的硬地可以成为轮滑者青睐的练习场（图4-28）。从街道望，抬升的广场在视觉上非常显著，如果没有太多上行踏步，坐在抬升广场上将会是一种愉悦的体验（图4-29）。卡伦谈到过城市景观中的高度相当于特权，深度则意味着亲密；而根据人们不同的心理需要，具有地形变化的广场为人们的这两种情绪都提供了对应场所。

图4-28 巴黎微微倾斜地面上的轮滑活动

图 4-29　地形对人的活动的影响

（6）植物。

植物的存在使城市外部空间更有自然的气息，也是吸引活动者到体育馆外集散广场的原因之一，植物能够给活动者提供遮蔽、支撑、净化空气、边界限定等许多功能。丰富的种植可以吸引活动者的注意力，经过仔细的种植规划所创造出的纹理、色彩、密度、声音和芳香效果的多样性和品质能够极大地促进广场的使用。[20]灌木、乔木搭配种植可以形成植物的界面，形成植物的高矮层次；不同树种的搭配可以在不同季节突出不同的树种，产生多样化的景观。通过调研发现市民偏爱选择种植树木的树冠不是很高又不妨碍活动的区域，如银杏、油松、槐树、柳树、合欢等。毛白杨对于人的尺度来讲太高，白皮松和桧柏、侧柏、云杉等树种树干下部分枝较多影响了活动的进行。植物的种植可以软化建筑的边界，对于体育馆外集散广场这样高大的建筑，在人流疏散时空出的部分种植树木，则能形成广场与建筑外墙之间的过渡，吸引活动者。另外树木还可以使高层建筑产生的强风穿过其间而得到削减（图 4-30、图 4-31）。

图 4-30　植物对活动的依托（一）　　图 4-31　植物对活动的依托（二）

（7）构筑物。

构筑物给集散广场上的活动者提供了支持物和遮蔽物，有时构筑物还能够成为视觉的焦点和功能体。作为支持物的小型构筑物包括座椅、灯柱、花坛等，他们在集散广场上为很多活动提供了依托，在小尺度上限定了休息场所。因为很多活动都是从边界产生的，而且边界往往是观看者聚集的地区，所以座椅、灯柱等能创造良好条件、使人停留下来的构筑物适宜布置在场所的边界附近。而遮蔽性的构筑物不仅能起到遮阳避雨的作用同时构成了亚空间，长廊、亭子都是这一类构筑物的典型代表（图 4-32、图 4-33）。雕塑和一些环境小品在空间中往往可以起到吸引活动者注意力的作用，一组有场景的雕塑还可以使人们产生兴趣观察并参与场景。公厕、商品亭、报栏等则是体育馆外集散广场中功能性的构筑物，同样可以给市民提供必要或者丰富的活动（图 4-34、图 4-35）。

图 4-32　长廊聚集了很多使用者　　图 4-33　遮蔽构筑物有很大的聚集
　　　　　　　　　　　　　　　　　　　　　　　　人的作用

图 4-34　报栏聚集了人的活动　　　　图 4-35　人们对构筑物的使用

（8）健身、运动器械。

全民健身器械从几年前北京体育彩票捐赠开始越来越多地出现在
北京的各个城市开放空间中，在调研的开放空间中，有全民健身
器械的占到 67%。市民对健身器械的需求非常强烈。通过访谈
了解到，在南礼士路公园，活动者在公园改造后自发将废弃的儿
童攀登架和转轮安装作为健身器械使用。在奥体中心，有三个地
点有全民健身器械，每个地点都有 10 组左右，市民反映在高峰
时器械不够用，往往需要排队等候（图 4-36）。但是同时，莲
花池公园大量的健身器械除了早晨短短的高峰时段，并不能得到
充分的利用。除了乒乓球台在一天中的利用率一直很高外，其
他器械有 70% 左右空闲或被改变了用途。如腿部锻炼机成为麻
将桌、户外办公桌等。健身器械的数量也是要与到场地活动的人
数相关联的，通过统计，在规模较大城市开放空间中，一个地点
20 组左右的健身器械能够有比较好的使用情况（图 4-37）。

图 4-36　健身器械供不应求　　　　图 4-37　健身器械使用状况

运动器械如篮球架、小型足球球门可以吸引青少年的活动,在体育馆外集散广场上中午和下午会有青少年参加打篮球、踢足球的活动。在周末,青少年的这类活动也会明显增多。

(9)道路。

"道路是观察者习惯、偶然或是潜在的移动通道。"[22]体育中心内连接体育馆外集散广场的道路有车行道和步行道。车行道上是很少有人活动的,汽车的行驶使活动受到打扰,道路危险并且周围的空气受到污染。在工人体育场集散广场观察到,尽管集散广场上车流量很小,人们还是倾向于在集散广场边缘和绿化区域内活动。步行道包括绿化景观与公园中的道路、通往室外体育场地的道路、通往附属商业设施的道路,有时这几种道路之间没有明确的区分。步行道路对城市开放空间的使用状况有明显的影响,特别是每个活动地点的使用状况和它与道路之间的关系非常密切。

对于固定的活动者,安静和接近自然的活动大部分选择了与主要道路有一定距离的地点,如太极拳、太极剑、个人气功等(图4-38)。而对于一些气氛比较活跃的活动,活动者希望更多的人参与他们,关注他们,从而会选择靠近路边甚至是路上的地点作为活动场地(图4-39)。并且,道路旁的树木对道路空间感的塑造有很大益处,能够对道路形成一定的遮蔽并能透过部分阳光的树木下是最容易吸引活动者的路段。通过统计,直接在道路上或者可以穿行的广场上活动的人数最多,占活动者总数的58.8%,在距道路有不阻碍视线分隔的场地上的活动者占10.6%,远离道路在树木或建筑隐蔽处活动的人占19.4%。

道路是环境中非常重要的因素,除了固定的活动人群,大部分的流动人群都会在道路上散步、跑步、行走。并且固定的活动人群在到达和离开活动地点的过程中也是流动人群的一部分。对于步行而言,大量的观察表明,人们走捷径的愿望是非常执着的[23],

图 4-38 在道路上活动（一）

图 4-39 在道路上活动（二）

并且在 300m 的路程内应设有休息的设施。

对于集散广场来说，它本身也承担了道路和场地的双重功能。基于这种要求，需要道路能够便于行走，路边、路上有适宜空间供人活动，需要适当有能够供人休息的设施和环境，能够尽可能地对一些目标点进行直接连接，并富于变化以增加行进过程的趣味性。

调查研究是设计方法中重要的一个组成部分，它使设计者定量定性地对体育馆集散广场和与其相关的城市开放空间有了认识。使这些成果能够成为下一步设计过程的依据。

第六步，编辑 5KS 软件。

体育公园人流分布趋势程序（5KS v1.0）编制。

1. 程序设计原理简介
根据统计方法，得出不同地面属性对于人流分布影响的函数关系，以及不同属性之间的权重关系。通过加权处理得到计算空间中任何一点的人流分布趋势指标。

计算域空间中某点（x, y）的趋近指标表达式见式 4-1：

$$value(x,y) = \sum_{k=1}^{l} c_k \cdot value_k(x,y) \qquad (4-1)$$

式中　c_k——不同地形属性的权重系数；

　　　l——地形属性总数。

其中，每一种属性 k 下，$value_k$ 表现为计算域空间中每一点与该点距离的函数关系，见式 4-2：

$$value_k(x,y) = \sum_{i=1,j=1}^{m,n} f_k[\,(i-x)\,,(j-y)\,] \qquad (4-2)$$

式中　m,n——计算域 x 和 y 方向的总网格数。

2. 程序流程图（图 4-40）

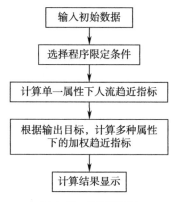

图 4-40　程序流程图

3. 输入、输出数据格式

（1）输入场地基本信息。

Xsize,Ysize	'总长，总宽
Xnumber,Ynumber	'X 和 Y 方向的网格个数
total,eachmax	'总人数，每个网格可容纳的最多人数
method	'希望采取哪种重新分配人数的方法
area(i,j)	'每个网格的地形属性

（2）输出数据文件格式。

输出文件分为两部分，一部分为对应地形属性的单独计算结果，文件格式为：ProjectOutput_i（其中 i 为地形属性的编号）；第二部分为根据计算要求计算出的不同地形属性组合后的计算结果，文件格式为：ProjectOutput_All，等。

4. 程序变量

（1）全局变量。

Global Xsize As Variant	'X 方向总长　米
Global Ysize As Variant	'Y 方向总长　米
Global Xnumber As Integer	'X 方向网格数
Global Ynumber As Integer	'Y 方向网格数
Global total As Integer	'可容纳的总人数
Global eachmax As Integer	'每个网格最多人数
Global method As Integer	'采用哪种方法重新计算人数，1 – 减最多的然后递减，2 – 减最多的补最少的
Global valuemin As Variant	'最小值
Global valuemax As Variant	'最大值
Global typemin(13) As Variant	
Global typemax(13) As Variant	
Global i As Integer	
Global j As Integer	
Global k As Integer	
Global l As Integer	
Global temp As Variant	
Global area(200, 200) As Integer	'每格的地形属性
Global flag(200, 200) As Integer	'标记网格是否为"选中"状态
Global value(200, 200) As Variant	'受喜欢程度
Global type1(200, 200) As Variant	'1 号地形对喜欢程度的影响
Global type11(200, 200) As Variant	'11 号地形对喜欢程度的影响

```
Global type14(200, 200) As Variant        ' 14 号地形对喜欢程度的影响
Global type15(200, 200) As Variant        ' 15 号地形对喜欢程度的影响
Global type16(200, 200) As Variant        ' 16 号地形对喜欢程度的影响
Global type21(200, 200) As Variant        ' 21 号地形对喜欢程度的影响
Global type22(200, 200) As Variant        ' 22 号地形对喜欢程度的影响
Global type23(200, 200) As Variant        ' 23 号地形对喜欢程度的影响
Global type24(200, 200) As Variant        ' 24 号地形对喜欢程度的影响
Global type3(200, 200) As Variant         ' 3 号地形对喜欢程度的影响
Global type31(200, 200) As Variant        ' 31 号地形对喜欢程度的影响
Global type32(200, 200) As Variant        ' 32 号地形对喜欢程度的影响
Global type33(200, 200) As Variant        ' 33 号地形对喜欢程度的影响


Global ProjectPath As Variant             ' 工程目录
Global InputPath As Variant               ' 输入文件目录及文件名
Global OutPath(13) As Variant             ' 输出文件目录及文件名，包括 13 种
                                            影响因素的结果和综合影响结果
Global VarSetted As Integer               ' 标记是否设置好了初始参数
Global FileOpened As Integer              ' 标记是否打开过工程
Global HaveResult As Integer              ' 标记是否有结果文件
Global Changed As Integer                 ' 标记从上次储存到现在是否有更改过
                                            设置
```

（2）以下变量只在 frmInput 中使用，用于绘制地形属性图。

```
Global istart As Integer                  ' 选中区域的起始网格横坐标
Global jstart As Integer                  ' 选中区域的起始网格纵坐标
Global iend As Integer                    ' 选中区域的终止网格横坐标
Global jend As Integer                    ' 选中区域的终止网格纵坐标
Global xstep As Double                    ' 每个网格的横跨度
Global ystep As Double                    ' 每个网格的纵跨度
Global MoveNow As Boolean                 ' 标记鼠标是否处于按下状态
Global imove As Integer                   ' 按下鼠标进行框选过程中，鼠标的当
                                            前横坐标
```

Global jmove As Integer	' 按下鼠标进行框选过程中，鼠标的当前纵坐标
Global ismall As Integer	' 选中区域中的最小横坐标
Global ibig As Integer	' 选中区域中的最大横坐标
Global jsmall As Integer	' 选中区域中的最小纵坐标
Global jbig As Integer	' 选中区域中的最大纵坐标
Global downY As Integer	' 绘制地形图形的区域下界
Global rightX As Integer	' 绘制地形图形的区域右界
Global Ylength As Integer	' 绘制地形区域的纵向总跨度
Global Xlength As Integer	' 绘制地形区域的横向总跨度

（3）以下变量只在 frmDisplayResult 中使用，用于绘制地形结果网格图。

Global ShowValue(200, 200) As Variant	' 根据所选择要显示的影响因子计算得出的需要显示的结果
Global showmin As Variant	' 需要显示的结果中的最小值
Global showmax As Variant	' 需要显示的结果中的最大值

函数列表。

frmMain:

DisplayData_Click()：选中菜单中的 "显示环境数据"

DisplayResult_Click()：选中菜单中的 "显示结果数据"

Form_Unload(Cancel As Integer)：关闭主窗口时的消息响应函数

HelpAbout_Click()：选中菜单中的 "关于"

ProjectSave_Click()：选中菜单中的 "保存工程"

SetupData_Click()：选中菜单中的 "定义环境数据"

Toolbar1_ButtonClick(ByVal button As MSComCtlLib.button)：点击工具栏中项目的消息响应函数，点中不同按钮的消息响应请参照对应的菜单项消息响应函数

HelpUser_Click()：选中菜单中的 "使用说明"

ProjectExit_Click()：选中菜单中的 "退出"

ProjectNew_Click()：选中菜单中的"新建工程目录"

ProjectOpen_Click()：选中菜单中的"打开工程目录"

ProjectSaveAs_Click()：选中菜单中的"另存工程为"

SetupIni_Click()：选中菜单中的"初始参数"

SetupVerify_Click()：选中菜单中的"修改网格精度"

CalculateRun_Click()：选中菜单中的"开始计算"

SaveResults()：将计算结果存入数据文件

SaveData()：保存工程中包括输入数据文件和计算结果文件

UpdateProjectStatus()；无用，置空

frmProjectNew：

Command1_Click()：点击"新建"按钮，在用户所选目录中建立文本输入框中用户键入的文件夹，检查其中是否已经存在其他工程，并将其作为工程工作目录，同时生成 input.dat 文件，并初始化其中的数据

frmProjectOpen：

Command1_Click()：点击"打开"按钮，将打开用户所选目录，查看其中是否存在 input.dat 文件，如存在则表示该目录为工程目录，将其作为当前工程工作目录，并读入 input.dat 中储存的输入数据，然后查看是否存在 output.dat 系列文件，如果存在则读入结果文件

frmProjectSaveAs：

Command1_Click(Index As Integer)：点击"另存为"按钮，在用户所选目录中建立文本输入框中用户键入的文件夹，检查其中是否已经存在其他工程，并将其作为工程工作目录，同时将当前工程的输入及结果文件存到该目录

frmSetupIni：

Command1_Click()：点击"确定"按钮，将检查各输入项的内容是否合法和完备，若满足要求则将这些内容存入 input.dat 文件

Option1_Click()、Option2_Click()：选择两个开关按钮时对应的输入框将被激活

frmSetupVerify：

Command1_Click()：点击"确定"按钮，将对网格进行加密或减疏的操作，并将新的网格设置存入 input.dat 文件

frmInput：

Form_Load()：窗口调用的时候加载下拉框的选择项

Form_MouseDown(button As Integer, shift As Integer, X As Single, Y As Single)：消息响应函数，响应鼠标按下的消息，获取鼠标按下时的坐标，并判断鼠标按下处位于网格区域中对应的网格横纵坐标，将鼠标移动变量标记为"按下"（True），并将当前各记为"选中"格

Form_MouseUp(button As Integer, shift As Integer, X As Single, Y As Single)：消息响应函数，响应鼠标按键松开的消息，获取鼠标松开时的坐标，判断鼠标松开处位于网格区域中对应的网格横纵坐标，将鼠标移动变量标记为"松开"（False），并将以鼠标按下处的网格和松开处的网格为对角线的矩形框中的各个网格标记为"选中"格，并重绘网格，将"选中"网格区域加上黑色粗框，以示区别

Form_MouseMove(button As Integer, shift As Integer, X As Single, Y As Single)：消息响应函数，响应鼠标按键移动的消息，获取鼠标移动时的当前坐标，判断鼠标当前所位于网格区域中对应的网格横纵坐标，鼠标移动变量维持"按下"（True）状态，并将以鼠标按下处的网格和鼠标当前所处网格为对角线的矩形框中的各个网格标记为"选中"格，并重绘网格，将"选中"网格区域加上黑色粗框，以示区别

DrawArea()：窗口重绘函数，根据当前的网格属性及选中状态绘制网格，首先根据当前窗口大小确定网格绘制区域，以及各按钮、下拉框等的位置，根据网格属性数组 area 绘制各网格对应属性的颜色。然后根据网格"选中"标记数组 flag，将标记为"选中"（flag 数组中对应值为 1）的网格加上黑色粗框

Form_Resize()：窗口大小改变时的消息响应函数，当窗口大小改变时重绘窗口

ImageCombo1_Click()：选择了下拉框中的某一项时响应该函数，将标记为"选中"的区域对应 area 数组中的地形属性值更改为用户选中下拉项对应的属性值

ShowArea()：根据当前标记为"选中"的区域判断该区域中的网格属于哪种类型，若包含多种类型则显示"所选区域包含多种类型"

frmSelectDisplay：
Command1_Click()：根据用户选择要显示的地形影响因素，将用户选择的、要显示的地形因素影响值相加，得到 showvalue，并调出 frmDisaplayResult 窗口显示结果网格图
Check14_Click()：点击"综合影响"复选框以全选其他所有的复选框

frmDisaplayResult：
DrawResults()：根据用户选择要显示的地形影响因素、是否灰度、是否显示网格等参数绘制结果网格图

5. 应用计算结果——五棵松体育公园

（1）程序界面。
程序起始页（图 4-41）。
选择工程（图 4-42）。
计算过程（图 4-43）。
版权页（图 4-44）。

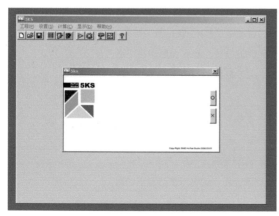

图 4-41　程序起始页

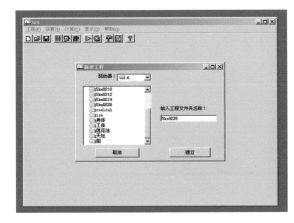

图 4-42　选择
工程

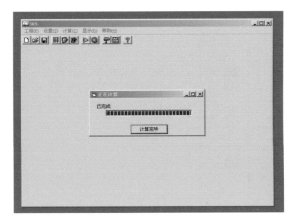

图 4-43　计算
过程

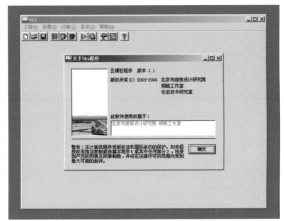

图 4-44　版权页

（2）计算结果。

1）单一属性影响的计算结果。

单纯出口影响（图4-45）。

单纯道路影响（图4-46）。

单纯地面影响（图4-47）。

单纯树木影响（图4-48）。

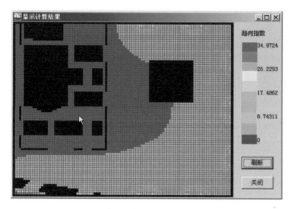

图4-45　单纯
出口影响

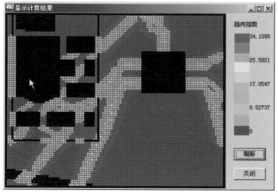

图4-46　单纯
道路影响

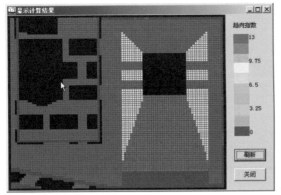

图 4-47 单纯
地面影响

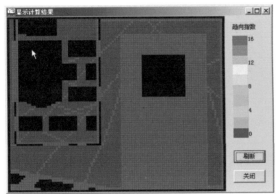

图 4-48 单纯
树木影响

2）综合同类属性影响的计算结果。

台地影响（图 4-49）。

建筑物排斥（图 4-50）。

视觉可通过（球场、草地）影响（图 4-51）。

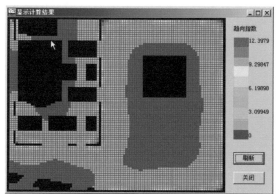

图 4-49 台地影响

图 4-50 建筑物排斥

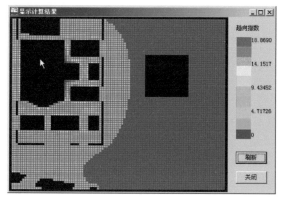

图 4-51 视觉可通过（球场、草地）影响

3）总综合属性影响的计算结果。

综合地形影响（地面、出口、道路）（图 4-52）。

综合构筑物影响（建筑、台地）（图 4-53）。

总综合影响（图 4-54）。

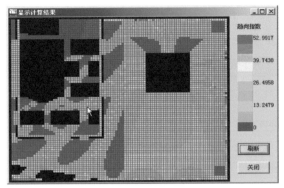

图 4-52 综合地形影响（地面、出口、道路）

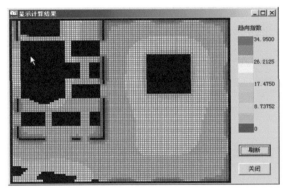

图 4-53 综合构筑物影响（建筑、台地）

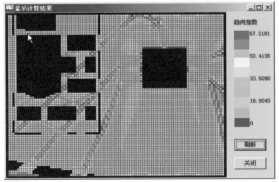

图 4-54 总综合影响

第七步，运算。

根据编写好的 5KS 程序，对五棵松文化体育中心场地进行运算是这次研究的核心内容。

根据上述分析可知，在城市公园广场中，有相当一部分人群每天均在相近的时间，同一个地点，进行固定内容的健身活动。这些人群的行为特点为计算机辅助设计提供了有利的条件，这种情况更有利于计算机辅助设计的准确性。

目前已有一些模拟人群行走、活动的软件，如在性能化防火当中采用的模拟人员疏散的软件，这类软件均结构复杂，编写难度大，同时，由于人员在活动时行为过于复杂，存在很多心理因素无法反映在软件中的情况，这类软件模拟结果的准确性很值得怀疑。

因此在一个较短的时间内进行的这项研究，其运算对象主要选择那些固定人群是可行和合理的。

五棵松文化体育公园的设计是在第一步——基底设置的基础上展开的，基底的确定为整个公园的设计制定了标准。

公园的基调已基本确定，即 6m × 6m 的网格及以此为基础的树阵，另外一个是可以进行多功能使用的地面。我们在计算之前又根据城市规划和总图布局重新提出了两个新条件：
（1）入口的位置。
（2）主要建筑在总图中的位置及出入口。

因此在计算之前共有五个条件：
（1）6m × 6m 网格。
（2）树阵。
（3）可多功能使用的地面。
（4）公园入口位置。
（5）主要建筑物及入口的位置。

在这五个条件确定后，我们接下来必须确定用软件进行运算的内容及与设计的衔接。

通过对样本的调研和分析，我们可以为下列几个因素建立因果关系，此因果关系将有助于形成设计条件和设计成果。一旦此关系得以确定，则就可以将条件输入软件并得出结果，在这个阶段，人的思维和分析能力占很大的比重，因果关系的确定和选择将直接影响结果的产生和效果。这种方式类似于传统的方案设计手法，同时又与之有较大的区别，其主要区别在于：

（1）传统方式中条件的确定和选择带有很大的盲目性，各种条件并行，条件的罗列不全面或不能切中要害，条件的选择缺乏科学理性的分析，主观、武断的决策是其主要特征，而工作系统可以有效地避免上述特点。

（2）在现实中由于对建筑规划设计采用计算机软件进行数据整理，设计就变得非常重要。造成影响的因素过于庞大，人脑很难在短时间内将其整理清晰。

根据数据分析得出的因果关系（表4-8）。

表4-8　因果关系表

因	果
环境因素	固定人群选择的场地：道路、入口、建筑物、水面、广场、树木绿化
运动方式	固定人群选择的场地
地面材料	运动方式
地面材料	固定人群选择的场地

上述因果关系充分反映了固定人群活动地点与环境、场地条件及运动方式之间的关系，而这种关系能够反映出人在一个区域内选择运动场地的行为模式，而实际上这种行为模式主要由两大方面对其产生影响。一个是人对空间选择的心理要求，另一个是环境条件对人的暗示，这两个主要因素的交互影响决定了人对环境场地的选择，而这种选择通过调整表明有很大的规律性并存在固定模式。而建立在调研数据基础上的软件能够准确反映这种模式，

从而指导体育公园的设计。

综上所述，我们将前面提到的五棵松文体体育中心的五个条件带入 5KS 软件，从而计算出人在这块场地中进行健身运动时的场地选择情况，反映在数据上即人群的密度分布，这个基础数据的取得将成为下面各项设计的基础。

在获得数据时，我们对五个因素中的四个因素对人员密度的影响进行了分别计算，而后又进行了综合计算，综合计算的人员密度图，通过可视化处理，形成了一个最终的密度图，不同颜色代表了不同的密度（图 4-55~ 图 4-60 ）。

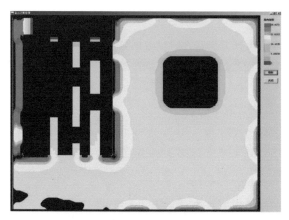

图 4-55 运算
（一）

图 4-56 运算
（二）

图 4-57 运算
（三）

图 4-58 运算
（四）

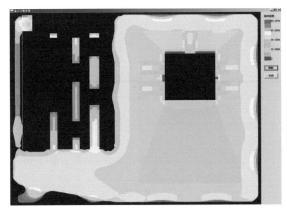

图 4-59 运算
（五）

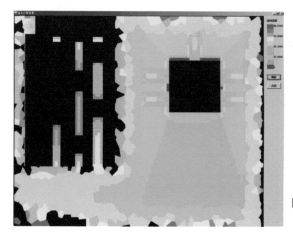

图 4-60 运算
（六）

第八步，细化。

根据下一步设计的要求，我们选取了用地中面积较大的几个密度值区域进行了细化计算，从而使密度值更加精细。细化的工作为下一步工作提供了更加精细的数据基础，而这一数据基础丰富了区域内的景观形态并为人提供了更适于活动的场地（图 4-61~图 4-70）。

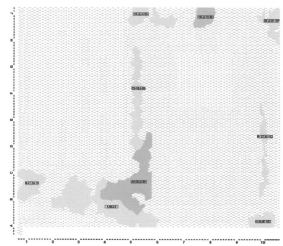

图 4-61 细化
（一）

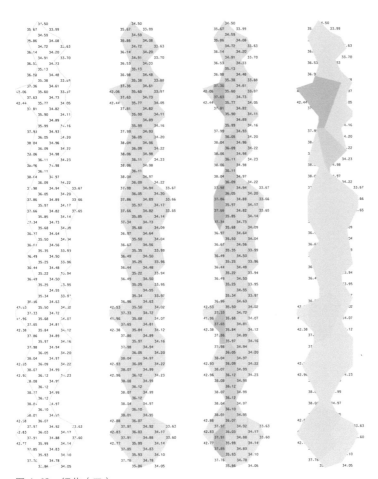

图 4-62　细化（二）

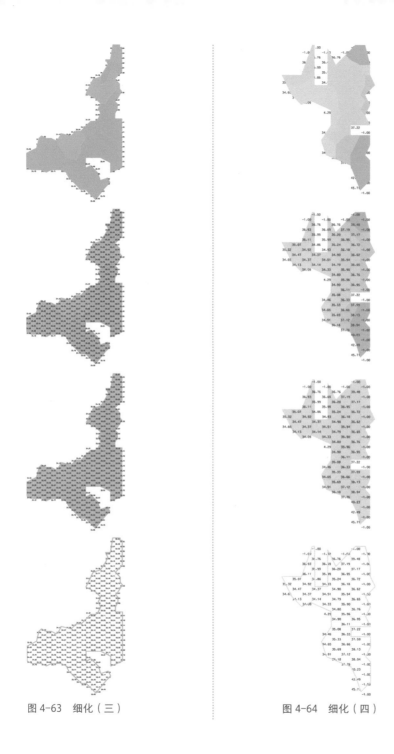

图 4-63　细化（三）

图 4-64　细化（四）

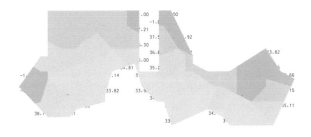

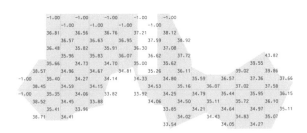

图 4-65 细化（五）

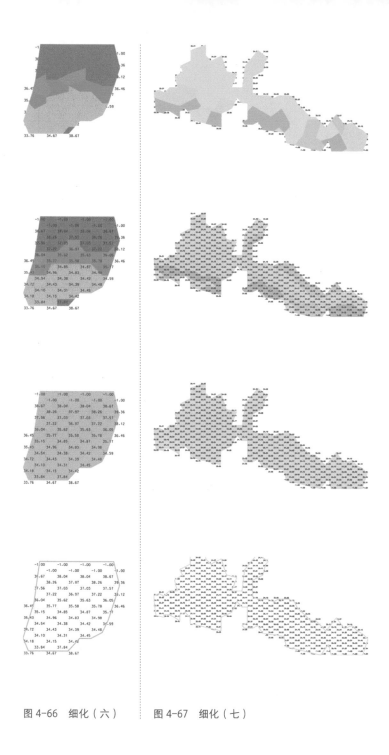

图 4-66 细化（六）　　图 4-67 细化（七）

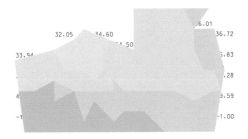

```
                                      34.27    34.90
                                        34.45    36.01
              32.05    34.60    34.50    35.02    36.72
                     31.79    34.50    34.63    36.05
    33.94    32.82    35.21    34.98    35.36    36.83
       33.31    32.46    35.05    35.05    36.29
    35.82    34.24    33.45    33.12    33.32    37.28
       34.89    33.78    33.24    33.11    34.06
    40.35    38.24    37.32    36.89    36.88    39.59
       39.05    37.70    37.06    36.81    37.31
    -1.00    -1.00    -1.00    -1.00    -1.00    -1.00
       -1.00    -1.00    -1.00    -1.00    -1.00
```

```
                                      34.27    34.90
                                        34.45    36.01
              32.05    34.60    34.50    35.02    36.72
                     31.79    34.50    34.63    36.05
    33.94    32.82    35.21    34.98    35.36    36.83
       33.31    32.46    35.05    35.05    36.29
    35.82    34.24    33.45    33.12    33.32    37.28
       34.89    33.78    33.24    33.11    34.06
    40.35    38.24    37.32    36.89    36.88    39.59
       39.05    37.70    37.06    36.81    37.31
    -1.00    -1.00    -1.00    -1.00    -1.00    -1.00
       -1.00    -1.00    -1.00    -1.00    -1.00
```

```
                                      34.27    34.90
                                        34.45    36.01
              32.05    34.60    34.50    35.02    36.72
                     31.79    34.50    34.63    36.05
    33.94    32.82    35.21    34.98    35.36    36.83
       33.31    32.46    35.05    35.05    36.29
    35.82    34.24    33.45    33.12    33.32    37.28
       34.89    33.78    33.24    33.11    34.06
    40.35    38.24    37.32    36.89    36.88    39.59
       39.05    37.70    37.06    36.81    37.31
    -1.00    -1.00    -1.00    -1.00    -1.00    -1.00
       -1.00    -1.00    -1.00    -1.00    -1.00
```

图 4-68　细化（八）

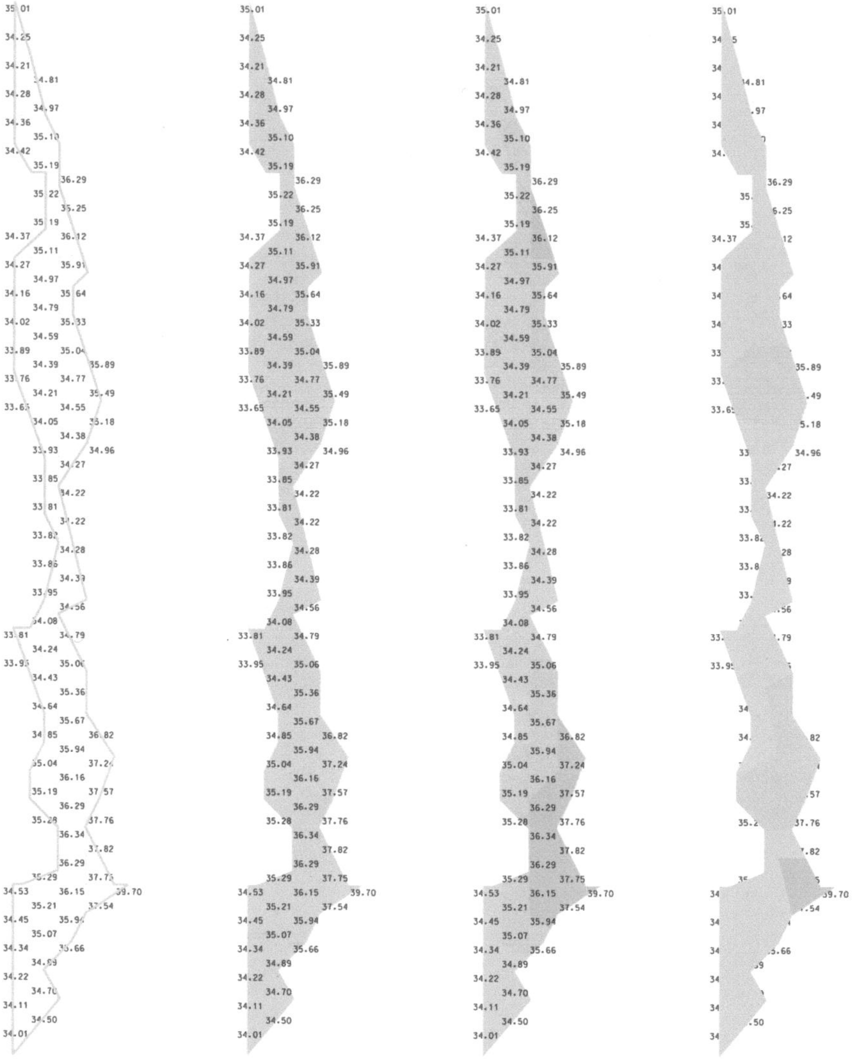

图 4-69 细化（九）

图 4-70 细化（十）

第九步，地面设计。

在第一步基础设计之后，整个园区的面貌已经被基本确定，它看起来有些像苗圃或是天坛公园里的松林，这种不经意的人工环境为人们在其间的活动提供了一个粗糙的但是又具有巨大潜力的场地。然而要在满足人们对场地的基本要求的同时提供一个宜人的环境，基底设计的内容还远远不够。因此在基底设计的前提下，还有下列内容可以进行设计：①地形；②树木位置；③树种；④地面材料。

由于受到基底设计的限制，地形和树木位置只能进行小范围的细化设计，因此树种和地面材料将成为主要的设计内容。

根据调研的结果显示目前群众活动场地的地面大概有下列几种：石材、水泥、砌体、沥青、土地、草地、塑胶、间草铺地，另外一种最近景观中经常使用的木材在调研的老公园中没有见到。

地面材料的设计有下列两个功能：
（1）为在其中活动的人提供一个良好的运动场地。
（2）丰富了视觉观景效果。

通过对调研资料的分析及材料特性的了解，我们发现了运动形式与地面材料的关系。有些运动对地面有着较高的条件要求，或者是使用者有较高的期望值，而大部分活动对地面材料没有明确的材质要求，但通过访谈发现，大部分人对材料还是有明显的偏好，因此根据对特殊要求与广泛的偏好的综合我们得出了材料受欢迎程度：硬质铺地＞石材、水泥、砌体＞塑胶＞土地＞沥青＞间草铺地＞草地。其中可以看出硬质铺地最受欢迎，当然这样的结果受到了很多客观因素的影响，不能完全真实地反映人的心理需求。如草地，由于大部分调研对象中，草地被禁止入内；另外，晨练时，草地上露水很多会给人们带来不便，因此在草地上活动的人较少。通过调研发现土地很受中国传统武术类健身者的欢迎，但在调查对象中有裸露土地的场所只有一处（天坛公园），因此，其数据也不能完全反映人对场地取舍的状态。通过表4-9，我们就可以将地面材料的选择与人员密度分布建立最直接的关系，根据经常出现的各种材料将场地的密度分成九个数量级。于是密度图被直接转换成一个材料分布图，这样人员最容易聚集的地方，设计人员将为人们提供一个最受欢迎的地面设计，而这个材料必须首先满足基底设计的基本要求。在人员密度较低的地区则布置一些景观因素较强的地面材料，如草地等（图4-71、图4-72）。

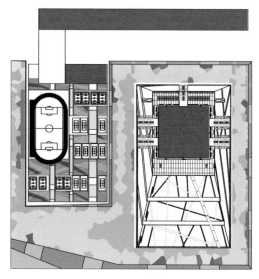

图4-71　地面设计
（一）

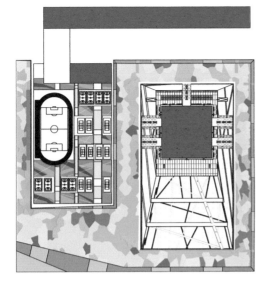

图 4-72 地面设计
（二）

第十步，景观设计。

景观设计将分两次进行，第一次是由建筑师对景观设计中的主要内容进行概念性的设计，这一设计将成为工作系统中的重要组成部分。第二次将由景观设计师根据第一次设计中提出的设计指导方针进行景观深化设计。这个过程由于项目的变化没能开始工作，因此未包括在本书中。

第一次景观设计的内容包括：①树种的配置原则；②树木种植方式的变异；③草地的设置；④地形设计。

1. 树种的配置原则

这个步骤的目的是试图通过先进的计算机模拟软件对五棵松文化体育中心内部的树阵进行细化设计，使树木的配置能够对小环境起到一些影响，从而使人员密度较大的区域内的小环境更宜人。计算的结果将作为配置树种的指导方针。

在这里我们选用了 PHOENICS3.3 程序，进行风环境模拟。由于受到时间和资金的影响，因此在模拟时只选择了北京最不利的一天风环境作为样本进行计算，计算结果如图 4-73、图 4-74 所示。计算原理如下。

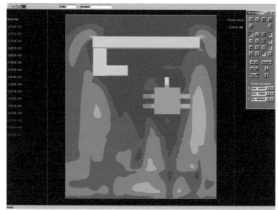

图 4-73　风环境模拟（一）

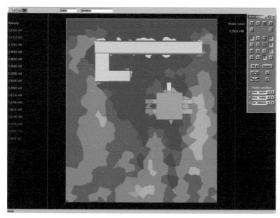

图 4-74　风环境模拟（二）

（1）数学物理模型。

计算域取为 750m（X 方向）×750m（Y 方向）×250m（Z 方向）。计算网格采用非均匀的正交六面体网格进行划分。

湍流数学模型采用 classic $k-\varepsilon$ 两方程模型进行计算。

k-ε 模型属两方程模型，它引入湍动能 k 和湍动能耗散率 ε 来表示湍流黏性系数，见式 4-3：

$$\mu_t = C_D \rho k^2 / \varepsilon \qquad (4\text{-}3)$$

式中　C_D——经验常数，值取 0.09；

　　　ρ——空气密度；

　　　k——湍动能；

　　　ε——湍流扩散系数。

边界条件按开口和壁面分别进行设定。进口风速根据气象资料沿高度方向进行梯度风设置，梯度风取值按式 4-4 计算：

$$v_z = v_{10} \cdot \left(\frac{z}{10}\right)^{0.28} \qquad (4\text{-}4)$$

式中　z——高度（m），风速 v_{10} 距地 10m 处风速值。

对于非开口边界条件，由于其特性对计算结果影响较小，因此进行了相应简化。地面按绝热边界条件给出，其他壁面按对称边界条件给出。

（2）数值计算方法和计算工具。

数值计算采用有限容积法对计算域进行离散，差分格式采用混合格式，算法为 SIMPLE 算法，动量方程采用交错网格形式，边界条件采用壁面函数法处理。本工程使用 PHOENICS3.3 程序进行计算。

根据基底设计的原则，公园内树阵的树种选择主要遵循下列几个原则：①以高大落叶乔木为主；②以大树冠树种为主；③以当地树木为主；④树种选择应有利于病虫害的防治，并不得由于树木开花而对环境造成不利影响；⑤根据环境要求适当种植常绿大型乔木。

根据这个原则及计算机风环境模拟图，我们对树木大概的种植范围进行了设计，在风速较高的区域种植常绿植物，以便改善局部的小气候，而其分布的方式也能够产生一种较活泼的视觉景观（图 4-75、图 4-76）。

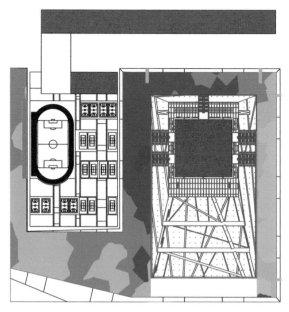

图 4-75　树种的配置（一）

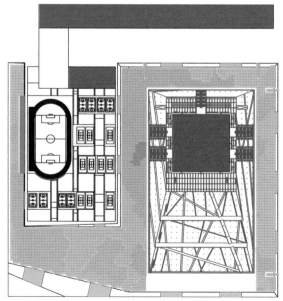

图 4-76　树种的配置（二）

2. 树木种植方式的变异

根据基底设计的原则，园区内的树木种植方式单一，考虑到场地占地较大，除疏散和机动车临时停车场外，仍有大量空间，因此根据人员密度分布图，我们将人员密度较低部分地面的树阵排列方式进行变异，这样在视觉上起到了丰富景观效果的作用（图 4-77~ 图 4-79）。

3. 草地的设计

对草地的设计，我们一直采用比较谨慎的态度，因为草地的种植对水源、环境会造成一些不利的影响，而且在一定程度上限制了人的活动。但是也必须承认草地在景观中的重要作用，它能够给景观提供一个软性的介质。因此，我们认为在确保体育中心总图功能和基底设计得以实现的前提下，适当设置一些草地是非常有必要的。

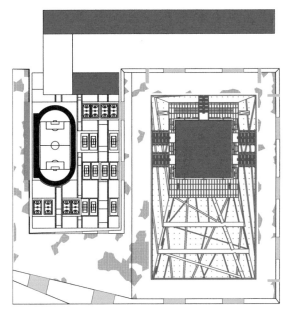

图 4-77　树木种植方式的变异（一）

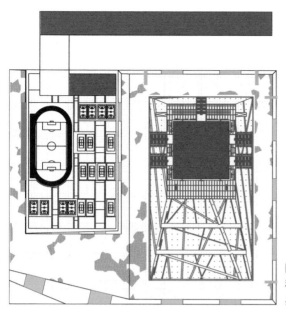

图 4-78　树木种植方式的变异（二）

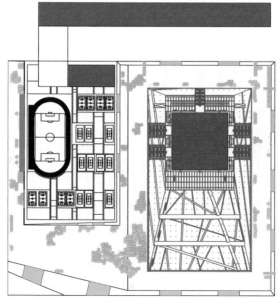

图 4-79　树木种植方式的变异（三）

因此根据人员密度图，我们选择了一些密度较低的区域用草地作为地面材料，其结果如图 4-80 所示。

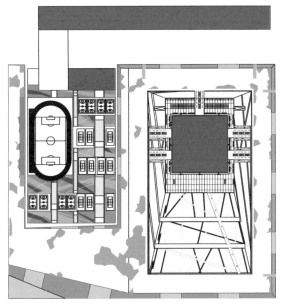

图 4-80　草地的设计

4. 地形设计

地形设计的目的是为丰富景观，其手法和原则同草地设计、地形设计，即以全部场地为出发点，以整体为重点，此部分由于受项目进度的影响没有能够进行较深的发展（图 4.81~ 图 4-84）。

图 4-81　地形设计（一）

图 4-82　地形设计（二）

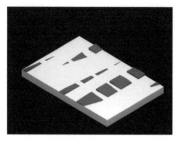
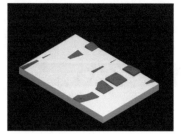

图 4-83　地形设计（三）　　　　图 4-84　地形设计（四）

第十一步，设施设计。

这部分工作内容比较庞杂，主要包括了场地内的构筑物、小品、灯具、标识、家具、健身设施等。

1. 构筑物

根据要求，我们在场地中设置了一个标准模块，这个模块可以用于下列功能：①信息亭；②小卖部；③厕所。

我们在整个场地中划分了网格，我们在网格交点上设计标准模块，然后根据具体的内容进行更细一步的配置。

2. 灯具

根据功能要求和构筑物的位置，我们在场地中设置了网格，在网格上配置照明灯具。

3. 标识

在园区内拟采用五种类型的标识。

（1）地面的标识码。由于园区占地为一个近似的正方形，根据设计理念要求，园区与城市环境交接的边界为开放方式，但为了便于组织人员流线，在部分位置上设置了出口，为了人员在其中能够迅速地认清自己的方位，我们根据树阵的分格，在园区的周边铺地上进行了编码，此编码向园区内部延伸，在地面的适当部位给予标识。

（2）灯光标识。由于基底设计的原因，使人在园区内部不容易辨识方向，因此，我们利用场地灯在地面设计了很多指示信息系统，该系统试图在大部分场地上为在其中活动的人群及时提供各种地标或场所的方向。这一信息标识系统还为夜景照明提供了活跃的因素。

（3）标牌。此部分内容要待奥组委相关部门给出指导性方案后另定，因此在此阶段没有进行设计。

（4）家具。家具主要包括坐凳、小桌，这两种家具我们的设计原则是：①位置的摆设由业主根据实际情况进行再设计，但设计师已经为其规定了摆放原则，这一摆放原则在单元设计中提出；②所有家具将进行模块化设计，并根据上一条的思想进行灵活摆放，具体设计样式将在景观专业设计时予以深化。

（5）健身设施。近几年来在市内各公园和公共场地中设置了大量全民健身设施。从调研的结果看，此部分设施非常受群众喜爱，利用率非常高。许多公园中该设施摆放的位置，对公园内人群的聚散产生了非常大的影响。因此其在五棵松文化体育中心内设置的位置非常重要。该设施的设计在体育馆有活动时还会给人员疏散造成较大影响，这样我们对其场地规模、人员密度图和体育馆人员疏散情况多方面因素进行综合考虑后对其所在位置进行了限定（图4-85）。

第十二步，单元功能适变设计。

对于场地的细部设计，为了使体育馆外集散广场在平时可以吸引市民，提高活动者休闲和运动的质量，除了增加植物的种植外，有必要在适宜的地点增加活动的支持物，如座椅、灯柱、商品亭、有遮阳伞的户外茶座等，但是又不能影响比赛、展览以及其他大型活动时的疏散功能。将大部分对疏散功能有阻碍的元素置于边界和对疏散人流没有影响的区域，即置于活动、景观块内，保证疏散时人流的畅通。将平时需要出现在赛时和大型活动时疏散区

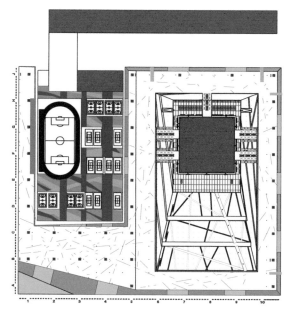

图 4-85　健身设施设置

域的各种构筑物设计为可移动的元素，将可以解决不同功能的利用问题。在对可移动的规律的探讨中，基于对各种活动、器械以及构筑物等的分析，以模数概念生成了单元设计方式，从而解决多功能利用的细部设计问题。

综合活动的尺度，将集散广场 6m×6m 作为一个单元，按照有可能实现的公共尺度排布可以接入各种构筑物的地面固定接口，设计可以方便拆卸的构筑物。在五棵松文化体育中心设计中，接口成点阵布置，互相之间间隔 1200mm。图 4-86 中提供了多种可能的方式，使空间变得丰富，可以根据不同的功能需要和活动需要，通过接口固定各种设施，如展位、商品亭、座椅、遮阳伞、开敞构筑物、全民健身设施等。部分接口设置供回水和电源。这样公园内的空间就有了灵活多变的可能，市民可以在管理者的允许下按照自己的意愿布置活动场地，集散广场可以轻易地改变空间举办各种活动，满足比赛、演出的集散功能，最重要的就是可以成为市民喜爱的活动场地。图 4-87 中的例子就是通过对元素的集中组合形成具有功能性空间的几种方式。

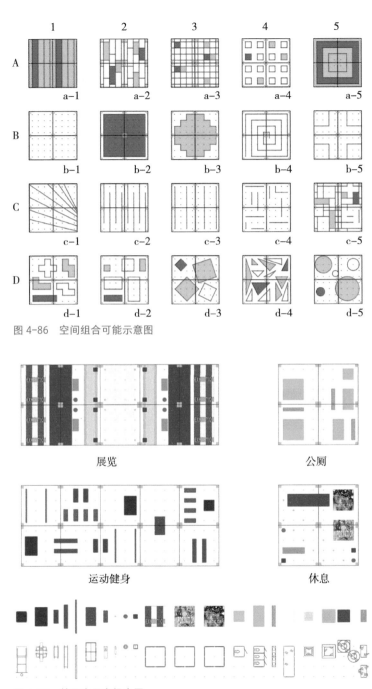

图 4-86 空间组合可能示意图

展览

公厕

运动健身

休息

图 4-87 单元内元素组合图

1. 可移动的元素

（1）位置适当的舞台：舞台的设置为广场进行表演提供了可能，演出活动对提升广场的活力有着重要的作用，并可以带动广场周边的商业活动。当广场有演出活动时，调好人流和观众的位置；平时舞台则可以作为休息和进餐的场所。同时需要考虑广告宣传与广场的配合。

（2）可移动的售卖亭：售卖亭可以在不同时间段出现满足不同的需求；同时，活动的售卖亭可以改变地点，可以组合，形成不同的空间进行不同的活动；甚至，可以形成临时的集市或者商业街。

（3）展位：展览的展位具有临时性和连续性的特点，规律排布的固定接口可以作为支撑点构造出灵活、规律的展览空间。

（4）可移动的咖啡座：在节庆需要大量空场地的时候不使用咖啡座，在平时利用空间摆设咖啡座营造休息空间。

（5）遮蔽物：轻结构的遮蔽物易于搬运，可以根据不同活动的需要设置或拆除。遮蔽物所营造的亚空间有极强的聚拢人气的能力，这点在上文的分析中已经强调了。简单的遮蔽物如遮阳伞可以限定空间满足人的领域性和安全感，遮挡风雨、阳光，提供人舒适的休闲空间。大一些的遮蔽物如帐篷，非常适合举办户外活动，可以成为活动的中心。固定接口可以灵活地支撑不同大小和形式的遮蔽物。

（6）长椅：木质的长椅给人亲切的感觉，900mm×1800mm 的尺寸在以 1200mm 为单位的布置中可以随意拼接，形成不同的长度。

（7）灯：灯柱和地灯的布置暗示了潜在的道路方向，1200mm 的网点可以形成各种方向的线性排列，形成对路人多变的引导。

（8）卫生间：用免冲洗的卫生间布置在集散广场中，可以解决很多老年人对较近距离内需要有卫生间的要求。在集散广场上举行大型活动时，也是必要的设施。

（9）垃圾箱：垃圾箱是维持环境卫生的重要构筑物，它可以随着场地的灵活变化而改变位置，置于场地的边缘。

为了弥补体育馆外集散广场运动场地的不足，在集散广场上布置简易可拆卸的体育场地可以吸引年轻的活动者，方便想尽办法创造活动场地的活动者。同一场地在不同时间会进行不同的体育活动，有时是由于活动者自发地选择活动种类，有时是因为举办活动的需求。图 4-88、图 4-89 中自发的场地应用可以作为需求输入，被组织、被设计。有很多运动场地地面类型类似，可以在不同时间通用，用不同色彩在地面上标出不同运动场地，经过排列，这些场地可以有效地重叠，满足不同时间的需求。

图 4-88　人们自发将场地改造为简易球场（一）　　图 4-89　人们自发将场地改造为简易球场（二）

从设计元素上分析，有一些不可移动的元素由于自身的特点、人为控制和自然的变化有多种表情，这些元素在集散广场中的利用可以为集散广场带来生气。

2. 不可移动的元素

（1）台阶：既是交通空间也是休息、交流空间。步行者和闲坐者可以并存，闲坐者聚集于台阶的边缘部位，分隔梯道的扶手两侧。当人流小时，台阶主要成为交流空间，人流大时，主要扮演交通空间的角色。

（2）喷泉：藏于地下的喷泉不影响人的行动。喷泉关闭时人可以行动；当喷泉使用时，可以成为视觉的焦点或者成为空间界定元素。

（3）绿色遮蔽物：当绿色遮蔽物有一定高度的时候，就形成了一个灰空间，不妨碍交通，树冠下的活动可以灵活多变，空间类型与拱廊相似，但是比构筑物的亲和力更高。不同疏密树木可以在集散广场上形成遮蔽和边界两种空间。

随着体育活动专业化的发展和民众健身观念、消费能力的提高，更多的人会走入体育馆和各种康乐中心进行针对性更强的锻炼，如健身房健身、舍宾、瑜伽等，集散广场上的活动类型会有转变，目前部分有组织的活动将退出主导地位，而可移动的设施重新组合和多功能的场地仍然可以适应这些变化的发生。

第十三步，体育广场设计。

根据第二步建立几何逻辑关系的有关内容，体育广场在公园中的位置已确定。接下来，我们将对体育广场的布局进行设计。体育场服务的对象主要以年轻人为主，运动内容以田径、足球、网球、篮球等球类及各种极限运动为主。其中场地内容为1个标准田径场，8个篮球场，1个足球场，10个网球场，9块多功能运动场地。由于五棵松文化体育中心占地较大，有条件为运动场地提供一个良好的环境，因此我们在设计之初就为其制定了目标，要将运动场地与环境相综合，设计一个位于绿化当中的运动场，使运动与优美的自然环境结合起来，为在其中活动的人群提供一个高质量的场地。在运动广场设计的前期，我们仔细分析了北京市地区市民对室外场地的需求情况，从分析结果可以看出，北京市市民运动健身场所从场地类型看，约分成下列几种类型：

（1）老年多功能场地。这类场地是前面几步工作重点，论述的内容这里不再赘述。

（2）运动场地。这类场地主要是指各种球类和田径项目所需要的场地，这类场地根据项目的类型，对其中的大小、地面类型、场地摆放方向、其中的设施要求均有详细的规定。

（3）青年多功能场地。这类场地主要是指两大类，一类为极限运动场地，这类场地需要一些地面设施，可以是固定的也可以是能移动的。但考虑到青年人与老年人在活动内容和形式上存在较大的差别，因此专门为青年人开辟出一片用地，而实际上在前面论述的树阵范围内，也可以从事上述各种运动。但前提是其应为对场内无严格要求的非正式运动。

根据对场地类型的分析，我们将第二、第三类场地布置在运动广场中，而第三类场地中的极限运动场地只留条件，拟在其中安装移动设施。

运动广场的设计我们采用了分层和编织的方式进行。首先，我们将运动广场的长方形占地看作是一个没有设施的空地，在其上进行第一个层次的设计——景观设计。景观设计的素材为树木、草地、灌木及水面。设计手法是将草地、灌木和水面三个元素成条纹状相间布置在用地中，树木在其中自由摆放（图4-90）。

在第一层次设计完后，进行下两个层次的设计。根据刚才分析的场地类型，第二类场地基本要求其长轴为南北向，而一种类型的运动方式的场地，其大小是一样的，因此，我们将运动场地沿纬线方向进行了布置，共四条（图4-91）。第三类场地则沿经线方向布置，共三条。为了活跃其中的景观环境关系，经线和纬线按编织状排布，然后将编织好的场地叠放在绿化景观上（图4-92）。由于田径场地太大，不能参与其中的编织和排布，因此只能放在一个合适的位置，而这个位置从整个体育广场来看，有些不相称，但为了满足功能的需要只能如此（图4-93）。

图4-90 青年多功能场地设计（一）

图4-91 青年多功能场地设计（二）

图4-92 青年多功能场地设计（三）

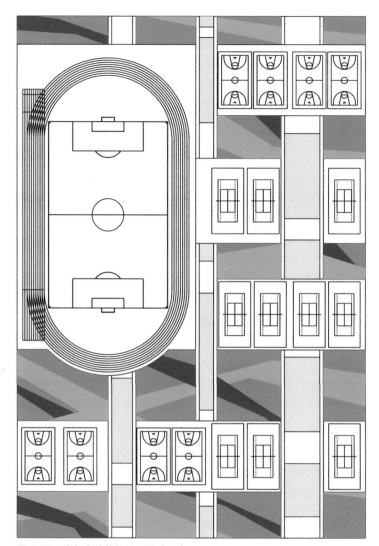

图 4-93　青年多功能场地设计（四）

第十四步，叠加。

以往的设计往往是将各种条件和因素结合在一起统一考虑、统一设计的，而工作系统采用了分步骤的方法，其结果是以分层的结果出现的，因此当所有层次的工作结束后，就需要将多层都叠加起来，而那些相互重叠的部分，将根据每一部分各因素的权重值大小，来进行设计，权重值小的让位于权重值大的因素，这样形成了一个叠加而又互相遮挡的效果。

在叠加过程中，我们将对以上各步的设计成果进行适当的调整，最后形成一个完整的效果（图 4-94、图 4-95）。

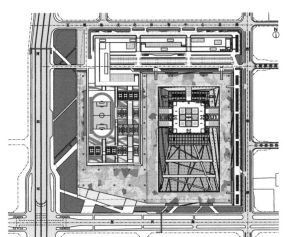

图 4-94　叠加（一）

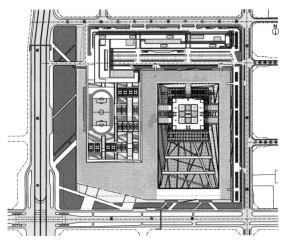

图 4-95　叠加（二）

4.5 | 结语

建筑设计的过程是一个很复杂的过程，而建筑设计要考虑的客观条件之多是难以计数的，其数据之大不亚于气象预报和地震预报，在建筑设计中很难将条件完全反映到设计结果中。因此，在整个建筑设计中，不可能完全排除传统的工作方式，同时在工作系统中用理性分析和计算的结果，在实际应用中并不一定能比传统的方式有很大的优势，但是工作系统的设计方法，首先对沿袭多年的传统方式提出了挑战，它提倡用科学理性的方式去对待外部条件，提倡文题相对，反对建筑设计中的文不对题，故弄玄虚；反对不顾客观条件、功能，故步自封，盲目陶醉在专业小圈子中的个人癖好上；反对虚假的、恶俗的设计。从而，为大家开辟一个新的思路。这一新的工作方式将导致一个新的结果，丰富建筑设计的内容。

广义韧性建筑
功能永续适变的
技术框架

5.1 | 数字智能语境下的建筑功能适变设计的特征

随着计算机技术的蓬勃发展，大数据技术、人工智能、云计算、虚拟现实等技术为建筑功能适变设计提供了全新的技术语境。在5KS系列研究的基础上，这些新技术使我们得以进一步拓展建筑功能适变设计在内容广度、专业深度、时间跨度方面的工作，从而构建更准确、高效、全面的辅助设计工具。

在内容广度上，大数据技术可以帮助建筑师和业主随时通过分析海量的数据信息来更好地掌握城市环境动态以及建筑功能变化的趋势，从而进行恰到好处且及时可控的建筑功能适变设计。

在专业深度上，人工智能的引入使得建筑师能够快速模拟和预测建筑方案的各方面性能，并同时生成数量丰富、种类繁多的建筑功能适变优化设计方案，从而提升设计质量与效率。

在时间跨度上，各种传感器、视频设备的持续运行并接入云计算应用为我们提供了强大的计算能力和存储资源，使得收集建筑在运营过程中的各方面信息并持续进行智能设计模型的更新调整成为可能。

5.1.1
"多样态"的设计内容

建筑项目作为城市运行的基本单元，在当今社会生活中承担的职能是复杂的，我们基于广义韧性建筑理论，将建筑功能适变的设计内容划分为"物态"（建筑周边自然环境及建筑物本体的状态信息）、"人态"（建筑使用者行为特征信息）以及"业态"（建筑功能、运营状态以及社会、经济信息）。

在以往的建筑设计实践过程中，这三方面的内容分属于不同的专业。然而，日益复杂的建设语境与丰富的社会生活对建筑的功能适变提出了更高的要求。为了实现建筑高质量的设计和发展，未来的建筑功能适变设计需要将"物态""人态""业态"三种"样态"统筹安排，形成一整套逻辑自洽的建筑设计体系。幸运的是，计算机算力的提升与人工智能等数字技术的发展为"多样态"协同的建筑功能适变设计提供了技术基础和数据保障。

5.1.2 "多阶段"的设计流程

建筑的功能适变设计旨在提升建筑在全生命周期内应对新环境、新要求、新变革的韧性和适应性。因此，数字智能语境下的建筑功能适变不仅应该用于辅助建筑方案设计阶段，还应该具备在建筑建成后持续搜集、分析建筑状态的能力，并结合实时的社会环境与物质环境，持续地为建筑师和运营者提供建筑功能适变更新策略方案。在这个意义上，未来的建筑功能适变辅助设计工具应该面向建筑从方案设计到运营使用全过程的实际需求。

5.1.3 "多层次"的设计技术

（1）硬件层面，可以使用物理性能传感器、眼动仪、无线信号定位装置、高精度摄像机等硬件设备，全面采集项目建成后、运营过程中力、热、光、声等"物态"信息，及建筑使用者个体情感与行为轨迹、空间内人群集散与社交关系等"人态"信息。

（2）软件层面，面向建筑设计师和运营者构建多维数据持续更新可视化系统、建筑功能适变优化设计决策专家知识库以及交互式建筑功能适变设计平面生成与优化协同平台等多样化的辅助管理与设计工具。

（3）数据层面，为了全方位准确地掌握建筑项目的相关信息，不仅可以利用各种硬件设备直接监测建筑项目相关的信息数据，还可以利用数据集以及网络大数据爬虫等方式大量爬梳相似案例以供后期模型训练和功能适变设计决策参考。

（4）模型层面，不同的人工智能模型在处理不同类型数据和优化任务时的优势并不相同。卷积神经网络（CNN）和生成对抗网络（GAN）作为两个以图像为数据核心的深度学习模型已经被广泛应用于前沿数字建筑研究领域。前者在对已有图像数据进行特征提取、要素分类等方面有着显著优势，非常适合应用于"多样态"图像数据的分析，而后者的强项在于生成与输入图像拥有类似特征的新图像，在生成和优化设计方案层面拥有巨大潜力。

5.1.4
面向建筑功能适变的人机协同工作智能设计工作框架

基于上述思考，我们提出了一套面向建筑功能适变的人机协同工作智能设计工作框架。该框架旨在利用深度学习、大数据搜集与分析、视觉与传感设备信息捕捉与处理等新技术手段辅助建筑设计师直观掌握建筑项目关键周边信息，并提供建筑功能适变决策建议、根据具体场景生成多样功能适变建筑平面方案以及针对既有建筑平面方案进行模拟和功能适变优化等。

本工作框架主要包含"智能分析系统"与"智能设计系统"两个部分。"智能分析系统"针对建筑方案设计前期和后期，包含了决策模块与预测模块，主要由"三态"信息训练得来。而"智能设计系统"聚焦于建筑功能适变设计方案的生成与优化，基础数据来自建筑功能适变设计导则与评价体系以及国内外优秀案例的图解和量化数据，包含生成模块与判别模块。

需要指出的是，虽然这个框架依照"输入场地客观设计信息——决策模型提供功能适变决策建议——设计师给出设计草图与偏好——智能设计系统生成多样平面优化设计方案——预测模块评估生成方案各方面性能"的完整工作流程设计，但其中"决策""生成""判别""预测"模块都可以独立提供对应的辅助设计功能。同时，该框架中的多态信息数据、人工智能模型等都应该具备持续更新优化的能力，从而实现工作框架的不断升级更新，确保该技术框架可以持续有效应对高速变化的城市物质环境、人们生活需求以及社会业态变化。

5.2 | 智能分析系统

5.2.1
系统构成

"智能分析系统"以持续更新的建筑的"三态"数据作为训练基础，包含"决策模块"和"预测模块"两部分。智能分析系统通过"决策模块"分析和总结特定项目中城市物理环境、人群行为环境以及业态运营环境对建筑功能适变提出的新挑战；而"预测模块"则是从上述三个方面对建筑平面方案做出模拟和预测，从而辅助建筑师更好地评估方案在具体语境中的功能适变能力。

5.2.2
数据收集与处理

在五棵松文化体育中心的设计过程中，团队限于当时的客观条件，主要依靠田野调查的方式进行人工的现场数据收集，随后又通过数据统计分析形成了简单的数据模型来辅助进行功能适变设计。现在看来，不论是数据的收集方法还是处理方式都存在精度与广度的缺陷。结合本工作框架的实际需求，我们针对"三态"数据的具体特点，扩充了一些数据收集与分析方法。

1. "物态"数据

（1）建筑物理传感器直接数据。网络带宽、信号频段、传感器加工工艺等方面的全体提升使得建筑设计师及管理人员能够更加便捷、准确、及时地捕捉建成项目运营过程中的各项运行数据。应变传感器、温度传感器、光照传感器、湿度传感器、声音传感器等建筑物理各专业数据采集设备分布在建筑各个空间之中，可以不间断地监测和收集各类数据。围绕力、热、声、光等物理量与建筑空间位置和运行时间的多维信息，它们可以充分表征感知室内外的温度、湿度、光照强度，甚至是空气中的化学成分变化在建筑不同空间中随时间变化的特性。

（2）微缩简化模型的实验测量。对于未建成项目，除了数值模拟技术以外，另一种有效的替代方法是通过对缩小尺度的建筑模型进行物理实验。通过缩小尺度的建筑模型，我们可以在受控环境中详细观察和测量建筑在各种物理条件下的性能表现，结合量纲分析对不同尺度下的物理现象进行系统的对比和调整，确保从模型实验中获得的数据在转换为实际建筑尺度时保持科学性和准确性。这一过程需要综合考虑几何相似性、动力学相似性和物理相似性，确保缩小尺度模型的实验结果能够合理地反映全尺度建筑的真实物理效应。

（3）"物态"数据分析模型构建。在以往的设计中，建筑物理环境性能相关的模拟是通过有限元分析（FEA）、计算流体力学（CFD）等技术实现的，当计算对象的范围过大或设计对象的形态过于复杂时，模拟计算所需要的算力和时间都将成为巨大的负担，有时甚至需要耗费几天时间，这也极大程度地制约了建筑方案优化修改的可能性。幸运的是，我们可以利用建筑"物态"数据对卷积神经网络（CNN）和生成对抗网络（GAN）模型进行训练，构建可以快速分析建筑或场地物理性能的人工智能计算模型[24][25]。与此同时，利用聚类算法[26]与回归模型[27]，我们也可以对建筑中各个位置的物理测量数据进行归纳分析，获得不同物理性能在建筑空间中和时间上的分布特征，为建筑功能适变设计提供量化的决策参考。

2. "人态" 数据

（1）Wi-Fi 定位数据。Wi-Fi 定位系统是一种室内定位系统（Indoor Positioning System，IPS），其根据多个接入点（Access Point, AP）接收到某移动设备的信号强度估算其距离，并根据接入点位置和几何关系推算移动设备的空间位置。通过对 Wi-Fi 定位数据拆解和行为聚类方式，以归纳的思路多视角地分析建筑空间中的个体时空行为特点与模式，从而挖掘人群在建筑各种空间中的行为特征。

目前 Wi-Fi 定位数据精度不高，空间分辨率在 10m 左右，仅可大致判断人群所在区域，距离时空行为研究的理想状态还有一定差距。尽管如此，如果将研究视野聚焦在人群在不同区域之间的游逛与停留，而不细究具体的行走路线形状，则仍能从 Wi-Fi 定位系统获得的长时间、大范围、多人群的海量数据中发现一些有意义的时空行为模式。Wi-Fi 定位系统的实现成本相对较低，定位不受时间限制，覆盖空间范围较大，这些都是其他传统行为调查研究所不具备的。

（2）视频识别数据。除了 Wi-Fi 定位系统以外，建筑日常运营过程中还经常会在空间角落中设置安全摄像头来记录建筑空间发生的各种事件，而这又恰好为我们提供了另外一种精度更高的无接触"人态"数据采集方式——视频识别。基于计算机视频识别技术、从监控录像中分析人群在空间中的行为特征、作为一种无接触的数据发掘方法，它关注的空间更为具体，数据更为准确，与人的关系更为密切。

此类研究的第一部分是对图像数据的处理，即使用计算机视觉技术和算法对视频图像进行对象检测、骨骼关键点检测、特征提取等处理，从复杂的图像信息里提取出结构化的行为数据；第二部分则是在提取出的结构化数据的基础上，进行平面定位、行人身份匹配、运动路径识别和速度计算、行人姿态和面朝方向检测等，得到可供环境行为研究使用的数据资料；第三部分则是对人群行为进行分析，内容包括人流量统计、区域联系、热力分布、行人运动速度等。

（3）"人态"数据分析模型构建。如上所述，根据测量工具精度的不同，建筑空间中的"人态"数据存在两个层次，其一是利用 Wi-Fi 定位等方式获得间接数据，这些数据只能间接表达人在空间中的分布，而无法获知个体自身的情感信息。对于此类信息，本系统使用数据清洗与聚类分析相结合的方式进行统计学意义上的人群空间分布特征提取，并使用运算化建模方式将人群集散表达在空间平面中，形成"人群—空间"分布图解。同时，对某一手机定位数据的尺寸追踪也可以大致分析出某个个体在空间中的行走路径与停留时间。其二是基于公共空间监控视频，这些数据可以记录空间中每个个体的行为动作甚至是表情，使用 CNN 神经网络结合 YOLOv3 技术进行，针对性训练可以获得根据视频判断用户表情状态[28]或根据空间位置建立社交关系网络的人工智能模型[29]。

3. "业态"数据

（1）大数据聚类分析。城市的快速变化是一个普遍的全球性趋势，相似的建设条件和城市环境总是会造就类似的功能需求。因此，在进行建筑功能适变设计时参考国内外在建筑规模、城市环境、目标人群等方面相似案例的初始设计与更新改造内容则是建筑"业态"方面的重要参考。在这方面，网络数据爬虫、聚类算法以及生成对抗网络（GAN）等数字技术的出现为相关研究提供了新的思路。

在深度学习兴起之前，人们就开始选择肌理图解和量化指标相结合的方式来分析建筑周边的空间和"业态"特征，而现今生成对抗网络（GAN）与聚类分析为代表的智能算法更加可以准确高效地对海量建筑"业态"数据进行特征提取、聚类分析和关联映射[30][31]，从而能够在面对特定项目场域时快速选择出国内外形态、规模、气候、位置相近的案例进行"业态"各方面信息的精细比对。

（2）建筑运营数据的信息挖掘。采用间接数据对建筑"业态"中难以量化的数据进行交叉计算业已成为分析建筑相关"业态"的重要手段。这种方法的核心在于利用已有的数据或者通过其他方式生成的数据，来推导出建筑使用中不能直接测量的指标，从而实现对建筑的功能使用状态系统更全面和深入的理解与控制。例如，综合计算建筑空间的温度、湿度和空气质量的传感器数据则可被用以评估健康建筑的系列参数、通过识别建筑不同空间用电量的时序变化可以间接监测建筑不同功能的使用程度等。

综合利用直接测量与间接数据交叉计算的方法，深度挖掘表面数据中的"业态"数据线索，构成建筑"业态"信息分布的信息矩阵，形成关联结构与数据矩阵。对多源数据的深入分析和综合应用，不仅可以提高建筑管理的智能化水平，也极大地扩充了建筑"业态"的专业数据，成为永续适变的新技术框架的重要数据来源。

（3）"业态"数据分析模型构建。建筑"业态"数据主要包括图片与文字信息两种形式。其中，可以使用神经网络（CNN）结合 citespace、open street map、google map 等开发城市大数据即卫星拍摄的城市肌理进行特征提取，初步找出与项目规模、周边环境相似的案例。然后使用网络爬虫等线上大数据搜集的方式获得与选择案例相关的项目文字信息。最后，利用自然语言处理结合预训练大语言模型等对文字信息进行语义分割和命名实体分析，从而解析出与建筑业态相关的具体内容[32]。

5.2.3
决策模块与
预测模块

1. 功能描述

（1）决策模块。决策模块的作用在于根据通过持续更新的"三态"数据来对齐当前建筑相关各方面对于功能适变的需求，相当于为新建项目或改造更新提供一个功能适变设计的"专项任务书"。

"根据建筑物理性能的分布数据分析，某空间在中午时段的室内舒适度并不达标，而傍晚时间的室内温度条件远远超过正常预期""相似业态的体育建筑案例统计表明，近 70% 的项目后期转变为观演功能，25% 转变为商业功能""通过人群数据分析，有 60% 的人对该空间持负面态度，但仍有近 50% 的人选择在此处聚集"等是以往建筑设计中不易发掘且难以量化的功能性问题，而决策模块正是要借用新的数字技术对于"三态"数据的分析与归纳，并能够结合具体项目条件生成有针对性的决策建议，供设计师或管理者参考。

（2）预测模块。预测模块主要依靠聚类、语义分析、生成对抗网络（GAN）等技术完成，训练数据主要来源于大量建筑项目的"三态"数据，模块整体的输入是图示化的具体项目的场地信息（对于新建项目而言，包括场地平面图、城市环境、交通业态等）或具体项目运行过程中的"三态"数据，输出是对具体项目功能适变范围及相关具体性能指标的"模拟结果"。

利用建筑的"三态"数据，不仅可以形成统计规律和数据特征来为建筑功能适变设计提供方向指引，还可以对建筑平面设计方案进行"建筑空间——物、人、业态"评估模拟。该预测模块中的"三态"评估功能都可以被单独使用，并且它们还能够被应用于"智能设计系统"的强化学习训练中，与判别模块一同成为评价生成模块生成结果的角色。

2. 主要构建方法

（1）基于量化数据的回归统计分析。五棵松文化体育公园场地设计的研究中调研样本有限，采用多因素分层分析修正的方法来进行数据统计与分析，以"场地类型"选项为例，具体过程如下。首先，对不同特征样本进行分类数据平均计算，见式 5-1：

$$\overline{\gamma_k^I} = \frac{\sum_{I}^{M^I} (\gamma_k^I)}{M^I} \qquad （5-1）$$

式中 $\overline{\gamma_k^I}$、γ_k^I 和 M^I 分别表示样本类型 I 中第 k 个场地类型的人员密度占比。

随后，将不同类型样本数据进行加权平均得到最终的第 k 个场地类型的人群密度平均占比$\overline{\gamma_k}$，见式 5-2：

$$\overline{\gamma_k} = \sum w^I \cdot \overline{\gamma_k^I}$$

$$w^I = \frac{M^I}{\sum M^I} \quad (5\text{-}2)$$

$$I \in \{I, II, III\}$$

式中　w^I——第I类样本的权重；

　　　$\overline{\gamma_k^I}$——第I类样本中第k个场地类型的人员密度平均占比，
　　　　　即$\overline{\gamma_k^I}$，$\overline{\gamma_k^{II}}$或$\overline{\gamma_k^{III}}$；

　　　M^I——第I类样本的样本数量；

　　　$I \in \{I, II, III\}$——样本类型。

依照类似的方法还可以得到第 k 个场地类型的单位面积或单位数量的人群分布密度$\overline{\rho_k}$或$\overline{\nu_k}$。而计算域空间中某点 (x, y) 的趋近指标表达式，见式 5-3：

$$value(x, y) = \sum_{k=1}^{I} c_k \cdot value_k(x, y) \quad (5\text{-}3)$$

式中　c_k——不同地形属性的权重系数；

　　　I——不同地形属性的地形属性总数。

每一种属性 k 下，$value_k$ 表现为计算域空间中每一点与该点距离的函数关系，见式 5-4：

$$value_k(x, y) = \sum_{i=1, j=1}^{m, n} f_k[(i-x), (j-y)] \quad (5\text{-}4)$$

式中　m——计算域 x 方向的总网格数；

　　　n——计算域 y 方向的总网格数。

调研数据与分析得到的人群密度平均占比$\overline{\gamma_k}$可以表征不同属性之间的权重关系，而不同地面属性下单位面积或单位数量中人群分布密度$\overline{\rho_k}$或$\overline{\nu_k}$可以量化对应属性用地上的人群分布数量，即若计算域中某网格单元 e 的面积为 S，被赋予第 k 种地面属性，则该单元上的人群分布数量G_k^e见式 5-5：

$$G_k^e = \overline{\rho_k} \cdot S \ or \ \overline{\nu_k} \cdot S \quad (5\text{-}5)$$

考虑到地面属性的权重影响，计算网格某单元 e 的人群分布数量见式 5-6：

$$H^e = \sum \overline{\gamma_k} \cdot G_k^e \qquad (5-6)$$

因此，结合空间距离计算，对于计算区域中任意一点 (x, y)，得到其对应的人群分布数量 $value(x, y)$，见式 5-7：

$$value(x, y) = \frac{\sum\limits_{q=1}^{Q} f_q \cdot H_q^e}{\sum\limits_{q=1}^{Q} d_q} \qquad (5-7)$$

$$f_q = \sqrt{(x_q - x)^2 + (y_q - y)^2}$$

式中　Q——计算区域内单元的总数；

H_q^e——第 q 个计算网格单元 [单元中心点坐标为（x_q, y_q）] 对应的人群分布数量；

f_q——该单元与点 (x, y) 的直线距离。

（2）基于图像数据的 CNN 特征提取。卷积神经网络（Convolutional Neural Network，CNN）是一种常用于图像识别、语音识别等领域的深度学习模型。CNN 的核心思想是通过卷积操作来提取图像等数据的特征，从而实现对数据的分类、识别等任务。CNN 的基本结构由卷积层、池化层和全连接层组成。其中，卷积层是 CNN 的核心，它通过滑动一个卷积核在输入数据上进行卷积操作，从而提取出数据的局部特征。池化层用于对卷积层输出的特征图进行降维处理，从而减少模型参数和计算量。全连接层用于将池化层输出的特征向量映射到输出类别上，从而实现对输入数据的分类或识别。CNN 的优点在于它能够自动学习和提取数据的特征，无须手动进行特征筛查，因此被广泛用于城市与建筑研究。

我们可以将 CNN 应用于"三态"图像数据的特征提取，在建筑空间与物理环境、人群使用和运营业态三个方面建立特征关系。具体来说，我们可以使用 CNN 来分析和识别不同时间、不同使用状态下的建筑空间图像，理解建筑空间的使用模式和物理环境变化。同样，运营业态的变化也可以通过分析商铺、餐厅或其他商业空间的图像数据来捕捉。CNN 能够识别店铺装修、招牌设计以及店内人流分布的变化，这些信息对于研究商业空间的吸引力和运营策略具有重要意义。

（3）基于文字信息的语义分析。循环神经网络（Recurrent Neural Network, RNN）是一种专为处理序列数据而设计的人工神经网络，以序列数据为输入，在序列的演进方向进行递归且所有节点（循环单元）按链式连接的递归神经网络（Recursive Neural Network）。它在自然语言处理（Natural Language Processing, NLP），例如语音识别、语言建模、机器翻译等领域应用成果显著。

在此基础上，以双向长短期记忆网络（Bidirectional Long Short Term Memory，BiLSTM）为代表的自然语言处理技术发展迅猛。BiLSTM 是由前向 LSTM 与后向 LSTM 组合而成。由于其设计的特点，非常适合用于对时序数据的建模，如文本数据，在自然语言处理任务中常被用来建模上下文信息。将词的表示组合成句子的表示，可以采用相加的方法，即将所有词的表示进行加和，或者取平均等方法，同时，在更细粒度的分类时，如对于强程度的褒义、弱程度的褒义、中性、弱程度的贬义、强程度的贬义的五分类任务可以注意到情感词、程度词、否定词之间的交互。通过 BiLSTM 可以较好地捕捉双向的语义依赖。应用该项技术，我们可以高效准确地解析语言文字类的"三态"数据，为决策模块和预测模块提供更多数据信息。

5.3 | 智能设计系统

5.3.1
系统构成

"智能设计系统"是进行建筑功能适变优化设计的设计生成核心。基于建筑功能适变理论中通用性、复合性、拓展性、冗余性、独立性、可变性、临时性和可行性"7+1"特征，团队通过解释性图解和经典案例的功能适变分析数据等相关信息作为人工智能模型的训练样本，形成了"生成模块生成平面设计方案——判别模块进行功能适变评价"的有限数据强化学习训练框架。借助于该智能设计系统，建筑师可以实现与计算的高效协同工作，既可以优化修改已有方案，也可以借助计算机算力快速生成大量符合建筑功能适变标准的参考方案。

5.3.2
数据收集与处理

作为建筑功能适变理论的生成核心，并没有直接的数据信息可以用于智能设计系统的模型训练。因此，我们首先需要构建生成有效训练样本的前置方案。本部分的数据主要分为两种来源：一是源自对于功能适变理论特征的分析图解，它们在抽象层面明确了建筑功能适变诸多方面的基本信息，具有理论针对性；二是基于功能适变的角度重新解析大量建筑案例后生成的解释性图解及数据，它们是建筑师们基于实际需要做出的功能适变性设计，具有普遍泛用性。

1. 建筑功能适变的理论图解

建筑功能适变理论将建筑功能适变设计的要点总结为"7+1"大特征，即 7 个特征，通用性、复合性、拓展性、独立性、冗余性、可变性、临时性及 1 个可行性条件（各专业的功能适变设计与现有技术规范以及上位规划是否冲突）见表 5-1。

表 5-1　建筑功能适变设计 7 个特征图示要点

功能适变设计特征	内容	图解需求
通用性	指建筑中主体大空间的设计尽量满足多种功能类型的使用需求	建筑平面的形状与尺寸相较于通用模型的偏离程度
复合性	指建筑空间有明确的多功能、多工况、多场景使用的设计	建筑平面图中不同专业图层对不同功能业态分布的覆盖程度
拓展性	指建筑容易实现功能和规模的扩展	空间设计形态是否支持扩展
冗余性	指建筑各专业各项指标应在可能的条件下留有余量	各专业扩大性能指标图层占比
独立性	指各专业尽量相互独立，互不干扰	各专业图层的投影分离程度
可变性	指建筑中有为实现功能适变而设计的可变设施	可变设施的数量及空间占比
临时性	指建筑中或建筑用地内有为实现功能适变设计的临时设施	平面中临时功能图块占比

介于上述需求，用于深度学习网络训练的建筑功能适变的特征图解应该满足以下几个要求：

（1）平面图中主要绘制尺寸与空间形态，精简细节避免出现"过拟合"。

（2）图解应该区分层次，避免在一张图中出现过多信息细节。

（3）建筑平面图上各专业内容以不同色系的图块标注。

（4）必要的空间元素（门窗、家具、线路等）也以对应尺寸的图块表达。

2. 多元素图像样本标注

除了依据建筑功能适变理论进行分析图解绘制以外，模型的训练还有赖于对大量优秀建筑案例的空间分析。然而，这些数据获取来源较为复杂，绘制形式也难以统一，所以需要在进行经典案例数据搜集与处理时建构一个单独的 CNN 建筑平面识图模型来辅助进行案例图片的标准化重绘与特征提取，形成数据需要满足以下特征：

（1）分层次建构：各案例方案图依照绘制精度进行区分，包括表现空间形态、尺寸与位置关系的布局图以及各空间内部包括抽象表达后的门窗、家具等要素的建筑元素图。

（2）各专业分层：不同专业的内容需要绘制在不同的图层之上，并以不同的颜色标注，注意同一专业的不同内容应用同一色系的不同颜色，保持颜色标注的唯一性和与内容对应的稳定性。

3. 建筑功能适变量化标准

除了可以图解表达内容之外，我们还需要将建筑功能适变指标体系中难以图形化表达的内容进行量化标注，从而形成建筑功能适变量化标准，为判别模块的建构提供依据。

（1）指标内容构建研究。将前述研究中建筑功能适变的七大特征作为一级指标，它们分别定义了功能适变性优化设计的七个方向或约束条件。而在这些一级指标下，创新地定义一系列表征各专业功能适变的指数用以评估功能适变（表 5-2）。例如：参照空间句法的拓扑深度概念，定义了空间设计中的综合拓扑指数 X_2 来表征多空间的平均连接程度，它可以表示为 $X_2 = \dfrac{m[\log_2(\frac{m+2}{3}-1)+1]}{(m-1)|\overline{D}-1|}$，其中 $\overline{D}$ 和 m 分别是平均深度和某一空间到其他空间的连接数。

表 5-2　大空间公共建筑功能适变指标体系（部分）

一级指标	二级指标	变量	量化方式	专业领域
通用性	空间分隔指数	X_1^{arc}	量化	建筑
	综合拓扑指数	X_2^{arc}	量化	建筑
	适变面积指数	X_3^{arc}	AHP 打分	建筑
	形状适变指数	X_4^{arc}	量化	建筑
	活荷载适变指数	X_1^{str}	量化	结构
	电量容量指数	X_1^{ele}	量化	机电
	保温容量指数	X_1^{hvac}	量化	暖通

一级指标	二级指标	变量	量化方式	专业领域
通用性	通风容量指数	X_2^{hvac}	量化	暖通
	水道容量指数	X_1^{water}	量化	给水排水
	设施适变指数	X_1^{ins}	AHP 打分	设施
	……	X_j^i	—	—

（2）数据量化表征方法研究。在确立指标内容后，需要对不同单位和阈值的指标进行标准化数据处理，具体包括指标类型的一致化处理、定性指标的数据量化、评价指标的无量纲化、确定指标理想值等。在完成制定指标数据处理后，需要根据不同指标对子目标的影响程度和关键程度进行指标权重的赋值，指标权重的确定与计算需要行业专家和统计综合评价方法的共同作用。本研究拟采用多因素综合评价模型进行建筑功能适变质量评价指标体系的构建，在评价指标体系构建基本完成后，研究还计划结合不同类型工程案例实践数据进行系统复核并邀请专家进行评估与修正。

5.3.3 生成模块与判别模块

1. 功能描述

（1）生成模块。生成模块是智能设计系统的核心模块，也是能够直接辅助建筑师进行建筑功能适变多样化平面设计的主体内容。它基于生成对抗网络（GAN）结合标注过的建筑功能适变理论与案例图解数据训练而来，可以实现以下辅助设计功能：

1）根据项目场地特征和具体要求快速生成大量符合不同建筑功能适变需求的建筑平面参考方案。

2）结合设计者先期制定的设计方案与设计策略进行细节微调和多方案生成比选。

（2）判别模块。判别模块主要包含了建筑功能适变理论和评价标准中的量化需求，用以评价某设计中不同特征下建筑功能适变的程度。它是智能设计系统训练过程中用来对生成模块的结果进行判断和矫正的主要内容，与生成模块一同完成了智能设计系统的强化学习。同时，判别模块也可以单独被用来对某设计进行建筑功能适变质量的评价或评分。依托数据大多为结构化的量化标准，该模块的建构还需要结合科学评价方法中的权重计算体系。

2. 主要建构方法

（1）CNN 空间要素语义分割。如上所述，本部分的工作重点是对众多建筑案例进行深入的功能适变分析，并制作相应的图解。为了提高分析的准确性和效率，我们采用了基于卷积神经网络（CNN）技术的语义分割模型。该模型能够精确地识别和标注建筑平面中的各种要素，如门、窗、墙、家具、管线等[33][34]。

在实际操作中，我们首先将建筑平面图像输入到语义分割模型中。模型通过卷积神经网络（CNN）对图像进行多层次的特征提取，准确地识别出各个建筑要素。然后，模型会将这些要素进行分类和标注，以便我们能够清晰地看到每个要素在建筑平面中的位置和范围。接下来，根据模型的标注结果，重新绘制了建筑平面的图解。这些图解不仅展示了建筑平面的整体布局，还详细地标注了各个建筑要素的位置和属性。

（2）有效导向数据的 GAN 模型训练。生成对抗网络（Generative Adversarial Network，GAN）是一种由两个互相对抗的神经网络组成的深度学习模型，旨在通过这种方式生成高质量、真实的数据样本。生成网络（Generator）负责生成模拟数据，判别网络（Discriminator）负责判断输入的数据是真实的还是生成的。生成网络要不断优化自己生成的数据让判别网络判断不出来，判别网络也要优化自己让自己判断得更准确。它们之间的关系可以用竞争或敌对关系来描述。

传统深度学习模型往往需要数以万计的大量样本进行训练才能获取统计学上的普遍规则，生成符合要求的新设计，这种操作方式显然并不适用于建筑功能适变设计研究。因此，我们选取了另一种使用较少符合训练标准的样本数据集进行训练，并根据建筑功能适变理论进行矫正筛选的方法。通过理论化矫正的选样数据可以以较少的数量完成高质量的深度模型训练。在这个 GAN 训练模型中，生成器采用 U-net 框架，而判别器使用 Patch-GAN 框架进行训练[35]。

由于不同使用功能的建筑空间特征存在巨大差异，我们在训练时会依照不同的主体功能（体育、会展、观演、商业、医疗等）进行独立的模型训练，建构专属于不同功能类型的建筑功能适变生成模块。在具体使用时，将结合智能分系统中提出的决策建议，选取其中一部分功能类型（一个主功能 + 若干附属功能）对应的模型构成独立的生成模块[36]。

5.4 | 持续更新

基于广义韧性建筑的要求，出于全面应对建筑全生命周期中各方面的功能适变需求，该人机协同工作框架也需要保持持续性的更新升级。具体来讲，本框架需要在以下方面保持周期性的持续更新：

（1）"三态"数据的搜集广度与深度。

（2）功能适变案例图解的更新与扩充。

（3）建筑功能适变理论与特征的更新。

（4）数据处理分析技术的更新与扩展。

（5）新的人工智能模型框架。

（6）基于更新的数据集和技术定期进行智能分析系统与智能设计系统的模型再训练。

附　录

附录 A ｜ 北京体育公园调研报告

奥体中心
钓鱼台东街边公园
方庄体育公园
工人体育场、工人体育馆
莲花池公园
南礼士路公园
首都体育馆
天坛公园

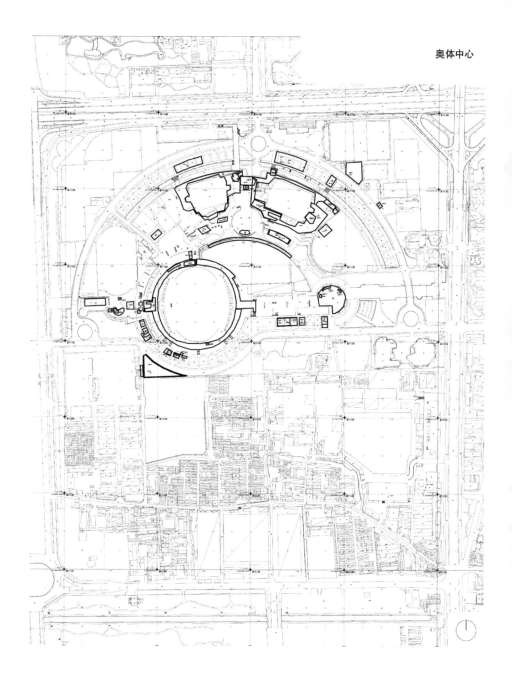

奥体中心

公共建筑及周边场地功能适变设计关键技术

日期: 8月29日　　时间: 8:10　　地点: 奥体中心　　地点编号: 1　　图纸上编号1　　调研次数: 第1次　　气象: 阴　　照片号

人群号	平	坡	多树	广场	路	构筑物	硬铺地	土	砂	间草	草	名称	常绿	落叶	灌木	活动名称	单一	混合	个数	动	静	男	女	老	中	青	人数
备注	●						●					梧桐				全民健身					●	13	5	8	8	2	18
												柳树															
												桧柏															
时间: 8:12　图纸上编号　1(1)																打羽毛球					●	1	3	2	2		4
时间: 8:40　图纸上编号　1(1)																打羽毛球					●	1	1	2			2
时间: 13:50　图纸上编号　1																全民健身					●	2			1	1	2
时间: 19:20　图纸上编号　1																全民健身					●	9	14	8		15	23
时间: 19:50　图纸上编号　1																全民健身					●	15	6	3		18	21

记录人:
- ● 拍照　张晓奕
- ● 记录　陈红梅
- ● 标图　陈红梅

日期: 9月8日　　时间: 7:57　　地点: 奥体中心　　地点编号: 1　　图纸上编号1　　调研次数: 第2次　　气象: 晴　　照片号

人群号	平	坡	多树	广场	路	构筑物	硬铺地	土	砂	间草	草	名称	常绿	落叶	灌木	活动名称	单一	混合	个数	动	静	男	女	老	中	青	人数
备注	●						●					梧桐				全民健身					●	19	6	21		4	25
												柳树															
												桧柏															
时间: 8:00　图纸上编号　1(1)																练剑					●	1	3			4	4

记录人:
- ● 拍照　张晓奕
- ● 记录　陈红梅
- ● 标图　陈红梅

日期: 10月13日　时间: 7:30　地点: 奥体中心　地点编号: 1　图纸上编号1　调研次数: 第3次　气象: 晴　照片号

人群号	场地类型						地面条件					场地内树木类型				活动类型						人群类型					人数
	平	坡	多树	广场	路	构筑物	硬铺地	土	砂	间草	草	名称	常绿	落叶	灌木	活动名称	单一	混合	个数	动	静	男	女	老	中	青	
备注	●						●					梧桐				全民健身					●	2	3	2	3		5
												柳树															
												桧柏															

时间: 7:42　图纸上编号　　1

人群号	平	坡	多树	广场	路	构筑物	硬铺地	土	砂	间草	草	名称	常绿	落叶	灌木	活动名称	单一	混合	个数	动	静	男	女	老	中	青	人数
																打网球					●	1	1		2		2

记录人:
- ● 拍照　张晓奕
- ● 记录　陈红梅
- ● 标图　陈红梅

日期: 10月23日　时间: 8:00　地点: 奥体中心　地点编号: 1　图纸上编号1　调研次数: 第4次　气象: 晴　照片号

人群号	场地类型						地面条件					场地内树木类型				活动类型						人群类型					人数
	平	坡	多树	广场	路	构筑物	硬铺地	土	砂	间草	草	名称	常绿	落叶	灌木	活动名称	单一	混合	个数	动	静	男	女	老	中	青	
备注	●						●					梧桐				全民健身					●	5	3	8			8
												柳树															
												桧柏															

记录人:
- ● 拍照　陈红梅
- ● 记录　张晓奕
- ● 标图　张晓奕

日期: 10月29日　时间: 7:50　地点: 奥体中心　地点编号: 1　图纸上编号1　调研次数: 第5次　气象: 晴　照片号

人群号	场地类型						地面条件					场地内树木类型				活动类型						人群类型					人数
	平	坡	多树	广场	路	构筑物	硬铺地	土	砂	间草	草	名称	常绿	落叶	灌木	活动名称	单一	混合	个数	动	静	男	女	老	中	青	
备注	●						●					梧桐				全民健身					●	3	4	5	2		7
												柳树															
												桧柏															

时间: 7:50　图纸上编号　　1(1)

人群号	平	坡	多树	广场	路	构筑物	硬铺地	土	砂	间草	草	名称	常绿	落叶	灌木	活动名称	单一	混合	个数	动	静	男	女	老	中	青	人数
																打羽毛球					●	2				2	2

记录人:
- ● 拍照
- ● 记录　张晓奕
- ● 标图　张晓奕

日期: 8月29日　时间: 8:40　地点: 奥体中心　地点编号: 2　图纸上编号2　调研次数: 第1次　气象: 晴　照片号

人群号	场地类型						地面条件					场地内树木类型				活动类型						人群类型					人数
	平	坡	多树	广场	路	构筑物	硬铺地	土	砂	间草	草	名称	常绿	落叶	灌木	活动名称	单一	混合	个数	动	静	男	女	老	中	青	
备注	●						●									舞扇					●		5	2	3		5

记录人:
● 拍照　张晓奕
● 记录　陈红梅
● 标图　陈红梅

日期: 8月29日　时间: 8:12　地点: 奥体中心　地点编号: 3　图纸上编号3　调研次数: 第1次　气象: 阴　照片号

人群号	场地类型						地面条件					场地内树木类型				活动类型						人群类型					人数
	平	坡	多树	广场	路	构筑物	硬铺地	土	砂	间草	草	名称	常绿	落叶	灌木	活动名称	单一	混合	个数	动	静	男	女	老	中	青	
备注	●		●				●														●	1	3	2	2		4
																打羽毛球		●				1	3	2	2		4
																太极拳		●					5	2	3		5
																练剑		●				1	4	3	2		5

时间: 19:20

人群号	场地类型						地面条件					场地内树木类型				活动类型						人群类型					人数
																练功		●					2		2		2
																太极拳		●					2		2		2

记录人:
● 拍照　张晓奕
● 记录　陈红梅
● 标图　陈红梅

日期: 9月8日　时间: 8:00　地点: 奥体中心　地点编号: 3　图纸上编号3　调研次数: 第2次　气象: 晴　照片号

人群号	场地类型						地面条件					场地内树木类型				活动类型						人群类型					人数
	平	坡	多树	广场	路	构筑物	硬铺地	土	砂	间草	草	名称	常绿	落叶	灌木	活动名称	单一	混合	个数	动	静	男	女	老	中	青	
备注	●		●				●														●	1	3	2	2		4
																太极剑		●				3	5	7		1	8

记录人:
● 拍照　张晓奕
● 记录　陈红梅
● 标图　陈红梅

人群号	平	坡	多树	广场	路	构筑物	硬铺地	土	砂	间草	草	名称	常绿	落叶	灌木	活动名称	单一	混合	个数	动	静	男	女	老	中	青	人数
备注	●		●				●		●			杨树				武术	●			●		2		2			2
												松树				太极拳					●	16	10	20	6		26
												槐树				打羽毛球					●	2	2		4		4

记录人:
- ● 拍照　游亚鹏
- ● 记录　游亚鹏
- ● 标图　顾永辉

人群号	平	坡	多树	广场	路	构筑物	硬铺地	土	砂	间草	草	名称	常绿	落叶	灌木	活动名称	单一	混合	个数	动	静	男	女	老	中	青	人数
备注	●						●		●			杨树				唱歌	●				●	3	5	5	3		8
												松树				推手（2m×5m）					●	2	2	2	2		4
												槐树				太极拳（12m×7m）					●	4	1	1	4		5
																武术（7m×15m）					●	5	3	3	5		8
																打羽毛球（9m）					●	2	2	2	2		4
																打网球					●	1		1			1

记录人:
- ● 拍照　张晓奕
- ● 记录　张晓奕
- ● 标图　陈红梅

人群号	平	坡	多树	广场	路	构筑物	硬铺地	土	砂	间草	草	名称	常绿	落叶	灌木	活动名称	单一	混合	个数	动	静	男	女	老	中	青	人数
备注	●		●				●		●			杨树				太极拳					●	4	1	4	1		5
												松树															
												槐树															

时间: 7:45　　图纸上编号　4（1）

人群号	平	坡	多树	广场	路	构筑物	硬铺地	土	砂	间草	草	名称	常绿	落叶	灌木	活动名称	单一	混合	个数	动	静	男	女	老	中	青	人数
							●									打羽毛球					●	1	3		4		4

记录人:
- ● 拍照　张晓奕
- ● 记录　张晓奕
- ● 标图　陈红梅

日期：10月23日　　时间：8:00　　地点：奥体中心　　地点编号：4　　图纸上编号 4　　调研次数：第4次　　气象：晴　　照片号

人群号	场地类型						地面条件					场地内树木类型				活动类型						人群类型					人数
	平	坡	多树	广场	路	构筑物	硬铺地	土	砂	间草	草	名称	常绿	落叶	灌木	活动名称	单一	混合	个数	动	静	男	女	老	中	青	
备注	●		●				●			●		杨树				练剑					●	3	1	4			4
												松树				锻炼											
												槐树															
						时间：8:00			4+			图纸上编号				4（1）											
	●		●				●			●		槐树				打羽毛球					●	2	2		4		4
												杨树															
												桧柏															
												桧柏				打网球					●	3	1	1	3		4
												油松															

记录人：
- ●拍照　陈红梅
- ●记录　张晓奕
- ●标图　张晓奕

日期：10月29日　　时间：8:00　　地点：奥体中心　　地点编号：　　图纸上编号 4　　调研次数：第5次　　气象：晴　　照片号

人群号	场地类型						地面条件					场地内树木类型				活动类型						人群类型					人数
	平	坡	多树	广场	路	构筑物	硬铺地	土	砂	间草	草	名称	常绿	落叶	灌木	活动名称	单一	混合	个数	动	静	男	女	老	中	青	
备注	●		●				●			●		杨树				锻炼					●	5		5			5
												松树															
												槐树															
						时间：8:00			4+			图纸上编号				4（1）											
	●		●				●			●		槐树				打羽毛球					●	2	1	3			3
												杨树															
												桧柏															
												桧柏、油松				打网球					●	3	1	2	2		4

记录人：
- ●拍照
- ●记录　张晓奕
- ●标图　张晓奕

日期：8月29日　　时间：8:40　　地点：奥体中心　　地点编号：5　　图纸上编号 5　　调研次数：第1次　　气象：阴　　照片号

人群号	场地类型						地面条件					场地内树木类型				活动类型						人群类型					人数
	平	坡	多树	广场	路	构筑物	硬铺地	土	砂	间草	草	名称	常绿	落叶	灌木	活动名称	单一	混合	个数	动	静	男	女	老	中	青	
备注	●		●				●					油松				抖空竹					●	7	5	7	5		12
												柳树															
												伏地松															
						时间：8:40			地点编号：5（1）							柳树					唱京剧		●	1	1				2

记录人：
- ●拍照　张晓奕
- ●记录　张晓奕
- ●标图　陈红梅

人群号	平	坡	多树	广场	路	构筑物	硬铺地	土	砂	间草	草	名称	常绿	落叶	灌木	活动名称	单一	混合	个数	动	静	男	女	老	中	青	人数
备注	●		●				●					油松				抖空竹	●				●	8	2	10			10
												柳树															
												伏地松															

记录人：
- ●拍照　张晓奕
- ●记录　张晓奕
- ●标图　陈红梅

人群号	平	坡	多树	广场	路	构筑物	硬铺地	土	砂	间草	草	名称	常绿	落叶	灌木	活动名称	单一	混合	个数	动	静	男	女	老	中	青	人数
备注	●			●			●									打羽毛球	●				●	1	1	1	1		2
																练剑						1	1	1	1		2

记录人：
- ●拍照
- ●记录　徐奕
- ●标图　徐奕

人群号	平	坡	多树	广场	路	构筑物	硬铺地	土	砂	间草	草	名称	常绿	落叶	灌木	活动名称	单一	混合	个数	动	静	男	女	老	中	青	人数
	●		●				●					柳树、油松				抖空竹	●				●	2	1	3			3
			8:20																								
																抖空竹	●				●	3	2	5			5

时间：8:00　　地点编号：5　　图纸上编号5（1）

	平	坡	多树	广场	路	构筑物	硬铺地	土	砂	间草	草	名称	常绿	落叶	灌木	活动名称	单一	混合	个数	动	静	男	女	老	中	青	人数
备注	●			●			●					柳树				舞扇	●				●	3	10	13			13

时间：8:00　　地点编号：5　　图纸上编号5（4）

	平	坡	多树	广场	路	构筑物	硬铺地	土	砂	间草	草	名称	常绿	落叶	灌木	活动名称	单一	混合	个数	动	静	男	女	老	中	青	人数
																放风筝	●				●			3			3

记录人：
- ●拍照　陈红梅
- ●记录　张晓奕
- ●标图　张晓奕

日期：10月29日　　时间：8:10　　地点：奥体中心　　地点编号：5　　图纸上编号5　　调研次数：第1次　　气象：阴　　照片号

人群号	场地类型						地面条件					场地内树木类型				活动类型						人群类型					人数
	平	坡	多树	广场	路	构筑物	硬铺地	土	砂	间草	草	名称	常绿	落叶	灌木	活动名称	单一	混合	个数	动	静	男	女	老	中	青	
备注	●		●			●						油松				抖空竹	●			●		4	2	6			6
												柳树															
												伏地松															

时间：8:10　　地点编号：5（5）

| | | | | | | | | | | | | 柳树 | | | | 唱京剧 | | ● | | | ● | 1 | 7 | 8 | | | 8 |
| | | | | | | | | | | | | | | | | | | | | | | | | | | | |

时间：8:15　　地点编号：5

| | | | | | | | | | | | | 柳树 | | | | 抖空竹 | | ● | | ● | | 5 | 2 | 7 | | | 7 |
| | | | | | | | | | | | | | | | | | | | | | | | | | | | |

时间：8:15　　地点编号：5（4）

| | | | | | | | | | | | | 柳树 | | | | 抖空竹 | | ● | | ● | | 1 | | 1 | | | 1 |
| | | | | | | | | | | | | | | | | | | | | | | | | | | | |

记录人：
- ●拍照
- ●记录　张晓奕
- ●标图　张晓奕

日期：8月29日　　时间：19:20　　地点：奥体中心　　地点编号：6（1）　　图纸上编号6（1）　　调研次数：第1次　　气象：阴　　照片号

人群号	场地类型						地面条件					场地内树木类型				活动类型						人群类型					人数
	平	坡	多树	广场	路	构筑物	硬铺地	土	砂	间草	草	名称	常绿	落叶	灌木	活动名称	单一	混合	个数	动	静	男	女	老	中	青	
备注	●			●		体育场观众疏散平台	●									休息	●				●	4	9			13	13

时间：20:15　　地点编号：　　图纸上编号6（2）

| | | | | | | | | | | | | | | | | 放风筝 | | | | | | 3 | 1 | 3 | 1 | | 4 |
| | | | | | | | | | | | | | | | | 做操 | | | | | | | 4 | 3 | 1 | | 4 |

记录人：
- ●拍照　张晓奕
- ●记录　张晓奕
- ●标图　陈红梅

日期：9月8日　　时间：8:23　　地点：奥体中心　　地点编号：6　　图纸上编号6（1）　　调研次数：第2次　　气象：晴　　照片号

人群号	场地类型						地面条件					场地内树木类型				活动类型						人群类型					人数
	平	坡	多树	广场	路	构筑物	硬铺地	土	砂	间草	草	名称	常绿	落叶	灌木	活动名称	单一	混合	个数	动	静	男	女	老	中	青	
备注	●			●	●	体育场观众疏散平台	●									有线网球（9mx7m）	●				●	2	1	1	1	1	3

记录人：
- ●拍照　张晓奕
- ●记录　张晓奕
- ●标图　陈红梅

日期：10月13日　　时间：8:00　　地点：奥体中心　　地点编号：6　　图纸上编号6（3）　　调研次数：第1次　　气象：晴　　照片号

人群号	场地类型						地面条件					场地内树木类型				活动类型						人群类型					人数
	平	坡	多树	广场	路	构筑物	硬铺地	土	砂	间草	草	名称	常绿	落叶	灌木	活动名称	单一	混合	个数	动	静	男	女	老	中	青	
备注	●					体育场观众疏散平台	●									太极拳		●			●	1	2	2	1		3
																放风筝						1		1			1

记录人：
- ●拍照
- ●记录　徐奕
- ●标图　徐奕

日期：10月23日　　时间：8:20　　地点：奥体中心　　地点编号：6　　图纸上编号6　　调研次数：第4次　　气象：晴　　照片号

人群号	场地类型						地面条件					场地内树木类型				活动类型						人群类型					人数
	平	坡	多树	广场	路	构筑物	硬铺地	土	砂	间草	草	名称	常绿	落叶	灌木	活动名称	单一	混合	个数	动	静	男	女	老	中	青	
	●					体育场观众疏散平台	●									放风筝	●			●		3		3			3
																观众						1		1			1

记录人：
- ●拍照　陈红梅
- ●记录　张晓奕
- ●标图　张晓奕

日期: 10月29日　时间: 8:20　地点: 奥体中心　地点编号:　图纸上编号6(1)　调研次数: 第5次　气象: 晴　照片号

人群号	平	坡	多树	广场	路	构筑物	硬铺地	土	砂	间草	草	名称	常绿	落叶	灌木	活动名称	单一	混合	个数	动	静	男	女	老	中	青	人数
	●					体育场观众疏散平台	●									锻炼	●				●	2		2			2

时间: 8:20　图纸上编号6(2)　调研次数: 第5次　气象: 晴　照片号

人群号	平	坡	多树	广场	路	构筑物	硬铺地	土	砂	间草	草	名称	常绿	落叶	灌木	活动名称	单一	混合	个数	动	静	男	女	老	中	青	人数
	●					体育场观众疏散平台	●									锻炼	●				●	3		3			3

记录人:
- ●拍照
- ●记录　张晓奕
- ●标图　张晓奕

日期: 8月29日　时间: 19:32　地点: 奥体中心　地点编号: 829-NM　图纸上编号7　调研次数: 第1次　气象: 晴　照片号

人群号	平	坡	多树	广场	路	构筑物	硬铺地	土	砂	间草	草	名称	常绿	落叶	灌木	活动名称	单一	混合	个数	动	静	男	女	老	中	青	人数
备注	●					体育馆观众疏散平台	●			●						跑步		●			●						28
																骑车					●						
																耍大刀				●							

记录人:
- ●拍照　游亚鹏
- ●记录　游亚鹏
- ●标图　顾永辉

日期: 10月23日　时间: 8:00　地点: 奥体中心　地点编号: 7　图纸上编号7　调研次数: 第4次　气象: 晴　照片号

人群号	平	坡	多树	广场	路	构筑物	硬铺地	土	砂	间草	草	名称	常绿	落叶	灌木	活动名称	单一	混合	个数	动	静	男	女	老	中	青	人数
	●			●			●					柳树、臭椿、桧柏				太极拳		●			●	2	1	3			3
																练剑						2	3	2	2	1	5
																学跳舞						1	1		2		2

记录人:
- ●拍照　陈红梅
- ●记录　张晓奕
- ●标图　张晓奕

日期: 10月29日　时间: 8:00　地点: 奥体中心　地点编号: 7　图纸上编号7　调研次数: 第5次　气象: 晴　照片号

人群号	平	坡	多树	广场	路	构筑物	硬铺地	土	砂	间草	草	名称	常绿	落叶	灌木	活动名称	单一	混合	个数	动	静	男	女	老	中	青	人数
	●		●				●					柳树、臭椿、桧柏				练剑	●				●	4			3	1	4

记录人:
- ●拍照
- ●记录　张晓奕
- ●标图　张晓奕

日期: 10月13日　时间: 7:45　地点: 奥体中心　地点编号: 5　图纸上编号8　调研次数: 第1次　气象: 晴　照片号

人群号	平	坡	多树	广场	路	构筑物	硬铺地	土	砂	间草	草	名称	常绿	落叶	灌木	活动名称	单一	混合	个数	动	静	男	女	老	中	青	人数
备注	●		●				●									打羽毛球	●				●	1	1	1	1		2
																练剑						1	1	1	1		2

记录人:
- ●拍照
- ●记录　徐奕
- ●标图　徐奕

日期: 10月29日　时间: 8:25　地点: 奥体中心　地点编号:　图纸上编号8　调研次数: 第2次　气象: 晴　照片号

人群号	平	坡	多树	广场	路	构筑物	硬铺地	土	砂	间草	草	名称	常绿	落叶	灌木	活动名称	单一	混合	个数	动	静	男	女	老	中	青	人数
备注	●		●				●									打羽毛球	●				●	3	1	4			4
																打网球						1		1			1

记录人:
- ●拍照
- ●记录　徐奕
- ●标图　徐奕

日期: 8月29日　时间: 8:30　地点: 奥体中心　地点编号: 829-NH　图纸上编号9　调研次数: 第1次　气象: 阴　照片号

人群号	平	坡	多树	广场	路	构筑物	硬铺地	土	砂	间草	草	名称	常绿	落叶	灌木	活动名称	单一	混合	个数	动	静	男	女	老	中	青	人数
备注	●		●				●					云杉				唱歌					●	5	9	8	6		14
												合欢															

记录人:
- ●拍照　游亚鹏
- ●记录　游亚鹏
- ●标图　顾永辉

时间: 8:40　地点编号: 9　图纸上编号9

人群号	平	坡	多树	广场	路	构筑物	硬铺地	土	砂	间草	草	名称	常绿	落叶	灌木	活动名称	单一	混合	个数	动	静	男	女	老	中	青	人数
																唱歌					●	8	13	21			21

记录人:
- ●拍照　张晓奕
- ●记录　陈红梅
- ●标图　陈红梅

日期：9月8日　　时间：8:35　　地点：奥体中心　　地点编号：7　　图纸上编号9　　调研次数：第2次　　气象：晴　　照片号

人群号	场地类型						地面条件					场地内树木类型				活动类型						人群类型					人数
	平	坡	多树	广场	路	构筑物	硬铺地	土	砂	间草	草	名称	常绿	落叶	灌木	活动名称	单一	混合	个数	动	静	男	女	老	中	青	
备注	●		●				●					云杉				打羽毛球（10mx3m）					●	4		2	2		4
												合欢															

记录人：
- ●拍照　张晓奕
- ●记录　陈红梅
- ●标图　陈红梅

日期：10月23日　　时间：8:20　　地点：奥体中心　　地点编号：6北　　图纸上编号9　　调研次数：第4次　　气象：晴　　照片号

人群号	场地类型						地面条件					场地内树木类型				活动类型						人群类型					人数
	平	坡	多树	广场	路	构筑物	硬铺地	土	砂	间草	草	名称	常绿	落叶	灌木	活动名称	单一	混合	个数	动	静	男	女	老	中	青	
	●		●				●					桧柏				锻炼	●				●	3	1	4			4
												油松															
												银杏															
												合欢															

记录人：
- ●拍照　陈红梅
- ●记录　张晓奕
- ●标图　张晓奕

日期：10月29日　　时间：8:25　　地点：奥体中心　　地点编号：　　图纸上编号9　　调研次数：第5次　　气象：晴　　照片号

人群号	场地类型						地面条件					场地内树木类型				活动类型						人群类型					人数
	平	坡	多树	广场	路	构筑物	硬铺地	土	砂	间草	草	名称	常绿	落叶	灌木	活动名称	单一	混合	个数	动	静	男	女	老	中	青	
	●		●				●					桧柏				锻炼	●				●	1	2	3			3
												油松															
												银杏															
												合欢															

记录人：
- ●拍照
- ●记录　张晓奕
- ●标图　张晓奕

日期：9月8日　　时间：7:58　　地点：奥体中心　　地点编号：908-NM　　图纸上编号10　　调研次数：第1次　　气象：晴　　照片号

人群号	场地类型						地面条件					场地内树木类型				活动类型						人群类型					人数
	平	坡	多树	广场	路	构筑物	硬铺地	土	砂	间草	草	名称	常绿	落叶	灌木	活动名称	单一	混合	个数	动	静	男	女	老	中	青	
备注	●					体育馆大平台	●									健身					●	3	1	4			4

记录人：
- ●拍照
- ●记录　胡越
- ●标图　游亚鹏

人群号	场地类型						地面条件					场地内树木类型				活动类型						人群类型					人数
	平	坡	多树	广场	路	构筑物	硬铺地	土	砂	间草	草	名称	常绿	落叶	灌木	活动名称	单一	混合	个数	动	静	男	女	老	中	青	

日期: 10月23日　　时间: 8:20　　地点: 奥体中心　　地点编号: 6北　　图纸上编号10　　调研次数: 第1次　　气象: 晴　　照片号

人群号	平	坡	多树	广场	路	构筑物	硬铺地	土	砂	间草	草	名称	常绿	落叶	灌木	活动名称	单一	混合	个数	动	静	男	女	老	中	青	人数
	●					●										锻炼	●			●				1		1	1

记录人:
- ●拍照　陈红梅
- ●记录　张晓奕
- ●标图　张晓奕

日期: 8月29日　　时间: 7:55　　地点: 奥体中心　　地点编号: 829-NQ　　图纸上编号11　　调研次数: 第1次　　气象: 晴　　照片号

人群号	平	坡	多树	广场	路	构筑物	硬铺地	土	砂	间草	草	名称	常绿	落叶	灌木	活动名称	单一	混合	个数	动	静	男	女	老	中	青	人数
备注	●		●			湖边	●					柳树				休息		●			●	47	8	37	15	3	55
																钓鱼											
																看书											

时间: 14:00　　地点编号: 829-NJ

人群号	平	坡	多树	广场	路	构筑物	硬铺地	土	砂	间草	草	名称	常绿	落叶	灌木	活动名称	单一	混合	个数	动	静	男	女	老	中	青	人数
																休息					●	21	6	1	13	13	27

时间: 19:32　　地点编号: 829-NN

人群号	平	坡	多树	广场	路	构筑物	硬铺地	土	砂	间草	草	名称	常绿	落叶	灌木	活动名称	单一	混合	个数	动	静	男	女	老	中	青	人数
																休息					●	37	8	8	23	14(1童)	45

记录人:
- ●拍照　游亚鹏
- ●记录　游亚鹏
- ●标图　顾永辉

日期: 9月8日　　时间: 8:05　　地点: 奥体中心　　地点编号: 908-NN　　图纸上编号11　　调研次数: 第2次　　气象: 晴　　照片号

人群号	平	坡	多树	广场	路	构筑物	硬铺地	土	砂	间草	草	名称	常绿	落叶	灌木	活动名称	单一	混合	个数	动	静	男	女	老	中	青	人数
备注	●				紧邻湖边	混凝土墩	●							●		钓鱼	●				●	33	12	25	16	4	45
						木凳										打牌											
																休息											

记录人:
- ●拍照
- ●记录　胡越
- ●标图　游亚鹏

日期: 8月29日　时间: 7:47　地点: 奥体中心　地点编号: 829-NE　图纸上编号12　调研次数: 第1次　气象: 阴　照片号

人群号	场地类型						地面条件					场地内树木类型				活动类型						人群类型					人数
	平	坡	多树	广场	路	构筑物	硬铺地	土	砂	间草	草	名称	常绿	落叶	灌木	活动名称	单一	混合	个数	动	静	男	女	老	中	青	人数
备注	●			●		●										练剑		●			●	7	9	12	4		16
																打网球			●	●		3	2	4	1		5
																练剑		●			●	7	15	19	3		22
																放风筝						7		7			7
																锻炼					●	7	6	13			13

时间: 19:40　地点编号: 829-NQ

人群号	平	坡	多树	广场	路	构筑物	硬铺地	土	砂	间草	草	名称	常绿	落叶	灌木	活动名称	单一	混合	个数	动	静	男	女	老	中	青	人数
																放风筝											25
																谈恋爱											8
																锻炼											4

记录人:
- ●拍照　游亚鹏
- ●记录　游亚鹏
- ●标图　顾永辉

日期: 9月8日　时间: 8:00　地点: 奥体中心　地点编号: 908-MC　图纸上编号12　调研次数: 第2次　气象: 晴　照片号

人群号	场地类型						地面条件					场地内树木类型				活动类型						人群类型					人数
	平	坡	多树	广场	路	构筑物	硬铺地	土	砂	间草	草	名称	常绿	落叶	灌木	活动名称	单一	混合	个数	动	静	男	女	老	中	青	人数
备注	●					体育场大平台	●									打网球		●			●	14	12	18	8		26
																练剑					●						
																太极拳											
																放风筝											

记录人:
- ●拍照　游亚鹏
- ●记录　游亚鹏
- ●标图　顾永辉

时间: 7:37　地点编号: 908-NE　图纸上编号12（1）

人群号	平	坡	多树	广场	路	构筑物	硬铺地	土	砂	间草	草	名称	常绿	落叶	灌木	活动名称	单一	混合	个数	动	静	男	女	老	中	青	人数
																太极拳	●				●	6		4	2		6

时间: 7:38　地点编号: 908-NF　图纸上编号12（2）

人群号	平	坡	多树	广场	路	构筑物	硬铺地	土	砂	间草	草	名称	常绿	落叶	灌木	活动名称	单一	混合	个数	动	静	男	女	老	中	青	人数
																放风筝	●			●		3		2	1		3

时间: 7:40　地点编号: 908-NG　图纸上编号12（3）

人群号	平	坡	多树	广场	路	构筑物	硬铺地	土	砂	间草	草	名称	常绿	落叶	灌木	活动名称	单一	混合	个数	动	静	男	女	老	中	青	人数
																太极拳	●				●			6	17		23

时间: 7:45　地点编号: 908-NI　图纸上编号12（4）

人群号	平	坡	多树	广场	路	构筑物	硬铺地	土	砂	间草	草	名称	常绿	落叶	灌木	活动名称	单一	混合	个数	动	静	男	女	老	中	青	人数
																太极拳	●				●	3	1	3	1		4

时间: 7:47　地点编号: 908-NJ　图纸上编号12（5）

人群号	平	坡	多树	广场	路	构筑物	硬铺地	土	砂	间草	草	名称	常绿	落叶	灌木	活动名称	单一	混合	个数	动	静	男	女	老	中	青	人数
																太极拳	●				●	3	6	3	6		9

记录人:
- ●拍照
- ●记录　胡越
- ●标图　游亚鹏

日期: 10月13日　时间: 7:30　地点: 奥体中心　地点编号: 1013-NB　图纸上编号12　调研次数: 第4次　气象: 晴　照片号

人群号	平	坡	多树	广场	路	构筑物	硬铺地	土	砂	间草	草	名称	常绿	落叶	灌木	活动名称	单一	混合	个数	动	静	男	女	老	中	青	人数
备注	●					体育场大平台	●									打网球,放风筝		●	●			12	7	13	6		19

记录人:
- ●拍照　游亚鹏
- ●记录　游亚鹏
- ●标图　顾永辉

日期: 10月23日　时间: 7:50　编号: 奥体中心　地点编号: 1023-B　图纸上编号12　调研次数: 第4次　气象: 晴　照片号

人群号	平	坡	多树	广场	路	构筑物	硬铺地	土	砂	间草	草	名称	常绿	落叶	灌木	活动名称	单一	混合	个数	动	静	男	女	老	中	青	人数
		●		●	●											休闲			●			10	5				15

日期: 10月29日　时间: 7:20　地点: 奥体中心　地点编号:　图纸上编号12　调研次数: 第5次　气象: 晴　照片号

人群号	平	坡	多树	广场	路	构筑物	硬铺地	土	砂	间草	草	名称	常绿	落叶	灌木	活动名称	单一	混合	个数	动	静	男	女	老	中	青	人数
	●		●											●		打网球			●			18	9	21	6		27
																锻炼											
																太极拳											

记录人:
- ●拍照
- ●记录　顾永辉
- ●标图　顾永辉

日期: 8月29日　时间: 7:15　地点: 奥体中心　地点编号: 829-ND　图纸上编号13　调研次数: 第1次　气象: 阴　照片号

人群号	平	坡	多树	广场	路	构筑物	硬铺地	土	砂	间草	草	名称	常绿	落叶	灌木	活动名称	单一	混合	个数	动	静	男	女	老	中	青	人数
备注	●		●	●		●						泡桐				自由锻炼		●	●			5	3	6	2		8
												杨树				打羽毛球			●			3	2	5			5
												柳树				全民健身			●			9	5	5	3	6	14

时间: 14:00　地点编号: 829-NK

人群号	平	坡	多树	广场	路	构筑物	硬铺地	土	砂	间草	草	名称	常绿	落叶	灌木	活动名称	单一	混合	个数	动	静	男	女	老	中	青	人数
																全民健身	●		●			10	5	2	8	5童	15

记录人:
- ●拍照　游亚鹏
- ●记录　游亚鹏
- ●标图　顾永辉

日期: 9月8日　时间: 7:42　地点: 奥体中心　地点编号: 908-MA　图纸上编号 13　调研次数: 第2次　气象: 晴　照片号

人群号	场地类型						地面条件					场地内树木类型				活动类型						人群类型					人数
	平	坡	多树	广场	路	构筑物	硬铺地	土	砂	间草	草	名称	常绿	落叶	灌木	活动名称	单一	混合	个数	动	静	男	女	老	中	青	
备注	●		●				●					泡桐				全民健身		●		●		15	7	10	5	7	22
												杨树				打羽毛球				●							
												柳树															

时间: 7:26　地点编号: 908-ND　图纸上编号 13

人群号	场地类型						地面条件					场地内树木类型				活动类型						人群类型					人数
																全民健身	●			●		18	8	14	10	2	26

记录人:
- ●拍照
- ●记录　胡越
- ●标图　游亚鹏

日期: 10月13日　时间: 7:30　地点: 奥体中心　地点编号: 1013-NA　图纸上编号 13　调研次数: 第4次　气象: 晴　照片号

人群号	场地类型						地面条件					场地内树木类型				活动类型						人群类型					人数
	平	坡	多树	广场	路	构筑物	硬铺地	土	砂	间草	草	名称	常绿	落叶	灌木	活动名称	单一	混合	个数	动	静	男	女	老	中	青	
备注	●		●				●					泡桐				全民健身	●			●		26	2	4	24		28
												杨树															
												柳树															

记录人:
- ●拍照　游亚鹏
- ●记录　游亚鹏
- ●标图　顾永辉

日期: 10月23日　时间: 7:50　地点: 奥体中心　地点编号: 1023-A　图纸上编号 13　调研次数: 第4次　气象: 晴　照片号

人群号	场地类型						地面条件					场地内树木类型				活动类型						人群类型					人数
	平	坡	多树	广场	路	构筑物	硬铺地	土	砂	间草	草	名称	常绿	落叶	灌木	活动名称	单一	混合	个数	动	静	男	女	老	中	青	
	●		●	●			●								●	全民健身				●		5	3	8			8

记录人:
- ●拍照
- ●记录　顾永辉
- ●标图　顾永辉

| 日期: 10月29日 | 时间: 7:15 | 地点: 奥体中心 | 地点编号: | 图纸上编号13 | 调研次数: 第4次 | 气象: 晴 | 照片号 |

人群号	场地类型							地面条件				场地内树木类型				活动类型						人群类型					人数
	平	坡	多树	广场	路	构筑物	硬铺地	土	砂	间草	草	名称	常绿	落叶	灌木	活动名称	单一	混合	个数	动	静	男	女	老	中	青	
			●	●	●		●					泡桐		●		全民健身		●				4	8	10	2		12
												杨树															

记录人：
- ●拍照
- ●记录　顾永辉
- ●标图　游亚鹏

| 日期: 9月8日 | 时间: 7:50 | 地点: 奥体中心 | 地点编号: 908-NK | 图纸上编号14 | 调研次数: 第1次 | 气象: 晴 | 照片号 |

人群号	场地类型							地面条件				场地内树木类型				活动类型						人群类型					人数
	平	坡	多树	广场	路	构筑物	硬铺地	土	砂	间草	草	名称	常绿	落叶	灌木	活动名称	单一	混合	个数	动	静	男	女	老	中	青	
			●				●									绕树走						2	3	4	1		5

记录人：
- ●拍照
- ●记录　胡越
- ●标图　游亚鹏

| 日期: 8月29日 | 时间: 7:55 | 地点: 奥体中心 | 地点编号: 829-NF | 图纸上编号15 | 调研次数: 第1次 | 气象: 阴 | 照片号 |

人群号	场地类型							地面条件				场地内树木类型				活动类型						人群类型					人数
	平	坡	多树	广场	路	构筑物	硬铺地	土	砂	间草	草	名称	常绿	落叶	灌木	活动名称	单一	混合	个数	动	静	男	女	老	中	青	
备注	●		●	●			●					槐树				舞剑	●				●	6	8	10	3	1	14
												冬青															

记录人：
- ●拍照　游亚鹏
- ●记录　游亚鹏
- ●标图　顾永辉

| 日期: 9月8日 | 时间: 7:55 | 地点: 奥体中心 | 地点编号: 908-MB | 图纸上编号15 | 调研次数: 第2次 | 气象: 晴 | 照片号 |

人群号	场地类型							地面条件				场地内树木类型				活动类型						人群类型					人数
	平	坡	多树	广场	路	构筑物	硬铺地	土	砂	间草	草	名称	常绿	落叶	灌木	活动名称	单一	混合	个数	动	静	男	女	老	中	青	
备注	●		●	●			●					槐树				舞剑	●				●	6	4	7	3		10
												冬青															

记录人：
- ●拍照　游亚鹏
- ●记录　游亚鹏
- ●标图　顾永辉

| | | 时间: 7:42 | 地点编号: 908-NH | 图纸上编号15 | | | |

| | | | | | | | | | | | | | | | | 舞剑 | ● | | | | ● | 6 | 3 | 1 | 8 | | 9 |

记录人：
- ●拍照
- ●记录　胡越
- ●标图　游亚鹏

人群号	场地类型						地面条件					场地内树木类型				活动类型						人群类型					人数
	平	坡	多树	广场	路	构筑物	硬铺地	土	砂	间草	草	名称	常绿	落叶	灌木	活动名称	单一	混合	个数	动	静	男	女	老	中	青	
备注	●		●	●			●					槐树				舞剑	●				●	4	3	7	7	7	
												冬青															

记录人：
- ●拍照 游亚鹏
- ●记录 游亚鹏
- ●标图 顾永辉

日期：10月23日　时间：8:00　地点：奥体中心　地点编号：1023-C　图纸上编号15　调研次数：第4次　气象：晴　照片号

人群号	场地类型						地面条件					场地内树木类型				活动类型						人群类型					人数
	平	坡	多树	广场	路	构筑物	硬铺地	土	砂	间草	草	名称	常绿	落叶	灌木	活动名称	单一	混合	个数	动	静	男	女	老	中	青	
	●		●	●			●							●		舞扇					●	3	7	10			10
																练剑											

记录人：
- ●拍照
- ●记录 顾永辉
- ●标图 顾永辉

日期：10月29日　时间：7:50　地点：奥体中心　地点编号：　图纸上编号15　调研次数：第5次　气象：晴　照片号

人群号	场地类型						地面条件					场地内树木类型				活动类型						人群类型					人数
	平	坡	多树	广场	路	构筑物	硬铺地	土	砂	间草	草	名称	常绿	落叶	灌木	活动名称	单一	混合	个数	动	静	男	女	老	中	青	
	●		●	●			●					槐树		●							●						
																练剑						3	4	7			7

记录人：
- ●拍照
- ●记录 顾永辉
- ●标图 顾永辉

日期：9月8日　时间：7:55　地点：奥体中心　地点编号：908-ML　图纸上编号16　调研次数：第1次　气象：晴　照片号

人群号	场地类型						地面条件					场地内树木类型				活动类型						人群类型					人数
	平	坡	多树	广场	路	构筑物	硬铺地	土	砂	间草	草	名称	常绿	落叶	灌木	活动名称	单一	混合	个数	动	静	男	女	老	中	青	
备注	●					墙	●									练剑	●				●	2	2				2

记录人：
- ●拍照
- ●记录 胡越
- ●标图 游亚鹏

日期：9月8日　时间：8:24　地点：奥体中心　地点编号：4　图纸上编号17　调研次数：第1次　气象：晴　照片号

人群号	平	坡	多树	广场	路	构筑物	硬铺地	土	砂	间草	草	名称	常绿	落叶	灌木	活动名称	单一	混合	个数	动	静	男	女	老	中	青	人数
备注	●			●										●	●	抖空竹	●				●	8	3		11		11

记录人：
- ●拍照　孟峄
- ●记录　张芳
- ●标图　张芳

日期：8月29日　时间：8:48　地点：奥体中心　地点编号：5　图纸上编号18　调研次数：第1次　气象：晴　照片号

人群号	平	坡	多树	广场	路	构筑物	硬铺地	土	砂	间草	草	名称	常绿	落叶	灌木	活动名称	单一	混合	个数	动	静	男	女	老	中	青	人数
	●		●		●		●							●		抖空竹	●					3	2	2	3		5

记录人：
- ●拍照　孟峄
- ●记录　张芳
- ●标图　张芳

日期：10月13日　时间：8:10　地点：奥体中心　地点编号：5　图纸上编号18　调研次数：第2次　气象：晴　照片号

人群号	平	坡	多树	广场	路	构筑物	硬铺地	土	砂	间草	草	名称	常绿	落叶	灌木	活动名称	单一	混合	个数	动	静	男	女	老	中	青	人数
	●		●		●		●							●		抖空竹	●					8		8			8

记录人：
- ●拍照　孟峄
- ●记录　张芳
- ●标图　张芳

日期：8月29日　时间：7:57　地点：奥体中心　地点编号：2　图纸上编号19　调研次数：第1次　气象：晴　照片号

人群号	平	坡	多树	广场	路	构筑物	硬铺地	土	砂	间草	草	名称	常绿	落叶	灌木	活动名称	单一	混合	个数	动	静	男	女	老	中	青	人数
	●			●			●									打羽毛球	●					7	3				10
																放风筝						8		5		3	8
				时间：14:02			地点编号：2																				
																溜滚轴						3	4			37（6童）	44
																休息							3				13
																喂鸽子						5	17			3童	22
				时间：19:35			地点编号：4																				
																休息						5	5	4	6		10

记录人：
- ●拍照　孟峄
- ●记录　张芳
- ●标图　张芳

日期：9月8日　　时间：8:11　　地点：奥体中心　　地点编号：3　　图纸上编号19　　调研次数：第4次　　气象：晴　　照片号

人群号	场地类型						地面条件					场地内树木类型				活动类型						人群类型					人数
	平	坡	多树	广场	路	构筑物	硬铺地	土	砂	间草	草	名称	常绿	落叶	灌木	活动名称	单一	混合	个数	动	静	男	女	老	中	青	
备注	●			●			●									放风筝	●					4		4			4

记录人：
●拍照　孟峙
●记录　张芳
●标图　张芳

日期：10月13日　　时间：7:55　　地点：奥体中心　　地点编号：3　　图纸上编号19　　调研次数：第5次　　气象：晴　　照片号

人群号	场地类型						地面条件					场地内树木类型				活动类型						人群类型					人数
	平	坡	多树	广场	路	构筑物	硬铺地	土	砂	间草	草	名称	常绿	落叶	灌木	活动名称	单一	混合	个数	动	静	男	女	老	中	青	
备注	●			●			●									打羽毛球		●				1	1		2		2
																放风筝								1	1		1
																遛鸟						1					1

记录人：
●拍照　孟峙
●记录　张芳
●标图　张芳

日期：10月23日　　时间：7:50　　地点：奥体中心　　地点编号：1　　图纸上编号20　　调研次数：第6次　　气象：晴　　照片号

人群号	场地类型						地面条件					场地内树木类型				活动类型						人群类型					人数
	平	坡	多树	广场	路	构筑物	硬铺地	土	砂	间草	草	名称	常绿	落叶	灌木	活动名称	单一	混合	个数	动	静	男	女	老	中	青	
	●			●			●									放风筝					●	7		7			7
																写字						3		3			3

记录人：
●拍照　孟峙
●记录　张芳
●标图　张芳

日期：10月29日　　时间：7:50　　地点：奥体中心　　地点编号：1　　图纸上编号20　　调研次数：第7次　　气象：晴　　照片号

人群号	场地类型						地面条件					场地内树木类型				活动类型						人群类型					人数
	平	坡	多树	广场	路	构筑物	硬铺地	土	砂	间草	草	名称	常绿	落叶	灌木	活动名称	单一	混合	个数	动	静	男	女	老	中	青	
	●			●			●									放风筝					●	6		4	2		6

记录人：
●拍照　孟峙
●记录　张芳
●标图　张芳

日期：8月29日　　时间：7:53　　地点：奥体中心　　地点编号：1　　图纸上编号20　　调研次数：第1次　　气象：阴　　照片号

人群号	场地类型						地面条件					场地内树木类型				活动类型						人群类型					人数
	平	坡	多树	广场	路	构筑物	硬铺地	土	砂	间草	草	名称	常绿	落叶	灌木	活动名称	单一	混合	个数	动	静	男	女	老	中	青	
	●			●			●								●	全民健身	●					8	6	2	12		14

时间：8:04　　地点编号：3

| | | | | | | | | | | | | | | | | 全民健身 | | | | | | 11 | 1 | 11 | | 1 | 12 |

时间：14:21　　地点编号：2

| | | | | | | | | | | | | | | | | 全民健身 | | | | | | 7 | | | 7 | | 7 |

时间：19:20　　地点编号：3

| | | | | | | | | | | | | | | | | 全民健身 | | | | | | 10 | 13 | | 2童 | | 23 |

记录人：
- ●拍照　孟峙
- ●记录　张芳
- ●标图　张芳

日期：9月8日　　时间：7:54　　地点：奥体中心　　地点编号：1　　图纸上编号20　　调研次数：第5次　　气象：晴　　照片号

人群号	场地类型						地面条件					场地内树木类型				活动类型						人群类型					人数
	平	坡	多树	广场	路	构筑物	硬铺地	土	砂	间草	草	名称	常绿	落叶	灌木	活动名称	单一	混合	个数	动	静	男	女	老	中	青	
备注	●			●			●								●	全民健身					●	31	9	22	18		40

记录人：
- ●拍照　孟峙
- ●记录　张芳
- ●标图　张芳

日期：10月13日　　时间：7:45　　地点：奥体中心　　地点编号：1　　图纸上编号20　　调研次数：第6次　　气象：晴　　照片号

人群号	场地类型						地面条件					场地内树木类型				活动类型						人群类型					人数
	平	坡	多树	广场	路	构筑物	硬铺地	土	砂	间草	草	名称	常绿	落叶	灌木	活动名称	单一	混合	个数	动	静	男	女	老	中	青	
备注	●			●			●								●	全民健身				●		15	3	4	14		18

时间：7:48　　地点编号：2　　图纸上编号20（1）

| | | | | | | | | | | | | | | | | 全民健身 | | | | | | 5 | 4 | 7 | 2 | | 9 |

记录人：
- ●拍照　孟峙
- ●记录　张芳
- ●标图　张芳

日期：10月23日　时间：7:50　地点：奥体中心　地点编号：1　图纸上编号20　调研次数：第4次　气象：晴　照片号

人群号	场地类型						地面条件					场地内树木类型				活动类型						人群类型					人数
	平	坡	多树	广场	路	构筑物	硬铺地	土	砂	间草	草	名称	常绿	落叶	灌木	活动名称	单一	混合	个数	动	静	男	女	老	中	青	
	●		●	●			●								●	全民健身					●	13	6	7	12		19

记录人：
- ●拍照　孟峙
- ●记录　张芳
- ●标图　张芳

日期：10月29日　时间：7:58　地点：奥体中心　地点编号：1　图纸上编号20　调研次数：第5次　气象：晴　照片号

人群号	场地类型						地面条件					场地内树木类型				活动类型						人群类型					人数
	平	坡	多树	广场	路	构筑物	硬铺地	土	砂	间草	草	名称	常绿	落叶	灌木	活动名称	单一	混合	个数	动	静	男	女	老	中	青	
	●		●	●			●								●	全民健身					●	14	2	3	13		16
时间：8:02　地点编号：2　图纸上编号20（1）																全民健身						7	9	4	12		16
																舞扇						13	6	7			13
																练剑						1	9	6	4		10

记录人：
- ●拍照　孟峙
- ●记录　张芳
- ●标图　张芳

日期：8月29日　时间：8:06　地点：奥体中心　地点编号：4　图纸上编号21　调研次数：第1次　气象：晴　照片号

人群号	场地类型						地面条件					场地内树木类型				活动类型						人群类型					人数
	平	坡	多树	广场	路	构筑物	硬铺地	土	砂	间草	草	名称	常绿	落叶	灌木	活动名称	单一	混合	个数	动	静	男	女	老	中	青	
	●			●	路边		●									练剑	●				●	2	34	36			36
时间：19:26　地点编号：2																						6	12		18		18

记录人：
- ●拍照　孟峙
- ●记录　张芳
- ●标图　张芳

日期：9月8日　　时间：7:58　　地点：奥体中心　　地点编号：2　　图纸上编号21　　调研次数：第2次　　气象：晴　　照片号

人群号	场地类型						地面条件					场地内树木类型				活动类型						人群类型					人数
	平	坡	多树	广场	路	构筑物	硬铺地	土	砂	间草	草	名称	常绿	落叶	灌木	活动名称	单一	混合	个数	动	静	男	女	老	中	青	
备注	●			●			●									跳舞					●	20	15	5			20
																太极拳						3	11	10	4		14
																练剑						3	15	18			18
																太极拳						5	9	14			14

记录人：
- ●拍照　孟峥
- ●记录　张芳
- ●标图　张芳

日期：10月13日　　时间：7:50　　地点：奥体中心　　地点编号：　　图纸上编号21　　调研次数：第3次　　气象：晴　　照片号

人群号	场地类型						地面条件					场地内树木类型				活动类型						人群类型					人数
	平	坡	多树	广场	路	构筑物	硬铺地	土	砂	间草	草	名称	常绿	落叶	灌木	活动名称	单一	混合	个数	动	静	男	女	老	中	青	
备注	●			●			●								●	红绸舞					●		9		9		9
																跳舞						1	10	6	5		11

记录人：
- ●拍照　孟峥
- ●记录　张芳
- ●标图　张芳

日期：10月23日　　时间：7:50　　地点：奥体中心　　地点编号：2　　图纸上编号21　　调研次数：第4次　　气象：晴　　照片号

人群号	场地类型						地面条件					场地内树木类型				活动类型						人群类型					人数
	平	坡	多树	广场	路	构筑物	硬铺地	土	砂	间草	草	名称	常绿	落叶	灌木	活动名称	单一	混合	个数	动	静	男	女	老	中	青	
	●		●	●			●							●	●	全民健身					●	6	3	2	5	2	9
																舞扇						15	5	10			15
																练剑						3		3			3
																太极拳						2	7	9			9

记录人：
- ●拍照　孟峥
- ●记录　张芳
- ●标图　张芳

日期：10月13日　　时间：7:30　　地点：奥体中心　　地点编号：1013-PA　　图纸上编号22　　调研次数：第1次　　气象：晴　　照片号

人群号	场地类型						地面条件					场地内树木类型				活动类型						人群类型					人数
	平	坡	多树	广场	路	构筑物	硬铺地	土	砂	间草	草	名称	常绿	落叶	灌木	活动名称	单一	混合	个数	动	静	男	女	老	中	青	
备注	●			●			●					银杏				练剑	●				●	2	6		8		8

记录人：
- ●拍照　游亚鹏
- ●记录　游亚鹏
- ●标图　顾永辉

人群号	场地类型						地面条件					场地内树木类型				活动类型						人群类型					人数
	平	坡	多树	广场	路	构筑物	硬铺地	土	砂	间草	草	名称	常绿	落叶	灌木	活动名称	单一	混合	个数	动	静	男	女	老	中	青	
		●		●			●							●		练剑					●	9	9				9

记录人:
- ●拍照　顾永辉
- ●记录　徐奕
- ●标图　顾永辉

人群号	场地类型						地面条件					场地内树木类型				活动类型						人群类型					人数
	平	坡	多树	广场	路	构筑物	硬铺地	土	砂	间草	草	名称	常绿	落叶	灌木	活动名称	单一	混合	个数	动	静	男	女	老	中	青	
		●		●			●							●		练剑					●		7		7	7	

	场地类型						地面条件					场地内树木类型				活动类型						人群类型					人数
时间: 7:35																图纸上编号 22											
		●		●			●							●		练剑					●	1	8	2	7		9

记录人:
- ●拍照
- ●记录　张晓奕
- ●标图　张晓奕

场地类型						地面条件					场地内树木类型				活动类型						人群类型					人数
平	坡	多树	广场	路	构筑物	硬铺地	土	砂	间草	草	名称	常绿	落叶	灌木	活动名称	单一	混合	个数	动	静	男	女	老	中	青	
●					体育场大平台										武术、锻炼		●			●	4	3			7	7

记录人:
- ●拍照　游亚鹏
- ●记录　游亚鹏
- ●标图　顾永辉

人群号	场地类型						地面条件					场地内树木类型				活动类型						人群类型					人数
	平	坡	多树	广场	路	构筑物	硬铺地	土	砂	间草	草	名称	常绿	落叶	灌木	活动名称	单一	混合	个数	动	静	男	女	老	中	青	
备注	●		●	●			●					泡桐				打羽毛球	●										8
												柳树															
												松树															

记录人:
- ●拍照　游亚鹏
- ●记录　游亚鹏
- ●标图　顾永辉

人群号	场地类型						地面条件					场地内树木类型				活动类型						人群类型					人数
	平	坡	多树	广场	路	构筑物	硬铺地	土	砂	间草	草	名称	常绿	落叶	灌木	活动名称	单一	混合	个数	动	静	男	女	老	中	青	
备注	●			●			●									跳团体操		●				4	20	10	14		24

记录人:
- ●拍照　游亚鹏
- ●记录　游亚鹏
- ●标图　顾永辉

人群号	场地类型						地面条件					场地内树木类型				活动类型						人群类型					人数
	平	坡	多树	广场	路	构筑物	硬铺地	土	砂	间草	草	名称	常绿	落叶	灌木	活动名称	单一	混合	个数	动	静	男	女	老	中	青	
备注	●						●									打篮球				●		5		2	3		5
																聊天						12	5	5		12	17

记录人:
- ●拍照　张晓奕
- ●记录　陈红梅
- ●标图　陈红梅

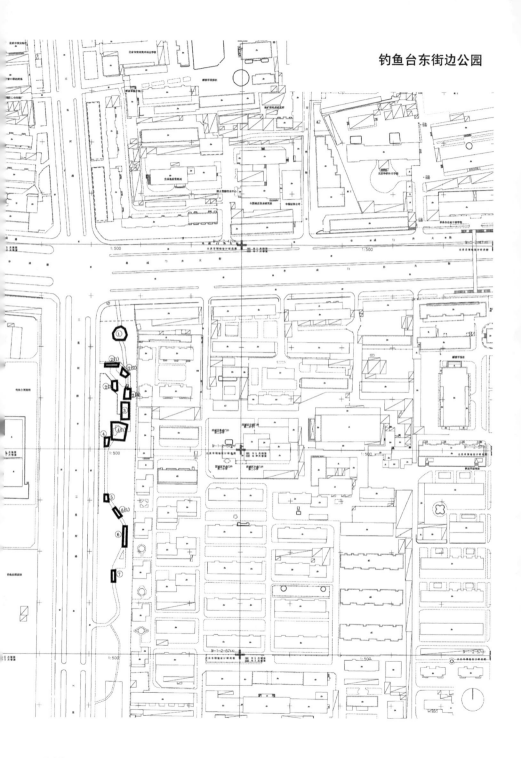

钓鱼台东街边公园

日期: 10月24日　时间: 8:20　地点: 钓鱼台东街边公园　地点编号: 1　图纸上编号1　调研次数: 第1次　气象: 晴　照片号

人群号	平	坡	多树	广场	路	构筑物	硬铺地	土	砂	间草	草	名称	常绿	落叶	灌木	活动名称	单一	混合	个数	动	静	男	女	老	中	青	人数
备注	●			●			●							●		锻炼	●			●		4			4		4

记录人:
- ●拍照
- ●记录　张晓奕
- ●标图

日期: 10月27日　时间: 7:50　地点: 钓鱼台东街边公园　地点编号: 1　图纸上编号1　调研次数: 第2次　气象: 晴　照片号

人群号	平	坡	多树	广场	路	构筑物	硬铺地	土	砂	间草	草	名称	常绿	落叶	灌木	活动名称	单一	混合	个数	动	静	男	女	老	中	青	人数
备注	●			●			●							●			●										
																气功						1			1		1

记录人:
- ●拍照　陈红梅
- ●记录　张晓奕
- ●标图

日期: 10月24日　时间: 8:20　地点: 钓鱼台东街边公园　地点编号:　图纸上编号2　调研次数: 第1次　气象: 晴　照片号

人群号	平	坡	多树	广场	路	构筑物	硬铺地	土	砂	间草	草	名称	常绿	落叶	灌木	活动名称	单一	混合	个数	动	静	男	女	老	中	青	人数
备注	●			●			●														●						
2(1)																遛鸟,锻炼						10		10			10
2(2)																遛鸟						5		5			5
2(3)																打牌						7		7			7
2(4)																打牌						16	11	5			16

记录人:
- ●拍照
- ●记录　张晓奕
- ●标图

日期: 10月27日　时间: 7:50　地点: 钓鱼台东街边公园　地点编号: 1　图纸上编号1　调研次数: 第1次　气象: 晴　照片号

人群号	平	坡	多树	广场	路	构筑物	硬铺地	土	砂	间草	草	名称	常绿	落叶	灌木	活动名称	单一	混合	个数	动	静	男	女	老	中	青	人数
备注	●			●			●							●				●									
2(1),2(2)																气功,练剑						2	1	3			3
2(3),2(4)																遛鸟						5		5			5

记录人:
- ●拍照
- ●记录　张晓奕
- ●标图

日期：10月27日　　时间：7:50　　地点：钓鱼台东街边边公园　　地点编号：1　　图纸上编号1　　调研次数：第1次　　气象：晴　　照片号

人群号	场地类型						地面条件					场地内树木类型				活动类型						人群类型					人数
	平	坡	多树	广场	路	构筑物	硬铺地	土	砂	间草	草	名称	常绿	落叶	灌木	活动名称	单一	混合	个数	动	静	男	女	老	中	青	

时间：9:30　　图纸上编号 1

人群号	平	坡	多树	广场	路	构筑物	硬铺地	土	砂	间草	草	名称	常绿	落叶	灌木	活动名称	单一	混合	个数	动	静	男	女	老	中	青	人数
												银杏															
2（3）												槐树				打牌						9		8	1		9
2（4）												油松				打牌						7		5	2		7
2（1），2（2）																休息，遛鸟						13		9	4		13

记录人：
- 拍照　陈红梅
- 记录　张晓奕
- 标图

日期：10月24日　　时间：8:20　　地点：钓鱼台东街边边公园　　地点编号：3　　图纸上编号3　　调研次数：第1次　　气象：晴　　照片号

人群号	场地类型						地面条件					场地内树木类型				活动类型						人群类型					人数
	平	坡	多树	广场	路	构筑物	硬铺地	土	砂	间草	草	名称	常绿	落叶	灌木	活动名称	单一	混合	个数	动	静	男	女	老	中	青	
备注	●				●		●														●						
																聊天						7		7			7

记录人：
- 拍照
- 记录　张晓奕
- 标图

日期：10月27日　　时间：8:20　　地点：钓鱼台东街边边公园　　地点编号：3　　图纸上编号3　　调研次数：第2次　　气象：晴　　照片号

人群号	场地类型						地面条件					场地内树木类型				活动类型						人群类型					人数
	平	坡	多树	广场	路	构筑物	硬铺地	土	砂	间草	草	名称	常绿	落叶	灌木	活动名称	单一	混合	个数	动	静	男	女	老	中	青	
备注	●				●		●														●						
																棍术						2		2			2

记录人：
- 拍照
- 记录　张晓奕
- 标图

人群号	场地类型						地面条件					场地内树木类型				活动类型						人群类型					人数
	平	坡	多树	广场	路	构筑物	硬铺地	土	砂	间草	草	名称	常绿	落叶	灌木	活动名称	单一	混合	个数	动	静	男	女	老	中	青	
备注	●				●		●														●						
																聊天						1	2	3			3

记录人:
- ●拍照
- ●记录　张晓奕
- ●标图

人群号	场地类型						地面条件					场地内树木类型				活动类型						人群类型					人数
	平	坡	多树	广场	路	构筑物	硬铺地	土	砂	间草	草	名称	常绿	落叶	灌木	活动名称	单一	混合	个数	动	静	男	女	老	中	青	
备注	●				●		●														●						
4(1)																扇子功						3	1	4			4
4																气功						1		1			1

人群号	场地类型						地面条件					场地内树木类型				活动类型						人群类型					人数
																聊天						6		6			6

记录人:
- ●拍照　陈红梅
- ●记录　张晓奕
- ●标图

人群号	场地类型						地面条件					场地内树木类型				活动类型						人群类型					人数
	平	坡	多树	广场	路	构筑物	硬铺地	土	砂	间草	草	名称	常绿	落叶	灌木	活动名称	单一	混合	个数	动	静	男	女	老	中	青	
备注	●				●		●														●						
																锻炼						2	2	4			4

记录人:
- ●拍照
- ●记录　张晓奕
- ●标图

人群号	场地类型						地面条件					场地内树木类型				活动类型						人群类型					人数
	平	坡	多树	广场	路	构筑物	硬铺地	土	砂	间草	草	名称	常绿	落叶	灌木	活动名称	单一	混合	个数	动	静	男	女	老	中	青	
备注	●				●		●														●						
6(1)																聊天						2	2	4			4
6																买卖东西						2	8	8	2		10
																聊天						2	1	3			3

记录人:
- ●拍照
- ●记录　张晓奕
- ●标图

人群号	场地类型						地面条件					场地内树木类型				活动类型						人群类型					人数
	平	坡	多树	广场	路	构筑物	硬铺地	土	砂	间草	草	名称	常绿	落叶	灌木	活动名称	单一	混合	个数	动	静	男	女	老	中	青	
备注	●				●		●					油松									●						
												银杏				买卖东西								8			8
6												臭椿															

记录人：
- ●拍照　陈红梅
- ●记录　张晓奕
- ●标图

人群号	场地类型						地面条件					场地内树木类型				活动类型						人群类型					人数
	平	坡	多树	广场	路	构筑物	硬铺地	土	砂	间草	草	名称	常绿	落叶	灌木	活动名称	单一	混合	个数	动	静	男	女	老	中	青	
备注	●				●		●														●						
																锻炼						5	1				6
																休息							2		2童		4

记录人：
- ●拍照
- ●记录　张晓奕
- ●标图

人群号	场地类型						地面条件					场地内树木类型				活动类型						人群类型					人数
	平	坡	多树	广场	路	构筑物	硬铺地	土	砂	间草	草	名称	常绿	落叶	灌木	活动名称	单一	混合	个数	动	静	男	女	老	中	青	
备注	●				●		●					油松									●						
7(2)																舞扇						4	9	8	3	2	13
7(1)																											
时间：9:05　图纸上编号　7																											
7																休息						2	4	4	1	1	6

记录人：
- ●拍照　陈红梅
- ●记录　张晓奕
- ●标图

人群号	场地类型						地面条件					场地内树木类型				活动类型						人群类型					人数
	平	坡	多树	广场	路	构筑物	硬铺地	土	砂	间草	草	名称	常绿	落叶	灌木	活动名称	单一	混合	个数	动	静	男	女	老	中	青	
备注	●			●			●														●						
																打牌						5		5			5

记录人:
- ●拍照
- ●记录　张晓奕
- ●标图

人群号	场地类型						地面条件					场地内树木类型				活动类型						人群类型					人数
	平	坡	多树	广场	路	构筑物	硬铺地	土	砂	间草	草	名称	常绿	落叶	灌木	活动名称	单一	混合	个数	动	静	男	女	老	中	青	
												油松															
备注	●			●			●														●						
																遛鸟						12		12			12
																聊天											

记录人:
- ●拍照
- ●记录　张晓奕
- ●标图

人群号	场地类型						地面条件					场地内树木类型				活动类型						人群类型					人数
	平	坡	多树	广场	路	构筑物	硬铺地	土	砂	间草	草	名称	常绿	落叶	灌木	活动名称	单一	混合	个数	动	静	男	女	老	中	青	
备注	●			●			●														●						
																遛鸟．聊天						12		12			12
																休息，锻炼						4	16	10	4	6童	20

记录人:
- ●拍照
- ●记录　张晓奕
- ●标图

人群号	场地类型						地面条件					场地内树木类型				活动类型						人群类型					人数
	平	坡	多树	广场	路	构筑物	硬铺地	土	砂	间草	草	名称	常绿	落叶	灌木	活动名称	单一	混合	个数	动	静	男	女	老	中	青	
备注	●			●			●					油松									●						
																锻炼						5	3	5	2	1	8
										时间: 9:05　图纸上编号8																	
8																						15		15			15
8(1)																休息						3	2				5

记录人:
- ●拍照　陈红梅
- ●记录　张晓奕
- ●标图

日期: 10月24日　时间: 8:20　地点: 钓鱼台东街边公园　地点编号:　图纸上编号10　调研次数: 第1次　气象: 晴　照片号

人群号	平	坡	多树	广场	路	构筑物	硬铺地	土	砂	间草	草	名称	常绿	落叶	灌木	活动名称	单一	混合	个数	动	静	男	女	老	中	青	人数
备注	●				●	●															●						
10(1)																下棋						6		5	1		6
10(2)																下棋						13		11	2		13

记录人:
● 拍照
● 记录　张晓奕
● 标图

日期: 10月27日　时间: 8:30　地点: 钓鱼台东街边公园　地点编号:　图纸上编号10　调研次数: 第2次　气象: 晴　照片号

人群号	平	坡	多树	广场	路	构筑物	硬铺地	土	砂	间草	草	名称	常绿	落叶	灌木	活动名称	单一	混合	个数	动	静	男	女	老	中	青	人数
备注	●				●	●						白皮松	●	●	●						●						
												红栌															
10(2)												月季				下棋						8		8			8
												丝木棉															
10(3)			9:05													打麻将						4		4			4
10(2)																下棋						7		7			7

记录人:
● 拍照　陈红梅
● 记录　张晓奕
● 标图

日期: 10月24日　时间: 8:25　地点: 钓鱼台东街边公园　地点编号:　图纸上编号11　调研次数: 第1次　气象: 晴　照片号

人群号	平	坡	多树	广场	路	构筑物	硬铺地	土	砂	间草	草	名称	常绿	落叶	灌木	活动名称	单一	混合	个数	动	静	男	女	老	中	青	人数
备注	●				●	●						油松									●						
												榆树				遛鸟, 聊天						14		14			14

记录人:
● 拍照
● 记录　张晓奕
● 标图

人群号	场地类型						地面条件					场地内树木类型				活动类型						人群类型					人数
	平	坡	多树	广场	路	构筑物	硬铺地	土	砂	间草	草	名称	常绿	落叶	灌木	活动名称	单一	混合	个数	动	静	男	女	老	中	青	
备注	●				●		●														●						
10（1）																下棋						4		4			4

记录人:
●拍照
●记录　张晓奕
●标图

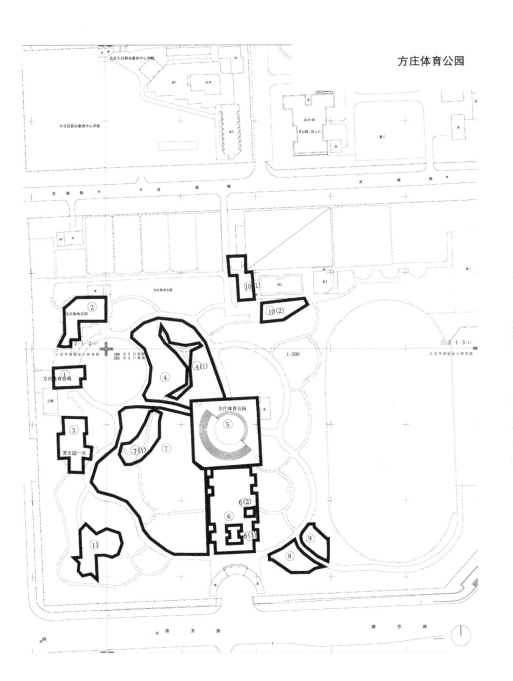

方庄体育公园

公共建筑及周边场地功能适变设计关键技术

日期: 10月15日　时间: 7:35　地点: 方庄体育公园　地点编号: 1　图纸上编号 1　调研次数: 第1次　气象: 晴　照片号

人群号	场地类型						地面条件					场地内树木类型				活动类型						人群类型					人数
	平	坡	多树	广场	路	构筑物	硬铺地	土	砂	间草	草	名称	常绿	落叶	灌木	活动名称	单一	混合	个数	动	静	男	女	老	中	青	
备注	●		●			入口	●					泡桐				太极拳	●		●		2	5	2	4	1	7
																休息						2	6	4	4		8

记录人:
- ●拍照　游亚鹏
- ●记录　游亚鹏
- ●标图　陈红梅

日期: 10月24日　时间: 7:52　地点: 方庄体育公园　地点编号: 1　图纸上编号 1　调研次数: 第2次　气象: 晴　照片号

人群号	场地类型						地面条件					场地内树木类型				活动类型						人群类型					人数
	平	坡	多树	广场	路	构筑物	硬铺地	土	砂	间草	草	名称	常绿	落叶	灌木	活动名称	单一	混合	个数	动	静	男	女	老	中	青	
备注	●		●			入口	●					泡桐				太极拳	●		●		3	14	9	8		17

记录人:
- ●拍照　游亚鹏
- ●记录　游亚鹏
- ●标图　陈红梅

日期: 10月15日　时间: 7:42　地点: 方庄体育公园　地点编号: 2　图纸上编号 2　调研次数: 第1次　气象: 晴　照片号

人群号	场地类型						地面条件					场地内树木类型				活动类型						人群类型					人数
	平	坡	多树	广场	路	构筑物	硬铺地	土	砂	间草	草	名称	常绿	落叶	灌木	活动名称	单一	混合	个数	动	静	男	女	老	中	青	
备注	●		●			入口	●					合欢		●		全民健身	●		●					20	8	28
																太极拳										

记录人:
- ●拍照　游亚鹏
- ●记录　游亚鹏
- ●标图　陈红梅

日期: 10月24日　时间: 7:53　地点: 方庄体育公园　地点编号: 2　图纸上编号 2　调研次数: 第2次　气象: 晴　照片号

人群号	场地类型						地面条件					场地内树木类型				活动类型						人群类型					人数
	平	坡	多树	广场	路	构筑物	硬铺地	土	砂	间草	草	名称	常绿	落叶	灌木	活动名称	单一	混合	个数	动	静	男	女	老	中	青	
备注	●		●			入口	●					合欢		●		全民健身		●	●			2	6	2	6		8

记录人:
- ●拍照　游亚鹏
- ●记录　游亚鹏
- ●标图　陈红梅

日期: 10月15日　时间: 7:46　地点: 方庄体育公园　地点编号: 3　图纸上编号 3　调研次数: 第1次　气象: 晴　照片号

人群号	场地类型						地面条件					场地内树木类型				活动类型						人群类型					人数
	平	坡	多树	广场	路	构筑物	硬铺地	土	砂	间草	草	名称	常绿	落叶	灌木	活动名称	单一	混合	个数	动	静	男	女	老	中	青	
备注	●		●				●					槐树		●		练剑	●				●	8	19	18	9		27
												银杏				休息											

记录人:
- ●拍照　游亚鹏
- ●记录　游亚鹏
- ●标图　陈红梅

日期：10月24日　　时间：7:47　　地点：方庄体育公园　　地点编号：3　　图纸上编号3　　调研次数：第2次　　气象：晴　　照片号

人群号	场地类型						地面条件					场地内树木类型				活动类型						人群类型					人数
	平	坡	多树	广场	路	构筑物	硬铺地	土	砂	间草	草	名称	常绿	落叶	灌木	活动名称	单一	混合	个数	动	静	男	女	老	中	青	
备注	●		●				●					槐树		●		太极拳	●				●	10	20	18	12		30
												银杏															
												枣树															

记录人：
- ●拍照　游亚鹏
- ●记录　游亚鹏
- ●标图　陈红梅

日期：10月15日　　时间：8:00　　地点：方庄体育公园　　地点编号：4（1）　　图纸上编号4（1）　　调研次数：第1次　　气象：晴　　照片号

人群号	场地类型						地面条件					场地内树木类型				活动类型						人群类型					人数
	平	坡	多树	广场	路	构筑物	硬铺地	土	砂	间草	草	名称	常绿	落叶	灌木	活动名称	单一	混合	个数	动	静	男	女	老	中	青	
备注	●		●				●					合欢		●		太极拳		●			●	3	1	2	1		4
												槐树															

记录人：
- ●拍照　游亚鹏
- ●记录　游亚鹏
- ●标图　陈红梅

日期：10月24日　　时间：7:58　　地点：方庄体育公园　　地点编号：4（1）　　图纸上编号4（1）　　调研次数：第2次　　气象：晴　　照片号

人群号	场地类型						地面条件					场地内树木类型				活动类型						人群类型					人数
	平	坡	多树	广场	路	构筑物	硬铺地	土	砂	间草	草	名称	常绿	落叶	灌木	活动名称	单一	混合	个数	动	静	男	女	老	中	青	
备注	●		●				●					合欢		●		跑步、散步		●			●	20	20	30	8	2	40
												槐树				热身锻炼											

记录人：
- ●拍照　游亚鹏
- ●记录　游亚鹏
- ●标图　陈红梅

日期：10月15日　　时间：8:05　　地点：方庄体育公园　　地点编号：5　　图纸上编号5　　调研次数：第1次　　气象：晴　　照片号

人群号	场地类型						地面条件					场地内树木类型				活动类型						人群类型					人数
	平	坡	多树	广场	路	构筑物	硬铺地	土	砂	间草	草	名称	常绿	落叶	灌木	活动名称	单一	混合	个数	动	静	男	女	老	中	青	
备注	●			●		圆形阶梯广场	●								●	休息		●			●	11	2	12	1		13
																溜滚轴							1				1
																太极拳							1				1

记录人：
- ●拍照　游亚鹏
- ●记录　游亚鹏
- ●标图　陈红梅

日期：10月24日　时间：8:05　地点：方庄体育公园　地点编号：5　图纸上编号5　调研次数：第1次　气象：晴　照片号

人群号	场地类型						地面条件					场地内树木类型				活动类型						人群类型					人数
	平	坡	多树	广场	路	构筑物	硬铺地	土	砂	间草	草	名称	常绿	落叶	灌木	活动名称	单一	混合	个数	动	静	男	女	老	中	青	
备注	●			●		圆形阶梯广场	●					槐		●		练剑		●			●	15	7	11	10	1	22
												冬青				放风筝											
																休息/读书											
																滑轮											

记录人：
- ●拍照　游亚鹏
- ●记录　游亚鹏
- ●标图　陈红梅

日期：10月15日　时间：8:10　地点：方庄体育公园　地点编号：6(1)　图纸上编号6(1)　调研次数：第1次　气象：晴　照片号

人群号	场地类型						地面条件					场地内树木类型				活动类型						人群类型					人数
	平	坡	多树	广场	路	构筑物	硬铺地	土	砂	间草	草	名称	常绿	落叶	灌木	活动名称	单一	混合	个数	动	静	男	女	老	中	青	
备注	●			●		公园入口	●							●		打腰鼓	●		●				19	2	17		19

时间：8:10　图纸上编号6(2)

																打羽毛球			●			2	1	1		2
																休息			●			12	15	14	11	2	27

记录人：
- ●拍照　游亚鹏
- ●记录　游亚鹏
- ●标图　陈红梅

日期：10月24日　时间：8:10　地点：方庄体育公园　地点编号：6　图纸上编号6　调研次数：第2次　气象：晴　照片号

人群号	场地类型						地面条件					场地内树木类型				活动类型						人群类型					人数
	平	坡	多树	广场	路	构筑物	硬铺地	土	砂	间草	草	名称	常绿	落叶	灌木	活动名称	单一	混合	个数	动	静	男	女	老	中	青	
备注	●			●		公园入口	●							●		休息	●		●			8	11	14	5		19

记录人：
- ●拍照　游亚鹏
- ●记录　游亚鹏
- ●标图　陈红梅

日期：10月15日　时间：8:15　地点：方庄体育公园　地点编号：7　图纸上编号7　调研次数：第1次　气象：晴　照片号

人群号	场地类型						地面条件					场地内树木类型				活动类型						人群类型					人数
	平	坡	多树	广场	路	构筑物	硬铺地	土	砂	间草	草	名称	常绿	落叶	灌木	活动名称	单一	混合	个数	动	静	男	女	老	中	青	
备注	●							●						●		投飞镖	●		●			8		2	6		8

记录人：
- ●拍照　游亚鹏
- ●记录　游亚鹏
- ●标图　陈红梅

人群号	场地类型						地面条件					场地内树木类型				活动类型						人群类型					人数
	平	坡	多树	广场	路	构筑物	硬铺地	土	砂	间草	草	名称	常绿	落叶	灌木	活动名称	单一	混合	个数	动	静	男	女	老	中	青	
备注	●													●		放风筝	●				●	6	3	2	7		9
																聊天											

记录人:
- ●拍照　游亚鹏
- ●记录　游亚鹏
- ●标图　陈红梅

人群号	场地类型						地面条件					场地内树木类型				活动类型						人群类型					人数
	平	坡	多树	广场	路	构筑物	硬铺地	土	砂	间草	草	名称	常绿	落叶	灌木	活动名称	单一	混合	个数	动	静	男	女	老	中	青	
备注	●		●				●							●		武术		●			●	8	2	3	4	3	10
																太极拳						1	7	1	7		8

记录人:
- ●拍照　游亚鹏
- ●记录　游亚鹏
- ●标图　陈红梅

人群号	场地类型						地面条件					场地内树木类型				活动类型						人群类型					人数
	平	坡	多树	广场	路	构筑物	硬铺地	土	砂	间草	草	名称	常绿	落叶	灌木	活动名称	单一	混合	个数	动	静	男	女	老	中	青	
备注	●		●					●						●		武术		●			●	6	1	3	3	1	7
				●				●								太极拳						7	8	4	11		15

记录人:
- ●拍照　游亚鹏
- ●记录　游亚鹏
- ●标图　陈红梅

人群号	场地类型						地面条件					场地内树木类型				活动类型						人群类型					人数
	平	坡	多树	广场	路	构筑物	硬铺地	土	砂	间草	草	名称	常绿	落叶	灌木	活动名称	单一	混合	个数	动	静	男	女	老	中	青	
备注	●		●					●				合欢		●		太极拳		●			●	5	10	7	7	1	15
																休息						3	2		5		5

记录人:
- ●拍照　游亚鹏
- ●记录　游亚鹏
- ●标图　陈红梅

日期: 10月24日　　时间: 8:15　　地点: 方庄体育公园　　地点编号: 9　　图纸上编号 9　　调研次数: 第1次　　气象: 晴　　照片号

人群号	场地类型						地面条件					场地内树木类型				活动类型					人群类型					人数
	平	坡	多树	广场	路	构筑物	硬铺地	土	砂	间草	草	名称	常绿	落叶	灌木	活动名称	单一	混合	个数	动	静	男	女	老	中	青	
备注	●		●			●						合欢		●		太极拳	●				●	5	12	7	10		17

记录人:
- ●拍照　游亚鹏
- ●记录　游亚鹏
- ●标图　陈红梅

日期: 10月24日　　时间: 8:00　　地点: 方庄体育公园　　地点编号: 10　　图纸上编号 10　　调研次数: 第1次　　气象: 晴　　照片号

人群号	场地类型						地面条件					场地内树木类型				活动类型					人群类型					人数
	平	坡	多树	广场	路	构筑物	硬铺地	土	砂	间草	草	名称	常绿	落叶	灌木	活动名称	单一	混合	个数	动	静	男	女	老	中	青	
备注	●		●			●								●			●			●							
10(1)																太极拳						2	5	2	5		7
10(2)																遛狗、聊天						8	4	3	9		12

记录人:
- ●拍照　游亚鹏
- ●记录　游亚鹏
- ●标图　陈红梅

日期: 10月24日　　时间: 7:40　　地点: 方庄体育公园　　地点编号: 11　　图纸上编号 11　　调研次数: 第1次　　气象: 晴　　照片号

人群号	场地类型						地面条件					场地内树木类型				活动类型					人群类型					人数
	平	坡	多树	广场	路	构筑物	硬铺地	土	砂	间草	草	名称	常绿	落叶	灌木	活动名称	单一	混合	个数	动	静	男	女	老	中	青	
备注	●		●			●								●			●			●							
																全民健身						6	3	6	3		9
																软式网球											
																练剑											

记录人:
- ●拍照　游亚鹏
- ●记录　游亚鹏
- ●标图　陈红梅

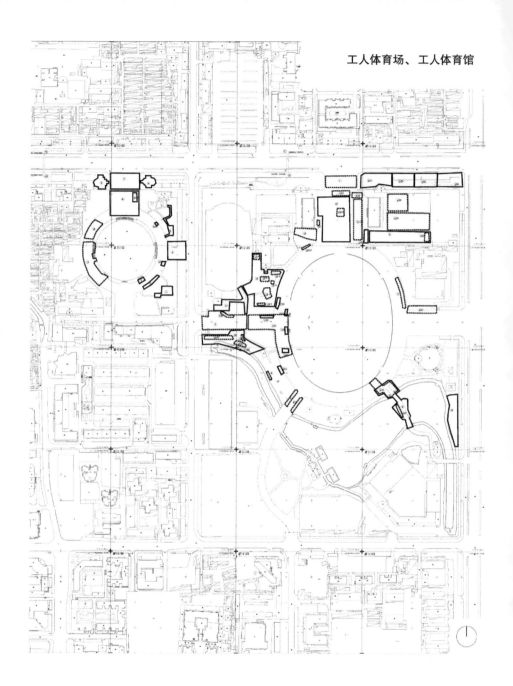

工人体育场、工人体育馆

日期: 9月18日　时间: 7:34　地点: 工人体育场　地点编号: 1　图纸上编号1　调研次数: 第1次　气象: 阴　照片号

人群号	平	坡	多树	广场	路	构筑物	硬铺地	土	砂	间草	草	名称	常绿	落叶	灌木	活动名称	单一	混合	个数	动	静	男	女	老	中	青	人数
备注	●		●				●								●	柔力球	●		●			1	13	12	2		14
																跳舞						4	35	27	12		39

记录人:
- ●拍照　游亚鹏
- ●记录　张芳
- ●标图　张芳

日期: 10月9日　时间: 7:35　地点: 工人体育场　地点编号: 1　图纸上编号1　调研次数: 第1次　气象: 晴　照片号

人群号	平	坡	多树	广场	路	构筑物	硬铺地	土	砂	间草	草	名称	常绿	落叶	灌木	活动名称	单一	混合	个数	动	静	男	女	老	中	青	人数
备注	●		●	●			●								●	跳舞	●		●			34	100	45	89		134

记录人:
- ●拍照　孟峙
- ●记录　张芳,陈红梅
- ●标图　张芳

日期: 8月18日　时间: 7:44　地点: 工人体育场　地点编号: 1　图纸上编号2(1)　调研次数: 第1次　气象: 阴　照片号

人群号	平	坡	多树	广场	路	构筑物	硬铺地	土	砂	间草	草	名称	常绿	落叶	灌木	活动名称	单一	混合	个数	动	静	男	女	老	中	青	人数
																跳舞		●									
备注	●		●				●								●	柔力球		●				2	18	16	4		20
																观众					●						8
																柔力球		●				2	2	2	2		4

记录人:
- ●拍照　陈红梅
- ●记录　张芳
- ●标图　张芳

日期: 9月18日　时间: 7:34　地点: 工人体育场　地点编号: 2　图纸上编号2(1)　调研次数: 第2次　气象: 阴　照片号

人群号	平	坡	多树	广场	路	构筑物	硬铺地	土	砂	间草	草	名称	常绿	落叶	灌木	活动名称	单一	混合	个数	动	静	男	女	老	中	青	人数
备注	●		●				●					柳树		●				●									
												银杏				甩手操					●	1	23	24			24
												槐树															
												杨树															

日期：9月18日　时间：7:34　地点：工人体育场　地点编号：2　图纸上编号2(1)　调研次数：第2次　气象：阴　照片号

分组说明：场地类型（平 坡 多树 广场 路 构筑物）｜地面条件（硬铺地 土 砂 间草 草）｜场地内树木类型（名称 常绿 落叶 灌木）｜活动类型（活动名称 单一 混合 个数 动 静）｜人群类型（男 女 老 中 青）

时间：7:34　地点编号：3　图纸上编号2(2)　调研次数：第3次　气象：晴　照片号

人群号	平	坡	多树	广场	路	构筑物	硬铺地	土	砂	间草	草	名称	常绿	落叶	灌木	活动名称	单一	混合	个数	动	静	男	女	老	中	青	人数
			●	●			●																				
																太极拳							10	10			10

时间：7:41　地点编号：3　图纸上编号2(3)　调研次数：第3次　气象：晴　照片号

人群号	平	坡	多树	广场	路	构筑物	硬铺地	土	砂	间草	草	名称	常绿	落叶	灌木	活动名称	单一	混合	个数	动	静	男	女	老	中	青	人数
			●	●			●																				
																太极拳						9	23	23	9		32

记录人：
- ●拍照　游亚鹏
- ●记录　张芳
- ●标图　张芳

日期：9月19日　时间：7:45　地点：工人体育场　地点编号：1　图纸上编号2(1)　调研次数：第2次　气象：晴　照片号

人群号	平	坡	多树	广场	路	构筑物	硬铺地	土	砂	间草	草	名称	常绿	落叶	灌木	活动名称	单一	混合	个数	动	静	男	女	老	中	青	人数
备注	●		●	●			●							●			●										
2(1)																太极拳					●	12	21	24	9		33
2(2)																易筋操					●	1	11				12
2(3)																柔力球					●	3	20	23			23
2(4)																红绸舞					●	7	59	66			66

记录人：
- ●拍照　游亚鹏
- ●记录　游亚鹏
- ●标图　游亚鹏

日期：10月9日　时间：7:45　地点：工人体育场　地点编号：1　图纸上编号2(1)　调研次数：第3次　气象：晴　照片号

人群号	平	坡	多树	广场	路	构筑物	硬铺地	土	砂	间草	草	名称	常绿	落叶	灌木	活动名称	单一	混合	个数	动	静	男	女	老	中	青	人数
备注	●		●	●			●							●			●										
2(1)																红绸舞					●		31	9	10	12	31
2(2)																柔力球					●		12	9	2	1	12
2(3)																											
2(4)																											

记录人：
- ●拍照　孟峙
- ●记录　张芳
- ●标图　张芳

日期：9月2日　　时间：10:04　　地点：工人体育场　　地点编号：1　　图纸上编号3(2)　　调研次数：第1次　　气象：阴　　照片号

人群号	平	坡	多树	广场	路	构筑物	硬铺地	土	砂	间草	草	名称	常绿	落叶	灌木	活动名称	单一	混合	个数	动	静	男	女	老	中	青	人数
备注	●			●			●									打羽毛球						5	2	7			7

记录人：
- ●拍照　孟峙
- ●记录　张芳
- ●标图　张芳

日期：9月18日　　时间：7:48　　地点：工人体育场　　地点编号：　　图纸上编号3(2)　　调研次数：第2次　　气象：晴　　照片号

人群号	平	坡	多树	广场	路	构筑物	硬铺地	土	砂	间草	草	名称	常绿	落叶	灌木	活动名称	单一	混合	个数	动	静	男	女	老	中	青	人数
备注	●			●			●									打羽毛球	●			●		1	2			3	3

时间：7:48　　图纸上编号3(3)　　调研次数：第1次

																练剑					●	3	5	3		5	8

时间：7:48　　图纸上编号3(1)　　调研次数：第1次

																休息	●					10	3	13			13

记录人：
- ●拍照　张晓奕
- ●记录　陈红梅
- ●标图　陈红梅

日期：9月19日　　时间：7:47　　地点：工人体育场　　地点编号：　　图纸上编号3(2)　　调研次数：第3次　　气象：晴　　照片号

人群号	平	坡	多树	广场	路	构筑物	硬铺地	土	砂	间草	草	名称	常绿	落叶	灌木	活动名称	单一	混合	个数	动	静	男	女	老	中	青	人数
备注	●			●		入口广场	●									打羽毛球	●			●		2	5	7			7

时间：7:47　　图纸上编号3(3)　　调研次数：第2次

																练剑					●	3	5	8			8

记录人：
- ●拍照　张晓奕
- ●记录　陈红梅
- ●标图　陈红梅

日期：8月18日　　时间：19:30　　地点：工人体育场　　地点编号：6　　图纸上编号4(1)　　调研次数：第1次　　气象：阴　　照片号

人群号	平	坡	多树	广场	路	构筑物	硬铺地	土	砂	间草	草	名称	常绿	落叶	灌木	活动名称	单一	混合	个数	动	静	男	女	老	中	青	人数
备注	●		●	●			●					松树	●	●		休息	●				●						12
												槐树															
												杨树															
												柏树															

时间：19:42　　地点编号：7　　图纸上编号4

												雪松				全民健身	●										26
												冬青				打乒乓球											5

记录人：
- ●拍照　陈红梅
- ●记录　张芳
- ●标图　张芳

日期: 8月18日　时间: 19:30　地点: 工人体育场　地点编号: 6　图纸上编号4(1)　调研次数: 第1次　气象: 阴　照片号

人群号	场地类型						地面条件					场地内树木类型				活动类型						人群类型					人数
	平	坡	多树	广场	路	构筑物	硬铺地	土	砂	间草	草	名称	常绿	落叶	灌木	活动名称	单一	混合	个数	动	静	男	女	老	中	青	

时间: 7:54　地点编号: 818-m-b　图纸上编号4

人群号	活动名称	单一	男	女	老	中	青	人数
	全民健身	●	20	22				44
4(3)	打篮球		22	4		26		26
4(2)	篮球观众		2			2		2
4(4)	打网球		6	2		8		8
	打乒乓球		4	2	2	4		6

记录人:
- ●拍照　游亚鹏
- ●记录　游亚鹏
- ●标图　游亚鹏

日期: 9月2日　时间: 7:58　地点: 工人体育场　地点编号: 2　图纸上编号4　调研次数: 第2次　气象: 阴　照片号

人群号	场地类型						地面条件					场地内树木类型				活动类型						人群类型					人数
	平	坡	多树	广场	路	构筑物	硬铺地	土	砂	间草	草	名称	常绿	落叶	灌木	活动名称	单一	混合	个数	动	静	男	女	老	中	青	
备注	●		●	●									●	●		全民健身	●				●	22	32	39	15		54

时间: 8:06　地点编号: 3　图纸上编号4

	活动名称	单一	男	女	老	中	青	人数
	全民健身	●	15	10	9	14	2	25

时间: 13:54　地点编号: 2　图纸上编号4

	活动名称	单一	男	女	老	中	青	人数
	全民健身	●			1	1		1

记录人:
- ●拍照　孟峙
- ●记录　张芳
- ●标图　张芳

日期: 9月18日　时间: 7:55　地点: 工人体育场　地点编号: 5　图纸上编号4　调研次数: 第5次　气象: 晴　照片号

人群号	场地类型						地面条件					场地内树木类型				活动类型						人群类型					人数
	平	坡	多树	广场	路	构筑物	硬铺地	土	砂	间草	草	名称	常绿	落叶	灌木	活动名称	单一	混合	个数	动	静	男	女	老	中	青	
备注	●		●	●				●					●	●		全民健身	●				●	33	21	26	24	4	54
																打乒乓球											
																锻炼											

记录人:
- ●拍照　游亚鹏
- ●记录　张芳
- ●标图　张芳

人群号	场地类型						地面条件					场地内树木类型				活动类型						人群类型					人数
	平	坡	多树	广场	路	构筑物	硬铺地	土	砂	间草	草	名称	常绿	落叶	灌木	活动名称	单一	混合	个数	动	静	男	女	老	中	青	
备注	●		●	●			●						●	●		全民健身	●			●		26	26	30	16	6	52

记录人:
- ●拍照　游亚鹏
- ●记录　张芳
- ●标图　张芳

人群号	场地类型						地面条件					场地内树木类型				活动类型						人群类型					人数
	平	坡	多树	广场	路	构筑物	硬铺地	土	砂	间草	草	名称	常绿	落叶	灌木	活动名称	单一	混合	个数	动	静	男	女	老	中	青	
备注	●		●	●			●						●	●		全民健身				●		19	18	29	6	2	37

记录人:
- ●拍照　孟峙
- ●记录　张芳
- ●标图　张芳

人群号	场地类型						地面条件					场地内树木类型				活动类型						人群类型					人数
	平	坡	多树	广场	路	构筑物	硬铺地	土	砂	间草	草	名称	常绿	落叶	灌木	活动名称	单一	混合	个数	动	静	男	女	老	中	青	
备注	●			●	●		●									练剑											15

																休息	●					4	9				13
																打羽毛球						3	1				4

记录人:
- ●拍照　游亚鹏
- ●记录　游亚鹏
- ●标图　游亚鹏

人群号	场地类型						地面条件					场地内树木类型				活动类型						人群类型					人数
	平	坡	多树	广场	路	构筑物	硬铺地	土	砂	间草	草	名称	常绿	落叶	灌木	活动名称	单一	混合	个数	动	静	男	女	老	中	青	
备注	●			●	●		●									练剑						6	9	5	10		15

记录人:
- ●拍照　孟峙
- ●记录　张芳
- ●标图　张芳

日期: 9月18日　时间: 8:00　地点: 工人体育场　地点编号: 6　图纸上编号5　调研次数: 第2次　气象: 晴　照片号

人群号	场地类型						地面条件					场地内树木类型				活动类型						人群类型					人数
	平	坡	多树	广场	路	构筑物	硬铺地	土	砂	间草	草	名称	常绿	落叶	灌木	活动名称	单一	混合	个数	动	静	男	女	老	中	青	
备注	●			●	●		●									练剑						5	8				13

时间: 8:06　地点: 工人体育场　地点编号: 7　图纸上编号5(1)　调研次数: 第3次　气象: 晴　照片号

人群号	平	坡	多树	广场	路	构筑物	硬铺地	土	砂	间草	草	名称	常绿	落叶	灌木	活动名称	单一	混合	个数	动	静	男	女	老	中	青	人数
																放风筝											
																休息						4	3	5		2	7

记录人:
●拍照　游亚鹏
●记录　张芳
●标图　张芳

日期: 9月19日　时间: 8:03　地点: 工人体育场　地点编号: 6　图纸上编号5　调研次数: 第2次　气象: 晴　照片号

人群号	场地类型						地面条件					场地内树木类型				活动类型						人群类型					人数
	平	坡	多树	广场	路	构筑物	硬铺地	土	砂	间草	草	名称	常绿	落叶	灌木	活动名称	单一	混合	个数	动	静	男	女	老	中	青	
备注	●			●	●		●									练剑						4	4	4	4		8

记录人:
●拍照　游亚鹏
●记录　张芳
●标图　张芳

日期: 10月9日　时间: 8:00　地点: 工人体育场　地点编号: 6　图纸上编号5　调研次数: 第2次　气象: 晴　照片号

人群号	场地类型						地面条件					场地内树木类型				活动类型						人群类型					人数
	平	坡	多树	广场	路	构筑物	硬铺地	土	砂	间草	草	名称	常绿	落叶	灌木	活动名称	单一	混合	个数	动	静	男	女	老	中	青	
备注	●			●	●		●								●	练剑						2	8	7	3		10

记录人:
●拍照　孟峙
●记录　张芳
●标图　张芳

日期: 8月18日　时间: 8:25　地点: 工人体育场　地点编号: 818-m-e　图纸上编号6　调研次数: 第1次　气象: 阴　照片号

人群号	场地类型						地面条件					场地内树木类型				活动类型						人群类型					人数
	平	坡	多树	广场	路	构筑物	硬铺地	土	砂	间草	草	名称	常绿	落叶	灌木	活动名称	单一	混合	个数	动	静	男	女	老	中	青	
备注	●					桥边			●						●	原地运动		●				2	4	3	3		6
																原地运动											17

时间: 19:20　地点编号: 818-e-c　图纸上编号6

人群号	平	坡	多树	广场	路	构筑物	硬铺地	土	砂	间草	草	名称	常绿	落叶	灌木	活动名称	单一	混合	个数	动	静	男	女	老	中	青	人数
						桥边										休息	●				●	6	6		12		12
																压腿						1	1		2		2
																钓鱼						2		1	1		2

记录人:
●拍照　游亚鹏
●记录　游亚鹏
●标图　游亚鹏

人群号	场地类型						地面条件					场地内树木类型				活动类型						人群类型					人数
	平	坡	多树	广场	路	构筑物	硬铺地	土	砂	间草	草	名称	常绿	落叶	灌木	活动名称	单一	混合	个数	动	静	男	女	老	中	青	
备注	●					桥边	●							●		舞蹈		●		●		21	8	29			29
																羽毛球						4				4	4
																休息						6		6			6
																锻炼						11	8				19

人群号	平	坡	多树	广场	路	构筑物	硬铺地	土	砂	间草	草	名称	常绿	落叶	灌木	活动名称	单一	混合	个数	动	静	男	女	老	中	青	人数
						桥边								●		休息	●				●	5	3	5		3（1童）	8

人群号	平	坡	多树	广场	路	构筑物	硬铺地	土	砂	间草	草	名称	常绿	落叶	灌木	活动名称	单一	混合	个数	动	静	男	女	老	中	青	人数
						桥边								●		钓鱼					●	1	1				1

人群号	平	坡	多树	广场	路	构筑物	硬铺地	土	砂	间草	草	名称	常绿	落叶	灌木	活动名称	单一	混合	个数	动	静	男	女	老	中	青	人数
																跳绳				●		1				1	1

记录人：
- ●拍照　孟峥
- ●记录　张芳
- ●标图　张芳

人群号	场地类型						地面条件					场地内树木类型				活动类型						人群类型					人数
	平	坡	多树	广场	路	构筑物	硬铺地	土	砂	间草	草	名称	常绿	落叶	灌木	活动名称	单一	混合	个数	动	静	男	女	老	中	青	
备注	●					桥边	●							●		聊天		●				16	8	14	9	1	24
																锻炼											

记录人：
- ●拍照　游亚鹏
- ●记录　张芳
- ●标图　张芳

人群号	场地类型						地面条件					场地内树木类型				活动类型						人群类型					人数
	平	坡	多树	广场	路	构筑物	硬铺地	土	砂	间草	草	名称	常绿	落叶	灌木	活动名称	单一	混合	个数	动	静	男	女	老	中	青	
备注	●					桥边	●							●		吊树		●					4	2	2		4
																锻炼						31	4				35
																太极拳											
																休息											

记录人：
- ●拍照　游亚鹏
- ●记录　张芳
- ●标图　张芳

日期: 10月9日　时间: 8:06　地点: 工人体育场　地点编号: 5　图纸上编号6　调研次数: 第4次　气象: 晴　照片号

人群号	平	坡	多树	广场	路	构筑物	硬铺地	土	砂	间草	草	名称	常绿	落叶	灌木	活动名称	单一	混合	个数	动	静	男	女	老	中	青	人数
备注	●					桥边		●						●		休息		●			●	3		3			3
																聊天		●			●	2		2			2
																做操		●			●	1	2	3			3

记录人:
- ●拍照　孟峙
- ●记录　张芳
- ●标图　张芳

日期: 8月18日　时间: 9:35　地点: 工人体育场　地点编号: 818-m-h　图纸上编号7　调研次数: 第3次　气象: 晴　照片号

人群号	平	坡	多树	广场	路	构筑物	硬铺地	土	砂	间草	草	名称	常绿	落叶	灌木	活动名称	单一	混合	个数	动	静	男	女	老	中	青	人数
备注	●			●	●	公园门口	●							●				●			●						
																原地运动											10

时间: 19:06　地点: 工人体育场　地点编号: 818-e-a　图纸上编号7(7)

人群号	平	坡	多树	广场	路	构筑物	硬铺地	土	砂	间草	草	名称	常绿	落叶	灌木	活动名称	单一	混合	个数	动	静	男	女	老	中	青	人数
																踢毽子		●		●		2	2	1	2	1	4
																羽毛球				●		3	5	4	3	1	8
																滑轮				●				1		1	1
																运小孩				●		2	5	2	2	3	7

记录人:
- ●拍照　游亚鹏
- ●记录　游亚鹏
- ●标图　游亚鹏

日期: 8月18日　时间: 13:57　地点: 工人体育场　地点编号: 场1　图纸上编号7(6)　调研次数: 第1次　气象: 阴　照片号

人群号	平	坡	多树	广场	路	构筑物	硬铺地	土	砂	间草	草	名称	常绿	落叶	灌木	活动名称	单一	混合	个数	动	静	男	女	老	中	青	人数
备注	●			●	●		●							●		休息		●			●						8
																打牌					●						4(2观)
																气功					●						1

时间: 19:08　地点: 工人体育场　地点编号: 场1　图纸上编号7(3)

人群号	平	坡	多树	广场	路	构筑物	硬铺地	土	砂	间草	草	名称	常绿	落叶	灌木	活动名称	单一	混合	个数	动	静	男	女	老	中	青	人数
																休息		●			●						3
																滑轮				●							1
																打羽毛球				●							2

日期: 8月18日　时间: 13:57　地点: 工人体育场　地点编号: 场1　图纸上编号7(6)　调研次数: 第1次　气象: 阴　照片号

人群号	场地类型						地面条件					场地内树木类型				活动类型						人群类型					人数
	平	坡	多树	广场	路	构筑物	硬铺地	土	砂	间草	草	名称	常绿	落叶	灌木	活动名称	单一	混合	个数	动	静	男	女	老	中	青	

时间: 19:10　地点: 工人体育场　地点编号: 场2　图纸上编号7(4)

人群号	平	坡	多树	广场	路	构筑物	硬铺地	土	砂	间草	草	名称	常绿	落叶	灌木	活动名称	单一	混合	个数	动	静	男	女	老	中	青	人数
																打羽毛球		●	●			1	1		2		2

时间: 19:12　地点: 工人体育场　地点编号: 场3　图纸上编号7(1)

人群号	平	坡	多树	广场	路	构筑物	硬铺地	土	砂	间草	草	名称	常绿	落叶	灌木	活动名称	单一	混合	个数	动	静	男	女	老	中	青	人数
						体育馆边										休息					●	6	12		18		18(6童)

时间: 19:16　地点: 工人体育场　地点编号: 场4　图纸上编号7(2)

人群号	平	坡	多树	广场	路	构筑物	硬铺地	土	砂	间草	草	名称	常绿	落叶	灌木	活动名称	单一	混合	个数	动	静	男	女	老	中	青	人数
						体育馆边										休息					●	8	2	8	2		10(1童)
																打羽毛球											2

时间: 9:40　地点: 工人体育场　地点编号: 8　图纸上编号7(3)

人群号	平	坡	多树	广场	路	构筑物	硬铺地	土	砂	间草	草	名称	常绿	落叶	灌木	活动名称	单一	混合	个数	动	静	男	女	老	中	青	人数
																遛小孩	●		●								3(3童)

时间: 9:45　地点: 工人体育场　地点编号: 9　图纸上编号7(1)

人群号	平	坡	多树	广场	路	构筑物	硬铺地	土	砂	间草	草	名称	常绿	落叶	灌木	活动名称	单一	混合	个数	动	静	男	女	老	中	青	人数
																遛小孩	●				●	3	2	3	2		5

时间: 9:55　地点: 工人体育场　地点编号: 10　图纸上编号7(2)

人群号	平	坡	多树	广场	路	构筑物	硬铺地	土	砂	间草	草	名称	常绿	落叶	灌木	活动名称	单一	混合	个数	动	静	男	女	老	中	青	人数
						体育馆边										聊天					●						9

记录人:
- 拍照　陈红梅
- 记录　张芳
- 标图　张芳

日期: 9月18日　时间: 8:15　地点: 工人体育场　地点编号:　图纸上编号7(5)　调研次数: 第1次　气象: 阴　照片号

人群号	场地类型						地面条件					场地内树木类型				活动类型						人群类型					人数
	平	坡	多树	广场	路	构筑物	硬铺地	土	砂	间草	草	名称	常绿	落叶	灌木	活动名称	单一	混合	个数	动	静	男	女	老	中	青	
备注	●			●	●	公园门口	●				●					遛鸟	●				●	9		9			9

记录人:
- 拍照　张晓奕
- 记录　陈红梅
- 标图　陈红梅

日期：9月19日　时间：8:10　地点：工人体育场　地点编号：　图纸上编号7(5)　调研次数：第2次　气象：阴　照片号

人群号	平	坡	多树	广场	路	构筑物	硬铺地	土	砂	间草	草	名称	常绿	落叶	灌木	活动名称	单一	混合	个数	动	静	男	女	老	中	青	人数
备注	●			●	●	公园门口	●							●		遛鸟	●				●	8		6	2		8

记录人：
- ●拍照　张晓奕
- ●记录　陈红梅
- ●标图　陈红梅

日期：10月9日　时间：7:50　地点：工人体育场　地点编号：　图纸上编号7　调研次数：第3次　气象：晴　照片号

人群号	平	坡	多树	广场	路	构筑物	硬铺地	土	砂	间草	草	名称	常绿	落叶	灌木	活动名称	单一	混合	个数	动	静	男	女	老	中	青	人数
备注	●			●	●	公园门口	●							●			●				●						
7(5)																遛鸟						5		5			5
7(4)																打羽毛球						2			2		2

记录人：
- ●拍照　张晓奕
- ●记录　陈红梅
- ●标图　陈红梅

日期：8月18日　时间：8:25　地点：工人体育场　地点编号：4　图纸上编号8(1)　调研次数：第1次　气象：晴　照片号

人群号	平	坡	多树	广场	路	构筑物	硬铺地	土	砂	间草	草	名称	常绿	落叶	灌木	活动名称	单一	混合	个数	动	静	男	女	老	中	青	人数
备注	●			●	●		●							●		打羽毛球	●				●	2			2		2

时间：8:37　地点：工人体育场　地点编号：5　图纸上编号8　调研次数：第1次　气象：晴　照片号

人群号	平	坡	多树	广场	路	构筑物	硬铺地	土	砂	间草	草	名称	常绿	落叶	灌木	活动名称	单一	混合	个数	动	静	男	女	老	中	青	人数
												杨树				打拳	●				●	8		7	1		8
												柏树				太极拳					●			7			7

时间：8:40　地点：工人体育场　地点编号：7　图纸上编号8(1)　调研次数：第2次　气象：晴　照片号

人群号	平	坡	多树	广场	路	构筑物	硬铺地	土	砂	间草	草	名称	常绿	落叶	灌木	活动名称	单一	混合	个数	动	静	男	女	老	中	青	人数
																遛鸟	●				●	18					18

记录人：
- ●拍照　陈红梅
- ●记录　张芳
- ●标图　张芳

时间：8:35　地点：工人体育场　地点编号：818-m-f　图纸上编号　调研次数：第2次　气象：晴　照片号

人群号	平	坡	多树	广场	路	构筑物	硬铺地	土	砂	间草	草	名称	常绿	落叶	灌木	活动名称	单一	混合	个数	动	静	男	女	老	中	青	人数
																遛鸟	●				●						18
																太极拳											1
																二胡						2		2	2		4

时间：19:15　地点：工人体育场　地点编号：818-e-b　图纸上编号8　调研次数：第2次　气象：晴　照片号

人群号	平	坡	多树	广场	路	构筑物	硬铺地	土	砂	间草	草	名称	常绿	落叶	灌木	活动名称	单一	混合	个数	动	静	男	女	老	中	青	人数
																打羽毛球	●				●	2		1	1		2

记录人：
- ●拍照　游亚鹏
- ●记录　游亚鹏
- ●标图　游亚鹏

日期: 9月2日　時間: 8:22　地点: 工人体育场　地点编号: 5　图纸上编号8(1)　调研次数: 第3次　气象: 晴　照片号

人群号	场地类型						地面条件					场地内树木类型				活动类型						人群类型					人数
	平	坡	多树	广场	路	构筑物	硬铺地	土	砂	间草	草	名称	常绿	落叶	灌木	活动名称	单一	混合	个数	动	静	男	女	老	中	青	
备注	●			●	●		●							●		打羽毛球	●		●			1	1		2		2
																遛鸟					●	10		10			10

记录人:
- ●拍照　孟峥
- ●记录　张芳
- ●标图　张芳

日期: 10月9日　時間: 8:00　地点: 工人体育场　地点编号:　图纸上编号8　调研次数: 第4次　气象: 晴　照片号

人群号	场地类型						地面条件					场地内树木类型				活动类型						人群类型					人数
	平	坡	多树	广场	路	构筑物	硬铺地	土	砂	间草	草	名称	常绿	落叶	灌木	活动名称	单一	混合	个数	动	静	男	女	老	中	青	
备注	●			●	●		●							●		锻炼	●		●			1		1			1

记录人:
- ●拍照　陈红梅
- ●记录　张晓奕
- ●标图　张晓奕

日期: 8月18日　時間: 14:01　地点: 工人体育场　地点编号: 场(2)　图纸上编号9(1)　调研次数: 第1次　气象: 阴　照片号

人群号	场地类型						地面条件					场地内树木类型				活动类型						人群类型					人数
	平	坡	多树	广场	路	构筑物	硬铺地	土	砂	间草	草	名称	常绿	落叶	灌木	活动名称	单一	混合	个数	动	静	男	女	老	中	青	
备注	●			●			●							●		放风筝	●				●						1

時間: 8:37　地点: 工人体育场　地点编号: 6　图纸上编号9

人群号	场地类型						地面条件					场地内树木类型				活动类型						人群类型					人数
	平	坡	多树	广场	路	构筑物	硬铺地	土	砂	间草	草	名称	常绿	落叶	灌木	活动名称	单一	混合	个数	动	静	男	女	老	中	青	
						河边						柏树		●		唱戏											4(3观)

记录人:
- ●拍照　陈红梅
- ●记录　张芳
- ●标图　张芳

日期: 9月19日　時間: 8:26　地点: 工人体育场　地点编号: 9　图纸上编号9　调研次数: 第2次　气象: 晴　照片号

人群号	场地类型						地面条件					场地内树木类型				活动类型						人群类型					人数
	平	坡	多树	广场	路	构筑物	硬铺地	土	砂	间草	草	名称	常绿	落叶	灌木	活动名称	单一	混合	个数	动	静	男	女	老	中	青	
备注	●			●			●							●		锻炼	●				●	3				3	3

记录人:
- ●拍照　游亚鹏
- ●记录　张芳
- ●标图　张芳

日期：10月9日　时间：7:50　地点：工人体育场　地点编号：9　图纸上编号9　调研次数：第3次　气象：晴　照片号

人群号	平	坡	多树	广场	路	构筑物	硬铺地	土	砂	间草	草	名称	常绿	落叶	灌木	活动名称	单一	混合	个数	动	静	男	女	老	中	青	人数
备注	●			●				●							●	唱戏	●				●			1		1	1

记录人：
- ●拍照　陈红梅
- ●记录　张晓奕
- ●标图　张晓奕

日期：9月18日　时间：8:20　地点：工人体育场　地点编号：3　图纸上编号10　调研次数：第1次　气象：阴　照片号

人群号	平	坡	多树	广场	路	构筑物	硬铺地	土	砂	间草	草	名称	常绿	落叶	灌木	活动名称	单一	混合	个数	动	静	男	女	老	中	青	人数
备注	●		●	●				●						●		太极拳	●				●	5	7	10	1	1	12
																练剑					●						

记录人：
- ●拍照　张晓奕
- ●记录　陈红梅
- ●标图　陈红梅

日期：9月19日　时间：8:11　地点：工体体育场　地点编号：3　图纸上编号10　调研次数：第2次　气象：晴　照片号

人群号	平	坡	多树	广场	路	构筑物	硬铺地	土	砂	间草	草	名称	常绿	落叶	灌木	活动名称	单一	混合	个数	动	静	男	女	老	中	青	人数
备注	●		●	●				●										●									
10（2）																练剑				●		7	7	14			14
																舞扇											
																武术				●							
																聊天					●						
10（3）																气功					●	5		5			5

记录人：
- ●拍照　张晓奕
- ●记录　陈红梅
- ●标图　陈红梅

时间：8:28　地点编号：8　图纸上编号10

人群号	平	坡	多树	广场	路	构筑物	硬铺地	土	砂	间草	草	名称	常绿	落叶	灌木	活动名称	单一	混合	个数	动	静	男	女	老	中	青	人数
备注	●		●	●				●							●	舞扇		●		●		8	4	12			12
																太极拳					●						
																锻炼					●						

记录人：
- ●拍照　游亚鹏
- ●记录　张芳
- ●标图　张芳

日期: 10月9日　　时间: 7:50　　地点: 工人体育场　　地点编号: 3　　图纸上编号10　　调研次数: 第3次　　气象: 晴　　照片号

人群号	场地类型						地面条件					场地内树木类型				活动类型						人群类型					人数
	平	坡	多树	广场	路	构筑物	硬铺地	土	砂	间草	草	名称	常绿	落叶	灌木	活动名称	单一	混合	个数	动	静	男	女	老	中	青	
备注	●		●	●			●						●				●				●						
10（2）																锻炼						2	6	8			8
10（3）																太极拳						4	2	6			6

记录人:
- ●拍照　陈红梅
- ●记录　张晓奕
- ●标图　张晓奕

日期: 10月9日　　时间: 8:16　　地点: 工人体育场　　地点编号: 6　　图纸上编号10　　调研次数: 第3次　　气象: 晴　　照片号

人群号	场地类型						地面条件					场地内树木类型				活动类型						人群类型					人数
	平	坡	多树	广场	路	构筑物	硬铺地	土	砂	间草	草	名称	常绿	落叶	灌木	活动名称	单一	混合	个数	动	静	男	女	老	中	青	
备注	●		●	●			●						●			练剑		●			●	4	4	8			8
																做操					●		1		1		1
																练剑					●	5	2	7			7

记录人:
- ●拍照　孟峙
- ●记录　张芳
- ●标图　张芳

日期: 8月18日　　时间: 8:40　　地点: 工人体育场　　地点编号:　　图纸上编号11　　调研次数: 第1次　　气象: 阴　　照片号

人群号	场地类型						地面条件					场地内树木类型				活动类型						人群类型					人数
	平	坡	多树	广场	路	构筑物	硬铺地	土	砂	间草	草	名称	常绿	落叶	灌木	活动名称	单一	混合	个数	动	静	男	女	老	中	青	
备注	●		●	●			●						●	●		原地运动	●				●	4	7	8	3		11
																打羽毛球											3

记录人:
- ●拍照　游亚鹏
- ●记录　游亚鹏
- ●标图　游亚鹏

日期: 9月18日　　时间: 7:48　　地点: 工人体育场　　地点编号:　　图纸上编号11　　调研次数: 第1次　　气象: 晴　　照片号

人群号	场地类型						地面条件					场地内树木类型				活动类型						人群类型					人数
	平	坡	多树	广场	路	构筑物	硬铺地	土	砂	间草	草	名称	常绿	落叶	灌木	活动名称	单一	混合	个数	动	静	男	女	老	中	青	
备注	●		●	●			图纸上编号					调研次数	●			太极气功	●										23
												柳树															
												槐树															
												油树															
												侧柏															
												雪松															
												银杏															

记录人:
- ●拍照　张晓奕
- ●记录　陈红梅
- ●标图　陈红梅

日期: 9月19日　　时间: 7:48　　地点: 工人体育场　　地点编号:　　图纸上编号11　　调研次数: 第1次　　气象: 晴　　照片号

人群号	场地类型						地面条件					场地内树木类型				活动类型						人群类型					人数
	平	坡	多树	广场	路	构筑物	硬铺地	土	砂	间草	草	名称	常绿	落叶	灌木	活动名称	单一	混合	个数	动	静	男	女	老	中	青	
备注	●		●	●				●				桃树	●	●		太极气功	●				●	7	13	20			20
												柳树															
												槐树															
												油松															
												侧柏															
												雪松															
												云杉															
												银杏															

记录人:
- ●拍照　张晓奕
- ●记录　陈红梅
- ●标图　陈红梅

日期: 8月18日　　时间: 8:20　　地点: 工人体育场　　地点编号: 3　　图纸上编号12　　调研次数: 第1次　　气象: 晴　　照片号

人群号	场地类型						地面条件					场地内树木类型				活动类型						人群类型					人数
	平	坡	多树	广场	路	构筑物	硬铺地	土	砂	间草	草	名称	常绿	落叶	灌木	活动名称	单一	混合	个数	动	静	男	女	老	中	青	
备注	●			●		亭子	●					白皮松		●		练剑	●		●								4
												柏树				舞蹈			●								
12-1												油松				休憩											4
12-5												雪松				气功					●						3
												杨树															

记录人:
- ●拍照　陈红梅
- ●记录　张芳
- ●标图　张芳

时间: 9:46

人群号	场地类型						地面条件					场地内树木类型				活动类型						人群类型					人数
												柏树				踢毽子	●		●								2
																打羽毛球		●									2
																休息					●						88

记录人:
- ●拍照　陈红梅
- ●记录　张芳
- ●标图　张芳

人群号	场地类型						地面条件					场地内树木类型				活动类型						人群类型					人数
	平	坡	多树	广场	路	构筑物	硬铺地	土	砂	间草	草	名称	常绿	落叶	灌木	活动名称	单一	混合	个数	动	静	男	女	老	中	青	
备注	●			●		亭子	●					白皮松	●														
12(4)												柏树				太极拳		●			●	1	3	4			4
12(2)												油松				练剑					●	3	1				4
12(3)												雪松				舞扇			●			1	4	5			5
12(1)																休息					●	2	1		1		2
												杨树															
												臭椿															

记录人:
●拍照　张晓奕
●记录　陈红梅
●标图　陈红梅

人群号	平	坡	多树	广场	路	构筑物	硬铺地	土	砂	间草	草	名称	常绿	落叶	灌木	活动名称	单一	混合	个数	动	静	男	女	老	中	青	人数
													●			练剑	●			●							4
																舞蹈				●							
12-1																休憩					●						4
12-5																气功					●						3

记录人:
●拍照　陈红梅
●记录　张芳
●标图　张芳

人群号	场地类型						地面条件					场地内树木类型				活动类型						人群类型					人数
	平	坡	多树	广场	路	构筑物	硬铺地	土	砂	间草	草	名称	常绿	落叶	灌木	活动名称	单一	混合	个数	动	静	男	女	老	中	青	
备注	●			●		亭子	●					白皮松	●														
12(3)												柏树				舞扇		●			●	4	5	9			9
12(4)												油松				气功					●	1	4	5			5
12(2)												雪松				练剑			●			5	7	12			12
12(1)																休息					●	1	1	1	1		2
												杨树															
												臭椿															

记录人:
●拍照　张晓奕
●记录　陈红梅
●标图　陈红梅

人群号	平	坡	多树	广场	路	构筑物	硬铺地	土	砂	间草	草	名称	常绿	落叶	灌木	活动名称	单一	混合	个数	动	静	男	女	老	中	青	人数
备注	●			●		亭子	●					白皮松	●														
12(4)												柏树				武术		●			●	1	1	2			2
12(5)												油松				甩手					●		2	2			2
12(6)												雪松				锻炼					●	4	2	6			6
12(1)																聊天					●	2	7	9			9
12(3)												杨树				做操					●	1		1			1
												臭椿															

记录人:
- ●拍照　张晓奕
- ●记录　陈红梅
- ●标图　陈红梅

人群号	平	坡	多树	广场	路	构筑物	硬铺地	土	砂	间草	草	名称	常绿	落叶	灌木	活动名称	单一	混合	个数	动	静	男	女	老	中	青	人数
备注	●		●	●			●								●	柔力球		●				●	●	●	●	●	13
																练字											

照片号

时间: 9:03

																活动名称											人数
																柔力球											8 (2观)
																遛小孩											5 (2童)
																做操											1

记录人:
- ●拍照　陈红梅
- ●记录　张芳
- ●标图　张芳

人群号	平	坡	多树	广场	路	构筑物	硬铺地	图纸上编号	名称	常绿	落叶	灌木	活动名称	单一	混合	个数	动	男	女	老	中	青	人数
备注	●		●	●			●					●	练字						1		1		1

记录人:
- ●拍照　张晓奕
- ●记录　陈红梅
- ●标图　陈红梅

日期：9月19日　　时间：7:47　　地点：工人体育场　　地址编号：　　图纸上编号13　　调研次数：第2次　　气象：晴　　照片号

人群号	场地类型						地面条件					场地内树木类型				活动类型						人群类型					人数
	平	坡	多树	广场	路	构筑物	硬铺地	土	砂	间草	草	名称	常绿	落叶	灌木	活动名称	单一	混合	个数	动	静	男	女	老	中	青	
备注	●		●	●			●							●		柔力球						2	6	8			8

记录人：
- ●拍照　张晓奕
- ●记录　陈红梅
- ●标图　陈红梅

日期：10月9日　　时间：8:15　　地点：工人体育场　　地点编号：　　图纸上编号13　　调研次数：第3次　　气象：晴　　照片号

人群号	场地类型						地面条件					场地内树木类型				活动类型						人群类型					人数
	平	坡	多树	广场	路	构筑物	硬铺地	土	砂	间草	草	名称	常绿	落叶	灌木	活动名称	单一	混合	个数	动	静	男	女	老	中	青	
备注	●		●	●			●							●		锻炼						1	2				3

记录人：
- ●拍照　张晓奕
- ●记录　陈红梅
- ●标图　陈红梅

日期：9月18日　　时间：7:48　　地点：工人体育场　　地点编号：　　图纸上编号14　　调研次数：第1次　　气象：晴　　照片号

人群号	场地类型						地面条件					场地内树木类型				活动类型						人群类型					人数
	平	坡	多树	广场	路	构筑物	硬铺地	土	砂	间草	草	名称	常绿	落叶	灌木	活动名称	单一	混合	个数	动	静	男	女	老	中	青	
备注	●			●			●							●		柔力球	●				●	2	8		10		10

记录人：
- ●拍照　张晓奕
- ●记录　陈红梅
- ●标图　陈红梅

日期：10月9日　　时间：8:15　　地点：工人体育场　　地点编号：　　图纸上编号14　　调研次数：第2次　　气象：晴　　照片号

人群号	场地类型						地面条件					场地内树木类型				活动类型						人群类型					人数
	平	坡	多树	广场	路	构筑物	硬铺地	土	砂	间草	草	名称	常绿	落叶	灌木	活动名称	单一	混合	个数	动	静	男	女	老	中	青	
备注	●			●			●							●		柔力球	●				●	6	6		12		12

记录人：
- ●拍照　张晓奕
- ●记录　陈红梅
- ●标图　陈红梅

人群号	平	坡	多树	广场	路	构筑物	硬铺地	土	砂	间草	草	名称	常绿	落叶	灌木	活动名称	单一	混合	个数	动	静	男	女	老	中	青	人数
备注	●		●				●									放风筝		●		●		3		3			3
																踢足球											26
																打篮球											3

人群号	平	坡	多树	广场	路	构筑物	硬铺地	土	砂	间草	草	名称	常绿	落叶	灌木	活动名称	单一	混合	个数	动	静	男	女	老	中	青	人数
			雕塑旁													休息											15
																打牌											4

人群号	平	坡	多树	广场	路	构筑物	硬铺地	土	砂	间草	草	名称	常绿	落叶	灌木	活动名称	单一	混合	个数	动	静	男	女	老	中	青	人数
	●		●													放风筝				8		8					8

人群号	平	坡	多树	广场	路	构筑物	硬铺地	土	砂	间草	草	名称	常绿	落叶	灌木	活动名称	单一	混合	个数	动	静	男	女	老	中	青	人数
																放风筝				●		●					10
																打羽毛球											6
																练剑											8
																踢足球											8
																抖空竹											1
																放风筝											1
																放风筝											1
																放风筝											1

记录人:
- ●拍照　陈红梅
- ●记录　张芳
- ●标图　张芳

人群号	平	坡	多树	广场	路	构筑物	硬铺地	土	砂	间草	草	名称	常绿	落叶	灌木	活动名称	单一	混合	个数	动	静	男	女	老	中	青	人数
备注	●		●				●									放风筝		●		●		10		10			10
																打羽毛球			●			6	3	7	2		9
																练剑					●	2	4	6			6

人群号	平	坡	多树	广场	路	构筑物	硬铺地	土	砂	间草	草	名称	常绿	落叶	灌木	活动名称	单一	混合	个数	动	静	男	女	老	中	青	人数
																休息						7	1	5		3 (1童)	8
																放风筝						4		4			4

记录人:
- ●拍照　孟峙
- ●记录　张芳
- ●标图　张芳

日期: 9 月 18 日　　时间: 7:48　　地点: 工人体育场　　地点编号: 1　　图纸上编号 15　　调研次数: 第 3 次　　气象: 阴　　照片号

人群号	场地类型						地面条件					场地内树木类型				活动类型						人群类型					人数
	平	坡	多树	广场	路	构筑物	硬铺地	土	砂	间草	草	名称	常绿	落叶	灌木	活动名称	单一	混合	个数	动	静	男	女	老	中	青	
备注	●			●			●									放风筝		●			●	6	2	6	2		8

记录人:
- ●拍照　张晓奕
- ●记录　陈红梅
- ●标图　陈红梅

日期: 10 月 9 日　　时间: 7:52　　地点: 工人体育场　　地点编号: 2　　图纸上编号 15　　调研次数: 第 4 次　　气象: 晴　　照片号

人群号	场地类型						地面条件					场地内树木类型				活动类型						人群类型					人数
	平	坡	多树	广场	路	构筑物	硬铺地	土	砂	间草	草	名称	常绿	落叶	灌木	活动名称	单一	混合	个数	动	静	男	女	老	中	青	
备注	●			●			●									放风筝		●			●	6		6			6
																打羽毛球				●		4	3	7			7
																练剑					●	2	2	4			4
																太极柔力					●	3	6	9			9

记录人:
- ●拍照　游亚鹏
- ●记录　游亚鹏
- ●标图　游亚鹏

日期: 9 月 18 日　　时间: 7:55　　地点: 工人体育场　　地点编号: 9　　图纸上编号 16　　调研次数: 第 1 次　　气象: 阴　　照片号

人群号	场地类型						地面条件					场地内树木类型				活动类型						人群类型					人数
	平	坡	多树	广场	路	构筑物	硬铺地	土	砂	间草	草	名称	常绿	落叶	灌木	活动名称	单一	混合	个数	动	静	男	女	老	中	青	
备注			●	●			●									聊天	●				●	16	8	14	9	1	24
																太极拳											
																唱戏											

记录人:
- ●拍照　游亚鹏
- ●记录　张芳
- ●标图　张芳

日期: 8 月 18 日　　时间: 7:44　　地点: 工人体育馆　　地点编号: 1 馆　　图纸上编号 1　　调研次数: 第 1 次　　气象: 晴　　照片号

人群号	场地类型						地面条件					场地内树木类型				活动类型						人群类型					人数
	平	坡	多树	广场	路	构筑物	硬铺地	土	砂	间草	草	名称	常绿	落叶	灌木	活动名称	单一	混合	个数	动	静	男	女	老	中	青	
备注	●		●	●			●							●		打羽毛球	●				●	2	2	2	2		4

记录人:
- ●拍照　陈红梅
- ●记录　张芳
- ●标图　张芳

公共建筑及周边场地功能适变设计关键技术

日期：9月18日　　时间：8:30　　地点：工人体育馆　　地点编号：5　　图纸上编号1　　调研次数：第2次　　气象：晴　　照片号

人群号	场地类型						地面条件					场地内树木类型				活动类型						人群类型					人数
	平	坡	多树	广场	路	构筑物	硬铺地	土	砂	间草	草	名称	常绿	落叶	灌木	活动名称	单一	混合	个数	动	静	男	女	老	中	青	
备注	●		●	●			●							●		太极拳	●				●	4	1	5			5
																练剑											

记录人：
- ●拍照　张晓奕
- ●记录　陈红梅
- ●标图　陈红梅

日期：9月19日　　时间：8:20　　地点：工人体育馆　　地点编号：5　　图纸上编号1　　调研次数：第3次　　气象：晴　　照片号

人群号	场地类型						地面条件					场地内树木类型				活动类型						人群类型					人数
	平	坡	多树	广场	路	构筑物	硬铺地	土	砂	间草	草	名称	常绿	落叶	灌木	活动名称	单一	混合	个数	动	静	男	女	老	中	青	
备注	●		●	●			●							●		太极拳	●				●	3	3	6			6

记录人：
- ●拍照　张晓奕
- ●记录　陈红梅
- ●标图　陈红梅

日期：10月9日　　时间：8:40　　地点：工人体育馆　　地点编号：5　　图纸上编号1　　调研次数：第4次　　气象：晴　　照片号

人群号	场地类型						地面条件					场地内树木类型				活动类型						人群类型					人数
	平	坡	多树	广场	路	构筑物	硬铺地	土	砂	间草	草	名称	常绿	落叶	灌木	活动名称	单一	混合	个数	动	静	男	女	老	中	青	
备注	●		●	●			●							●		锻炼	●				●	1	2	3			3

记录人：
- ●拍照　张晓奕
- ●记录　陈红梅
- ●标图　陈红梅

日期：8月18日　　时间：18:58　　地点：工人体育馆　　地点编号：5馆　　图纸上编号2　　调研次数：第1次　　气象：晴　　照片号

人群号	场地类型						地面条件					场地内树木类型				活动类型						人群类型					人数
	平	坡	多树	广场	路	构筑物	硬铺地	土	砂	间草	草	名称	常绿	落叶	灌木	活动名称	单一	混合	个数	动	静	男	女	老	中	青	
备注	●		●	●			●									休息	●				●	3		1	1	1	3

记录人：
- ●拍照　陈红梅
- ●记录　张芳
- ●标图　张芳

日期: 9月18日　　时间: 8:34　　地点: 工人体育馆　　地点编号: 6　　图纸上编号2　　调研次数: 第2次　　气象: 阴　　照片号

人群号	场地类型						地面条件					场地内树木类型				活动类型						人群类型					人数
	平	坡	多树	广场	路	构筑物	硬铺地	土	砂	间草	草	名称	常绿	落叶	灌木	活动名称	单一	混合	个数	动	静	男	女	老	中	青	
备注	●			●	●		●									舞扇		●			●		6		6		6
																太极拳					●	1			1		1

记录人:
- ●拍照　张晓奕
- ●记录　陈红梅
- ●标图　陈红梅

日期: 9月19日　　时间: 8:25　　地点: 工人体育馆　　场地点编号: 6　　图纸上编号2　　调研次数: 第3次　　气象: 阴　　照片号

人群号	场地类型						地面条件					场地内树木类型				活动类型						人群类型					人数
	平	坡	多树	广场	路	构筑物	硬铺地	土	砂	间草	草	名称	常绿	落叶	灌木	活动名称	单一	混合	个数	动	静	男	女	老	中	青	
备注	●			●	●		●									练剑	●				●	2	4		6		6

记录人:
- ●拍照　张晓奕
- ●记录　陈红梅
- ●标图　陈红梅

日期: 10月9日　　时间: 8:40　　地点: 工人体育馆　　地点编号: 6　　图纸上编号2　　调研次数: 第3次　　气象: 阴　　照片号

人群号	场地类型						地面条件					场地内树木类型				活动类型						人群类型					人数
	平	坡	多树	广场	路	构筑物	硬铺地	土	砂	间草	草	名称	常绿	落叶	灌木	活动名称	单一	混合	个数	动	静	男	女	老	中	青	
备注	●			●	●		●									舞扇		●			●		4		4		4
																气功					●	1			1		1

记录人:
- ●拍照　张晓奕
- ●记录　陈红梅
- ●标图　陈红梅

日期: 8月18日　　时间: 18:45　　地点: 工人体育馆　　地点编号: 3馆　　图纸上编号4　　调研次数: 第1次　　气象: 晴　　照片号

人群号	场地类型						地面条件					场地内树木类型				活动类型						人群类型					人数
	平	坡	多树	广场	路	构筑物	硬铺地	土	砂	间草	草	名称	常绿	落叶	灌木	活动名称	单一	混合	个数	动	静	男	女	老	中	青	
备注	●			●			●									踢球	●				●	19				19	19

记录人:
- ●拍照　陈红梅
- ●记录　张芳
- ●标图　张芳

日期: 8月18日　时间: 18:42　地点: 工人体育馆　地点编号: 2馆　图纸上编号 5　调研次数: 第 1 次　气象: 阴　照片号

人群号	平	坡	多树	广场	路	构筑物	硬铺地	土	砂	间草	草	名称	常绿	落叶	灌木	活动名称	单一	混合	个数	动	静	男	女	老	中	青	人数
备注	●		●				●									气功		●			●	3			3		3
																打拳	●					1			1		1
																休息						1			1	1	1

记录人:
- ●拍照　陈红梅
- ●记录　张芳
- ●标图　张芳

日期: 10月9日　时间: 8:50　地点: 工人体育馆　地点编号: 8　图纸上编号 5　调研次数: 第 2 次　气象: 晴　照片号

人群号	平	坡	多树	广场	路	构筑物	硬铺地	土	砂	间草	草	名称	常绿	落叶	灌木	活动名称	单一	混合	个数	动	静	男	女	老	中	青	人数
备注	●		●				●									大步走		●			●	1		1			1
																锻炼							1	1			1

记录人:
- ●拍照　陈红梅
- ●记录　张芳
- ●标图　张芳

日期: 8月18日　时间: 18:45　地点: 工人体育馆　地点编号: 2馆　图纸上编号 6　调研次数: 第 1 次　气象: 阴　照片号

人群号	平	坡	多树	广场	路	构筑物	硬铺地	土	砂	间草	草	名称	常绿	落叶	灌木	活动名称	单一	混合	个数	动	静	男	女	老	中	青	人数
备注	●		●				●									踢球	●				●	12			12		12
																观众						18			18		18
							时间: 9:10					图纸上编号 6 (2)														
	●		●				●									看书		●			●	1			1		1

记录人:
- ●拍照　陈红梅
- ●记录　张芳
- ●标图　张芳

日期: 8月18日　时间: 19:38　地点: 工人体育馆　地点编号: 1馆　图纸上编号 7　调研次数: 第 1 次　气象: 晴　照片号

人群号	平	坡	多树	广场	路	构筑物	硬铺地	土	砂	间草	草	名称	常绿	落叶	灌木	活动名称	单一	混合	个数	动	静	男	女	老	中	青	人数
备注	●		●				●									溜滚轴	●			●							3
																休息						8	6		13	1	14

记录人:
- ●拍照　陈红梅
- ●记录　张芳
- ●标图　张芳

时间: 8:08　地点: 工人体育馆　地点编号: 818-m-ga　图纸上编号 7

人群号	平	坡	多树	广场	路	构筑物	硬铺地	土	砂	间草	草	名称	常绿	落叶	灌木	活动名称	单一	混合	个数	动	静	男	女	老	中	青	人数
																轮滑	●			●		15	3	9	4	5	18
																观众					●	8	1	7	2		9

记录人:
- ●拍照　游亚鹏
- ●记录　游亚鹏
- ●标图　游亚鹏

人群号	场地类型						地面条件					场地内树木类型				活动类型						人群类型					人数
	平	坡	多树	广场	路	构筑物	硬铺地	土	砂	间草	草	名称	常绿	落叶	灌木	活动名称	单一	混合	个数	动	静	男	女	老	中	青	
备注	●			●			●									溜滚轴		●		●		12					12

记录人:
- ●拍照　张晓奕
- ●记录　陈红梅
- ●标图　陈红梅

人群号	场地类型						地面条件					场地内树木类型				活动类型						人群类型					人数
	平	坡	多树	广场	路	构筑物	硬铺地	土	砂	间草	草	名称	常绿	落叶	灌木	活动名称	单一	混合	个数	动	静	男	女	老	中	青	
备注	●			●			●									溜滚轴		●		●		9	1		10		10

记录人:
- ●拍照　张晓奕
- ●记录　陈红梅
- ●标图　陈红梅

人群号	场地类型						地面条件					场地内树木类型				活动类型						人群类型					人数
	平	坡	多树	广场	路	构筑物	硬铺地	土	砂	间草	草	名称	常绿	落叶	灌木	活动名称	单一	混合	个数	动	静	男	女	老	中	青	
备注	●			●			●									打镲	●				●	11	15	11	15		26

记录人:
- ●拍照　游亚鹏
- ●记录　游亚鹏
- ●标图　游亚鹏

人群号	场地类型						地面条件					场地内树木类型				活动类型						人群类型					人数
	平	坡	多树	广场	路	构筑物	硬铺地	土	砂	间草	草	名称	常绿	落叶	灌木	活动名称	单一	混合	个数	动	静	男	女	老	中	青	
备注	●		●	●			●									花棍秧歌		●		●			19	19			19

记录人:
- ●拍照　张晓奕
- ●记录　陈红梅
- ●标图　陈红梅

日期：9月19日　　时间：8:32　　地点：工人体育馆　　地点编号：7　　图纸上编号9　　调研次数：第2次　　气象：阴　　照片号

人群号	场地类型						地面条件					场地内树木类型				活动类型						人群类型					人数
	平	坡	多树	广场	路	构筑物	硬铺地	土	砂	间草	草	名称	常绿	落叶	灌木	活动名称	单一	混合	个数	动	静	男	女	老	中	青	
备注	●		●	●			●									推手	●	●				5	5				5

记录人：
- ●拍照　张晓奕
- ●记录　陈红梅
- ●标图　陈红梅

日期：10月9日　　时间：8:55　　地点：工人体育馆　　地点编号：7　　图纸上编号9　　调研次数：第3次　　气象：阴　　照片号

人群号	场地类型						地面条件					场地内树木类型				活动类型						人群类型					人数
	平	坡	多树	广场	路	构筑物	硬铺地	土	砂	间草	草	名称	常绿	落叶	灌木	活动名称	单一	混合	个数	动	静	男	女	老	中	青	
备注	●		●	●			●									舞蹈	●	●					19		19		19
																舞蹈						2	4		6		6

记录人：
- ●拍照　张晓奕
- ●记录　陈红梅
- ●标图　陈红梅

日期：8月18日　　时间：18:37　　地点：工人体育馆　　地点编号：818-e-gb　　图纸上编号10　　调研次数：第1次　　气象：阴　　照片号

人群号	场地类型						地面条件					场地内树木类型				活动类型						人群类型					人数
	平	坡	多树	广场	路	构筑物	硬铺地	土	砂	间草	草	名称	常绿	落叶	灌木	活动名称	单一	混合	个数	动	静	男	女	老	中	青	
备注	●			●			●									踢足球	●	●									12
																踢足球											19

记录人：
- ●拍照　游亚鹏
- ●记录　游亚鹏
- ●标图　游亚鹏

日期：8月18日　　时间：18:45　　地点：工人体育馆　　地点编号：818-e-gc　　图纸上编号11　　调研次数：第1次　　气象：阴　　照片号

人群号	场地类型						地面条件					场地内树木类型				活动类型						人群类型					人数
	平	坡	多树	广场	路	构筑物	硬铺地	土	砂	间草	草	名称	常绿	落叶	灌木	活动名称	单一	混合	个数	动	静	男	女	老	中	青	
备注	●			●			●									打篮球	●	●				6			6		6
																打羽毛球							2		2		2
																打牌							6		6		6

记录人：
- ●拍照　游亚鹏
- ●记录　游亚鹏
- ●标图　游亚鹏

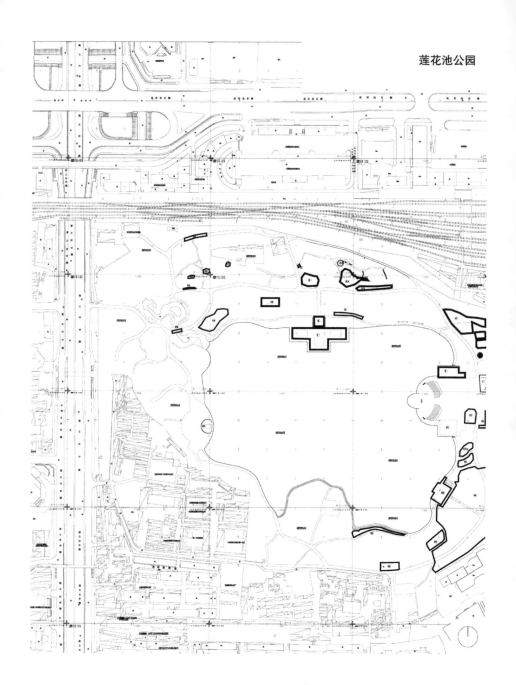

莲花池公园

日期: 8月27日　**时间:** 19:26　**地点:** 莲花池公园　**地点编号:** 1　**图纸上编号** 1　**调研次数:** 第1次　**气象:** 阴　**照片号**

人群号	场地类型						地面条件					场地内树木类型				活动类型						人群类型					人数
	平	坡	多树	广场	路	构筑物	硬铺地	土	砂	间草	草	名称	常绿	落叶	灌木	活动名称	单一	混合	个数	动	静	男	女	老	中	青	
备注	●					长廊	●					槐树				跳舞	●				●	17	18	8	27		35
						石凳						梧桐		●		休息						16	15	14	17		31

记录人:
- ●拍照
- ●记录　陈红梅
- ●标图　陈红梅

日期: 8月27日　**时间:** 7:40　**地点:** 莲花池公园　**地点编号:** 827A　**图纸上编号** 1　**调研次数:** 第2次　**气象:** 阴　**照片号**

人群号	平	坡	多树	广场	路	构筑物	硬铺地	土	砂	间草	草	名称	常绿	落叶	灌木	活动名称	单一	混合	个数	动	静	男	女	老	中	青	人数
														●		跳舞	●				●	8	22	17	13		30
																休息											14

日期: 9月5日　**时间:** 7:50　**地点:** 莲花池公园　**地点编号:** 905MA　**图纸上编号** 1　**调研次数:** 第3次　**气象:** 阴　**照片号**

人群号	平	坡	多树	广场	路	构筑物	硬铺地	土	砂	间草	草	名称	常绿	落叶	灌木	活动名称	单一	混合	个数	动	静	男	女	老	中	青	人数
														●		跳舞	●				●	10	28				38

记录人:
- ●拍照
- ●记录　游亚鹏
- ●标图　游亚鹏

日期: 9月23日　**时间:** 7:45　**地点:** 莲花池公园　**地点编号:** 2　**图纸上编号** 1　**调研次数:** 第4次　**气象:** 晴　**照片号**

人群号	平	坡	多树	广场	路	构筑物	硬铺地	土	砂	间草	草	名称	常绿	落叶	灌木	活动名称	单一	混合	个数	动	静	男	女	老	中	青	人数
														●		跳舞	●				●	13	30	20	23		43

记录人:
- ●拍照
- ●记录　张芳
- ●标图　张芳

日期: 10月9日　**时间:** 7:45　**地点:** 莲花池公园　**地点编号:** 1009A　**图纸上编号** 1　**调研次数:** 第5次　**气象:** 阴　**照片号**

人群号	平	坡	多树	广场	路	构筑物	硬铺地	土	砂	间草	草	名称	常绿	落叶	灌木	活动名称	单一	混合	个数	动	静	男	女	老	中	青	人数
														●		老年舞	●				●	7	11	10	8		18

日期: 10月14日　**时间:** 7:45　**地点:** 莲花池公园　**地点编号:** 1014A　**图纸上编号** 1　**调研次数:** 第6次　**气象:** 晴　**照片号**

人群号	平	坡	多树	广场	路	构筑物	硬铺地	土	砂	间草	草	名称	常绿	落叶	灌木	活动名称	单一	混合	个数	动	静	男	女	老	中	青	人数
																跳舞		●			●	12	5	11	6		17
																太极拳											
																休息											

记录人:
- ●拍照
- ●记录　游亚鹏
- ●标图　游亚鹏

日期: 8月27日　**时间:** 7:45　**地点:** 莲花池公园　**地点编号:** 827B　**图纸上编号** 2　**调研次数:** 第1次　**气象:** 阴　**照片号**

人群号	场地类型						地面条件					场地内树木类型				活动类型						人群类型					人数
	平	坡	多树	广场	路	构筑物	硬铺地	土	砂	间草	草	名称	常绿	落叶	灌木	活动名称	单一	混合	个数	动	静	男	女	老	中	青	
备注			●	●			●					槐树 杨树		●		跳舞	●				●	22	25	43	4		47

日期: 8月27日　**时间:** 10:40　**地点:** 莲花池公园　**地点编号:** 827B　**图纸上编号** 2　**调研次数:** 第1次　**气象:** 阴　**照片号**

人群号	平	坡	多树	广场	路	构筑物	硬铺地	土	砂	间草	草	名称	常绿	落叶	灌木	活动名称	单一	混合	个数	动	静	男	女	老	中	青	人数
																国标舞			21								5

日期: 9月5日　**时间:** 7:55　**地点:** 莲花池公园　**地点编号:** 905MB　**图纸上编号** 2　**调研次数:** 第2次　**气象:** 阴　**照片号**

人群号	平	坡	多树	广场	路	构筑物	硬铺地	土	砂	间草	草	名称	常绿	落叶	灌木	活动名称	单一	混合	个数	动	静	男	女	老	中	青	人数
																交谊舞					●	19	18	8	29		37

日期: 10月9日　**时间:** 7:45　**地点:** 莲花池公园　**地点编号:** 1009B　**图纸上编号** 2　**调研次数:** 第4次　**气象:** 阴　**照片号**

人群号	平	坡	多树	广场	路	构筑物	硬铺地	土	砂	间草	草	名称	常绿	落叶	灌木	活动名称	单一	混合	个数	动	静	男	女	老	中	青	人数
																交谊舞											51

日期: 10月14日　**时间:** 7:45　**地点:** 莲花池公园　**地点编号:** 1014B　**图纸上编号** 2　**调研次数:** 第5次　**气象:** 晴　**照片号**

人群号	平	坡	多树	广场	路	构筑物	硬铺地	土	砂	间草	草	名称	常绿	落叶	灌木	活动名称	单一	混合	个数	动	静	男	女	老	中	青	人数
																交谊舞	●				●	22	34	25	31		56

记录人:
- ●拍照
- ●记录　游亚鹏
- ●标图　游亚鹏

人群号	平	坡	多树	广场	路	构筑物	硬铺地	土	砂	间草	草	名称	常绿	落叶	灌木	活动名称	单一	混合	个数	动	静	男	女	老	中	青	人数
备注	●		●				●									练剑	●			●	●	3	7				10
																秧歌							7	7			7
																踢毽子							2		2		2

人群号	平	坡	多树	广场	路	构筑物	硬铺地	土	砂	间草	草	名称	常绿	落叶	灌木	活动名称	单一	混合	个数	动	静	男	女	老	中	青	人数
																放风筝	●			●	●	3					3
																练剑						3	8				11
																跳舞							11				11

记录人:
- ●拍照
- ●记录　游亚鹏
- ●标图　游亚鹏

人群号	平	坡	多树	广场	路	构筑物	硬铺地	土	砂	间草	草	名称	常绿	落叶	灌木	活动名称	单一	混合	个数	动	静	男	女	老	中	青	人数
																跳舞	●			●	●	13	17	7	23		30
																太极拳						6	23	14	15		29
																打网球											
																放风筝											
																健美操											

记录人:
- ●拍照
- ●记录　张芳
- ●标图　张芳

人群号	平	坡	多树	广场	路	构筑物	硬铺地	土	砂	间草	草	名称	常绿	落叶	灌木	活动名称	单一	混合	个数	动	静	男	女	老	中	青	人数
																练剑	●			●	●	12	16	16	12		28
																打网球											
																太极拳											
																放风筝											

人群号	平	坡	多树	广场	路	构筑物	硬铺地	土	砂	间草	草	名称	常绿	落叶	灌木	活动名称	单一	混合	个数	动	静	男	女	老	中	青	人数
																放风筝	●			●	●	4	5	8	0	1	9
																太极拳											
																练剑											

记录人:
- ●拍照
- ●记录　游亚鹏
- ●标图　游亚鹏

人群号	平	坡	多树	广场	路	构筑物	硬铺地	土	砂	间草	草	名称	常绿	落叶	灌木	活动名称	单一	混合	个数	动	静	男	女	老	中	青	人数
																放风筝						5	2	2	5		7
																练剑											

记录人:
- ●拍照
- ●记录　徐奕
- ●标图　徐奕

日期：10月9日　　时间：7:40　　地点：莲花池公园　　地点编号：3+　　图纸上编号3.2　　调研次数：第4次　　气象：阴　　照片号

人群号	场地类型						地面条件					场地内树木类型				活动类型						人群类型					人数
	平	坡	多树	广场	路	构筑物	硬铺地	土	砂	间草	草	名称	常绿	落叶	灌木	活动名称	单一	混合	个数	动	静	男	女	老	中	青	
备注	●			●			●									踢毽	●				●	1	4			5	5

记录人：
- ●拍照
- ●记录　徐奕
- ●标图　徐奕

日期：8月27日　　时间：10:40　　地点：莲花池公园　　地点编号：827H　　图纸上编号4　　调研次数：第1次　　气象：阴　　照片号

人群号	场地类型						地面条件					场地内树木类型				活动类型						人群类型					人数
	平	坡	多树	广场	路	构筑物	硬铺地	土	砂	间草	草	名称	常绿	落叶	灌木	活动名称	单一	混合	个数	动	静	男	女	老	中	青	
备注	●			●			●					无				游戏车	●				●	22	13				35

记录人：
- ●拍照
- ●记录　游亚鹏
- ●标图　游亚鹏

日期：8月27日　　时间：19:37　　地点：莲花池公园　　地点编号：3　　图纸上编号5.1　　调研次数：第1次　　气象：阴　　照片号

人群号	场地类型						地面条件					场地内树木类型				活动类型						人群类型					人数
	平	坡	多树	广场	路	构筑物	硬铺地	土	砂	间草	草	名称	常绿	落叶	灌木	活动名称	单一	混合	个数	动	静	男	女	老	中	青	
备注	●			●		长廊	●									休息	●				●	5	8	4		9	13

记录人：
- ●拍照
- ●记录　陈红梅
- ●标图　陈红梅

日期：8月27日　　时间：8:23　　地点：莲花池公园　　地点编号：2　　图纸上编号5.2　　调研次数：第1次　　气象：阴　　照片号

人群号	场地类型						地面条件					场地内树木类型				活动类型						人群类型					人数
	平	坡	多树	广场	路	构筑物	硬铺地	土	砂	间草	草	名称	常绿	落叶	灌木	活动名称	单一	混合	个数	动	静	男	女	老	中	青	
备注	●		●			亭子	●			●		柳树、云杉	●	●		做操	●				●	1					1
																						7	40	42		5	47
																						3	2				5

日期：9月5日　　时间：8:00　　地点：莲花池公园　　地点编号：3　　图纸上编号5.2　　调研次数：第2次　　气象：阴　　照片号

人群号	场地类型						地面条件					场地内树木类型				活动类型						人群类型					人数
	平	坡	多树	广场	路	构筑物	硬铺地	土	砂	间草	草	名称	常绿	落叶	灌木	活动名称	单一	混合	个数	动	静	男	女	老	中	青	
																超级能量	●				●	4	34	30	8		38

记录人：
- ●拍照　张晓奕
- ●记录　陈红梅
- ●标图　陈红梅

日期：8月27日　时间：8:23　地点：莲花池公园　地点编号：2　图纸上编号 5.2　调研次数：第1次　气象：阴　照片号

人群号	平	坡	多树	广场	路	构筑物	硬铺地	土	砂	间草	草	名称	常绿	落叶	灌木	活动名称	单一	混合	个数	动	静	男	女	老	中	青	人数

日期：9月23日　时间：8:35　地点：莲花池公园　地点编号：5　图纸上编号5.2　调研次数：第3次　气象：晴　照片号

人群号	平	坡	多树	广场	路	构筑物	硬铺地	土	砂	间草	草	名称	常绿	落叶	灌木	活动名称	单一	混合	个数	动	静	男	女	老	中	青	人数
																超级能量	●		●			1	46				47

记录人：
- ●拍照
- ●记录　张晓奕
- ●标图　张晓奕

日期：10月9日　时间：8:35　地点：莲花池公园　地点编号：1009F　图纸上编号 5.2　调研次数：第4次　气象：阴　照片号

人群号	平	坡	多树	广场	路	构筑物	硬铺地	土	砂	间草	草	名称	常绿	落叶	灌木	活动名称	单一	混合	个数	动	静	男	女	老	中	青	人数
												银杏				超级能量	●					4	53	52	5		57
												雪松															
												槐树															
												侧柏															
												桃树															

记录人：
- ●拍照
- ●记录　游亚鹏
- ●标图　游亚鹏

日期：10月14日　时间：8:00　地点：莲花池公园　地点编号：5　图纸上编号5.2　调研次数：第5次　气象：晴冷　照片号

人群号	平	坡	多树	广场	路	构筑物	硬铺地	土	砂	间草	草	名称	常绿	落叶	灌木	活动名称	单一	混合	个数	动	静	男	女	老	中	青	人数
																超级能量	●		●			3	44	28	19		47

记录人：
- ●拍照
- ●记录　徐奕
- ●标图　徐奕

日期：8月27日　时间：10:20　地点：莲花池公园　地点编号：5　图纸上编号 5.3　调研次数：第1次　气象：阴　照片号

人群号	平	坡	多树	广场	路	构筑物	硬铺地	土	砂	间草	草	名称	常绿	落叶	灌木	活动名称	单一	混合	个数	动	静	男	女	老	中	青	人数
备注						亭子										休息		●			●	1	5				6
																演奏						4	1	5			5

时间：19:37　地点编号：8

人群号	平	坡	多树	广场	路	构筑物	硬铺地	土	砂	间草	草	名称	常绿	落叶	灌木	活动名称	单一	混合	个数	动	静	男	女	老	中	青	人数
																休息		●			●	7	1	3	5		8

记录人：
- ●拍照
- ●记录　陈红梅
- ●标图　陈红梅

日期：8月27日　时间：8:23　地点：莲花池公园　地点编号：3　图纸上编号6　调研次数：第1次　气象：阴　照片号

人群号	平	坡	多树	广场	路	构筑物	硬铺地	土	砂	间草	草	名称	常绿	落叶	灌木	活动名称	单一	混合	个数	动	静	男	女	老	中	青	人数
备注	●		●					●			●			●	●	气功	●				●	1	3				4
																吃东西						2	3	5			5

记录人：
- ●拍照
- ●记录　陈红梅
- ●标图　陈红梅

日期：9月23日　时间：8:35　地点：莲花池公园　地点编号：6　图纸上编号6　调研次数：第3次　气象：晴　照片号

人群号	平	坡	多树	广场	路	构筑物	硬铺地	土	砂	间草	草	名称	常绿	落叶	灌木	活动名称	单一	混合	个数	动	静	男	女	老	中	青	人数
																唱歌	●		●		●				1		1
																锻炼						3					3
																打羽毛球						1	4				5

记录人：
- ●拍照
- ●记录　张晓奕
- ●标图　张晓奕

人群号	平	坡	多树	广场	路	构筑物	硬铺地	土	砂	间草	草	名称	常绿	落叶	灌木	活动名称	单一	混合	个数	动	静	男	女	老	中	青	人数
备注	●		●				●									休息	●				●	13	11	5	18	1	24

																太极拳		●		●	●	6	59				65
																练剑											5
																健身											10
																踩乱石											
																休息											5

																放风筝		●		●	●	4	8	6	6		12
																聊天											
																打羽毛球											

记录人：
●拍照　张晓奕
●记录　陈红梅
●标图　陈红梅

																休闲	●				●	9	2	11			11

记录人：
●拍照
●记录　徐奕
●标图　徐奕

人群号	平	坡	多树	广场	路	构筑物	硬铺地	土	砂	间草	草	名称	常绿	落叶	灌木	活动名称	单一	混合	个数	动	静	男	女	老	中	青	人数
备注	●		●				●									休息	●				●	2	2	4			4

						摊位										喝茶		●			●	6	15				21
																买东西											

						摊位										喝茶		●									55
																买东西											

记录人：
●拍照　张晓奕
●记录　陈红梅
●标图　陈红梅

																休息					●	2	4	6			6
																喝茶						1	4	5			5
																买东西						6	14	20			20
																聊天											

记录人：
●拍照
●记录　张晓奕
●标图　张晓奕

<table>
<tr><td colspan="24">日期：8月27日　　时间：8:23　　地点：莲花池公园　　地点编号：4　　图纸上编号10　　调研次数：第1次　　气象：阴　　照片号</td></tr>
</table>

人群号	场地类型						地面条件					场地内树木类型				活动类型						人群类型					人数
	平	坡	多树	广场	路	构筑物	硬铺地	土	砂	间草	草	名称	常绿	落叶	灌木	活动名称	单一	混合	个数	动	静	男	女	老	中	青	
备注	●									●				●	●	拍摄瑜伽		●		●		3	2			5	5

<table>
<tr><td colspan="24">日期：8月27日　　时间：10:20　　地点：莲花池公园　　地点编号：4　　图纸上编号10　　调研次数：第1次　　气象：阴　　照片号</td></tr>
</table>

人群号	场地类型						地面条件					场地内树木类型				活动类型						人群类型					人数
	平	坡	多树	广场	路	构筑物	硬铺地	土	砂	间草	草	名称	常绿	落叶	灌木	活动名称	单一	混合	个数	动	静	男	女	老	中	青	
备注	●									●				●	●	拍摄瑜伽		●		●		3	3			6	6

记录人：
- ●拍照　张晓奕
- ●记录　陈红梅
- ●标图　陈红梅

<table>
<tr><td colspan="24">日期：8月27日　　时间：8:23　　地点：莲花池公园　　地点编号：6　　图纸上编号11　　调研次数：第1次　　气象：阴　　照片号</td></tr>
</table>

人群号	场地类型						地面条件					场地内树木类型				活动类型						人群类型					人数
	平	坡	多树	广场	路	构筑物	硬铺地	土	砂	间草	草	名称	常绿	落叶	灌木	活动名称	单一	混合	个数	动	静	男	女	老	中	青	
备注	●		●				●							●	●	打拳		●		●							4

记录人：
- ●拍照
- ●记录　陈红梅
- ●标图　陈红梅

<table>
<tr><td colspan="24">日期：8月27日　　时间：8:23　　地点：莲花池公园　　地点编号：5　　图纸上编号14　　调研次数：第1次　　气象：阴　　照片号</td></tr>
</table>

人群号	场地类型						地面条件					场地内树木类型				活动类型						人群类型					人数
	平	坡	多树	广场	路	构筑物	硬铺地	土	砂	间草	草	名称	常绿	落叶	灌木	活动名称	单一	混合	个数	动	静	男	女	老	中	青	
备注	●		●							●		紫荆	●	●		唱歌	●		●			4	16	20			20
												槐树															
												合欢															
												雪松															
												侧柏															
												云杉															

记录人：
- ●拍照
- ●记录　陈红梅
- ●标图　陈红梅

<table>
<tr><td colspan="24">日期：9月5日　　时间：8:00　　地点：莲花池公园　　地点编号：2　　图纸上编号14　　调研次数：第2次　　气象：阴　　照片号</td></tr>
</table>

场地类型						地面条件					场地内树木类型				活动类型						人群类型					人数
															遛鸟	●		●			6			6		6

<table>
<tr><td colspan="24">日期：9月23日　　时间：8:17　　地点：莲花池公园　　地点编号：14　　图纸上编号14　　调研次数：第3次　　气象：晴　　照片号</td></tr>
</table>

场地类型						地面条件					场地内树木类型				活动类型						人群类型					人数
															遛鸟	●		●			4					4

<table>
<tr><td colspan="24">日期：9月23日　　时间：8:45　　地点：莲花池公园　　地点编号：14　　图纸上编号14　　调研次数：第3次　　气象：晴　　照片号</td></tr>
</table>

场地类型						地面条件					场地内树木类型				活动类型						人群类型					人数
															遛鸟	●		●			2					2
															做操									1		1

记录人：
- ●拍照
- ●记录　张晓奕
- ●标图　张晓奕

| 日期: 8月27日 | 时间: 19:52 | 地点: 莲花池公园 | 地点编号: 7 | 图纸上编号15 | 调研次数: 第1次 | 气象: 阴 | 照片号 |

人群号	场地类型						地面条件					场地内树木类型				活动类型						人群类型					人数
	平	坡	多树	广场	路	构筑物	硬铺地	土	砂	间草	草	名称	常绿	落叶	灌木	活动名称	单一	混合	个数	动	静	男	女	老	中	青	
备注	●			●		●						槐树 柳树				休息	●				●	5	8	4	9		13

记录人:
- ●拍照
- ●记录 张芳
- ●标图 张芳

| 日期: 8月27日 | 时间: 14:30 | 地点: 莲花池公园 | 地点编号: 827M | 图纸上编号15 | 调研次数: 第1次 | 气象: 阴 | 照片号 |

| | | | | | | | | | | | | | | | | 休息 | ● | | | | ● | 7 | 5 | 1 | 11 | | 12 |

记录人:
- ●拍照 孟峥
- ●记录 游亚鹏
- ●标图 游亚鹏

| 日期: 8月27日 | 时间: 2:55 | 地点: 莲花池公园 | 地点编号: 1 | 图纸上编号16 | 调研次数: 第1次 | 气象: 阴 | 照片号 |

人群号	场地类型						地面条件					场地内树木类型				活动类型						人群类型					人数
	平	坡	多树	广场	路	构筑物	硬铺地	土	砂	间草	草	名称	常绿	落叶	灌木	活动名称	单一	混合	个数	动	静	男	女	老	中	青	
备注						长廊	●					梧桐				休息	●				●	4	5				9

记录人:
- ●拍照
- ●记录 张晓奕
- ●标图 张晓奕

| 日期: 8月27日 | 时间: 19:28 | 地点: 莲花池公园 | 地点编号: 16 | 图纸上编号16 | 调研次数: 第1次 | 气象: 阴 | 照片号 |

| | ● | | | | | 长廊 | ● | | | ● | | | | | | 休息 | ● | | | | ● | 6 | 8 | | 13 | 1 | 14 |

记录人:
- ●拍照
- ●记录 陈红梅
- ●标图 陈红梅

| 日期: 8月27日 | 时间: 7:48 | 地点: 莲花池公园 | 地点编号: 344-1.2 | 图纸上编号16 | 调研次数: 第1次 | 气象: 阴 | 照片号 |

	●					长廊	●									询问医务	●		●	●		4	9	11		2	13
												梧桐		●		休息						2	6				8
																合唱						5	26	30	1		31
																练剑						10	5	14	1		15
																打网球						1				1	1
时间: 10:30																											
																打牌	●		●	●			4				4
																练功							2				2
时间: 10:45																											
																休息	●		●	●				10		1	11
																胡弦											6
																医疗						4	7	11			11

日期：8月27日　时间：2:55　地点：莲花池公园　地点编号：1　图纸上编号16　调研次数：第1次　气象：阴　照片号

组标题：场地类型｜地面条件｜场地内树木类型｜活动类型｜人群类型

时间：14:36

人群号	平	坡	多树	广场	路	构筑物	硬铺地	土	砂	间草	草	名称	常绿	落叶	灌木	活动名称	单一	混合	个数	动	静	男	女	老	中	青	人数
																休息	●				●	2	2			4	4

记录人：
- ●拍照
- ●记录　张芳
- ●标图　张芳

日期：8月27日　时间：10:40　地点：莲花池公园　地点编号：1　图纸上编号16　调研次数：第1次　气象：阴　照片号

人群号	平	坡	多树	广场	路	构筑物	硬铺地	土	砂	间草	草	名称	常绿	落叶	灌木	活动名称	单一	混合	个数	动	静	男	女	老	中	青	人数
																京剧	●		●	●		5	8				13
																休息						14	21				35

记录人：
- ●拍照　孟峙
- ●记录　游亚鹏
- ●标图　游亚鹏

日期：9月5日　时间：7:47　地点：莲花池公园　地点编号：344-1　图纸上编号16　调研次数：第2次　气象：阴　照片号

人群号	平	坡	多树	广场	路	构筑物	硬铺地	土	砂	间草	草	名称	常绿	落叶	灌木	活动名称	单一	混合	个数	动	静	男	女	老	中	青	人数
					长廊											打羽毛球	●		●	●		3	1		2	2	4
																放风筝						5		5			5
																太极拳						4	1	5			5
																休息						3	1				4
																医疗						2	5	7			7
																唱歌						3	29	32			32

日期：9月23日　时间：7:45　地点：莲花池公园　地点编号：1　图纸上编号16　调研次数：第3次　气象：晴　照片号

人群号	平	坡	多树	广场	路	构筑物	硬铺地	土	砂	间草	草	名称	常绿	落叶	灌木	活动名称	单一	混合	个数	动	静	男	女	老	中	青	人数
																踢毽子	●		●	●		4	4			8	8
																医疗（长廊）						14	22	29	4	3	36
																休息（长廊）						2	2			4	4
																医疗						4	5	4	2	3	9
																放风筝								7	1		8
																太极拳						2	1	3			3
																练剑								6	7		13
																太极球								2	1	1	2

记录人：
- ●拍照
- ●记录　张芳
- ●标图　张芳

日期：10月14日　时间：7:30　地点：莲花池公园　地点编号：16　图纸上编号16　调研次数：第5次　气象：晴冷　照片号

人群号	平	坡	多树	广场	路	构筑物	硬铺地	土	砂	间草	草	名称	常绿	落叶	灌木	活动名称	单一	混合	个数	动	静	男	女	老	中	青	人数
																舞扇	●		●	●		4	23	1	26		27

记录人：
- ●拍照
- ●记录　徐奕
- ●标图　徐奕

日期:10月14日	时间:7:30	地点:莲花池公园	地点编号:15+	图纸上编号16.2	调研次数:第5次	气象:晴冷	照片号

人群号	场地类型						地面条件					场地内树木类型				活动类型						人群类型					人数
	平	坡	多树	广场	路	构筑物	硬铺地	土	砂	间草	草	名称	常绿	落叶	灌木	活动名称	单一	混合	个数	动	静	男	女	老	中	青	
备注	●			●	●		●									踢毽子	●				●	2	4	6			6

记录人:
- ●拍照
- ●记录 徐奕
- ●标图 徐奕

日期:8月27日	时间:19:28	地点:莲花池公园	地点编号:344	图纸上编号17	调研次数:第1次	气象:阴	照片号

人群号	场地类型						地面条件					场地内树木类型				活动类型						人群类型					人数
	平	坡	多树	广场	路	构筑物	硬铺地	土	砂	间草	草	名称	常绿	落叶	灌木	活动名称	单一	混合	个数	动	静	男	女	老	中	青	
备注	●			●							●					休息		●		●	●						51
																打拳											5
																练剑											2

时间:8:02	地点编号:17

																练剑						2	2				4
																放风筝						5		4	1		5
																休息						1	4		5		5
																跳舞						2	2				4

记录人:
- ●拍照
- ●记录 张芳
- ●标图 张芳

日期:10月9日	时间:7:45	地点:莲花池公园	地点编号:17	图纸上编号17	调研次数:第4次	气象:阴	照片号

						石凳										舞扇	●			●		7	30	33	4		37
																太极拳						9	3	12			12

日期:10月14日	时间:7:30	地点:莲花池公园	地点编号:17	图纸上编号17	调研次数:第5次	气象:晴冷	照片号

																太极拳		●			●	11	3	14			14

记录人:
- ●拍照
- ●记录 徐奕
- ●标图 徐奕

日期:10月9日	时间:7:45	地点:莲花池公园	地点编号:17	图纸上编号17	调研次数:第4次	气象:阴	照片号

人群号	场地类型						地面条件					场地内树木类型				活动类型						人群类型					人数
	平	坡	多树	广场	路	构筑物	硬铺地	土	砂	间草	草	名称	常绿	落叶	灌木	活动名称	单一	混合	个数	动	静	男	女	老	中	青	
备注	●			●		石桥					●					休闲	●				●	7	6	2	6	5	13

记录人:
- ●拍照
- ●记录 徐奕
- ●标图 徐奕

人群号	平	坡	多树	广场	路	构筑物	硬铺地	土	砂	间草	草	名称	常绿	落叶	灌木	活动名称	单一	混合	个数	动	静	男	女	老	中	青	人数
备注	●					桌椅		●			●			●	●	打麻将	●		●			6	5	11			11
																休息						4	6				10

记录人：
- ●拍照
- ●记录　张晓奕
- ●标图　张晓奕

人群号	平	坡	多树	广场	路	构筑物	硬铺地	土	砂	间草	草	名称	常绿	落叶	灌木	活动名称	单一	混合	个数	动	静	男	女	老	中	青	人数
																打牌	●		●								22
																休息											18
			19:52													打牌						8	6	2	12		14
																休息											

记录人：
- ●拍照
- ●记录　张芳
- ●标图　张芳

人群号	平	坡	多树	广场	路	构筑物	硬铺地	土	砂	间草	草	名称	常绿	落叶	灌木	活动名称	单一	混合	个数	动	静	男	女	老	中	青	人数
																气功	●				●	12	13				25

记录人：
- ●拍照
- ●记录　陈红梅
- ●标图　陈红梅

人群号	平	坡	多树	广场	路	构筑物	硬铺地	土	砂	间草	草	名称	常绿	落叶	灌木	活动名称	单一	混合	个数	动	静	男	女	老	中	青	人数
备注		●							●	●						打麻将	●		●			13	24				37

人群号	平	坡	多树	广场	路	构筑物	硬铺地	土	砂	间草	草	名称	常绿	落叶	灌木	活动名称	单一	混合	个数	动	静	男	女	老	中	青	人数
																打麻将	●		●			8	22				30

记录人：
- ●拍照　孟峥
- ●记录　游亚鹏
- ●标图　游亚鹏

人群号	平	坡	多树	广场	路	构筑物	硬铺地	土	砂	间草	草	名称	常绿	落叶	灌木	活动名称	单一	混合	个数	动	静	男	女	老	中	青	人数
																打牌	●		●			21	16	30	7		37

人群号	平	坡	多树	广场	路	构筑物	硬铺地	土	砂	间草	草	名称	常绿	落叶	灌木	活动名称	单一	混合	个数	动	静	男	女	老	中	青	人数
																打麻将	●		●			15	13	18	10		28
																休息						3	2	4	1		5

记录人：
- ●拍照
- ●记录　张芳
- ●标图　张芳

人群号	平	坡	多树	广场	路	构筑物	硬铺地	土	砂	间草	草	名称	常绿	落叶	灌木	活动名称	单一	混合	个数	动	静	男	女	老	中	青	人数
																打麻将						12	10	17	5		22

记录人：
- ●拍照
- ●记录　游亚鹏
- ●标图　游亚鹏

人群号	平	坡	多树	广场	路	构筑物	硬铺地	土	砂	间草	草	名称	常绿	落叶	灌木	活动名称	单一	混合	个数	动	静	男	女	老	中	青	人数
																打麻将						7	5	12			12

记录人：
- ●拍照
- ●记录　徐奕
- ●标图　徐奕

日期：8月27日　　时间：14:55　　地点：莲花池公园　　地点编号：3、4　　图纸上编号19　　调研次数：第1次　　气象：阴　　照片号

人群号	平	坡	多树	广场	路	构筑物	硬铺地	土	砂	间草	草	名称	常绿	落叶	灌木	活动名称	单一	混合	个数	动	静	男	女	老	中	青	人数
备注	●						●						●	●	●	休息	●			●	●	1	4				5
																休息						4	3				7
																玩耍											
																聊天											
																秋千											15
																综合滑梯						10	2				12

记录人：
●拍照
●记录　张晓奕
●标图　张晓奕

日期：8月27日　　时间：8:10　　地点：莲花池公园　　地点编号：827E　　图纸上编号19　　调研次数：第1次　　气象：阴　　照片号

人群号	平	坡	多树	广场	路	构筑物	硬铺地	土	砂	间草	草	名称	常绿	落叶	灌木	活动名称	单一	混合	个数	动	静	男	女	老	中	青	人数
备注	●						●					冬青				全民健身	●			●	●	13	24				37
												松树															
												杨树															
												柳树															
												槐树															

日期：8月27日　　时间：10:50　　地点：莲花池公园　　地点编号：827K　　图纸上编号19　　调研次数：第1次　　气象：阴　　照片号

人群号	平	坡	多树	广场	路	构筑物	硬铺地	土	砂	间草	草	名称	常绿	落叶	灌木	活动名称	单一	混合	个数	动	静	男	女	老	中	青	人数
																全民健身	●			●	●	22	61				83

日期：8月27日　　时间：19:40　　地点：莲花池公园　　地点编号：827N　　图纸上编号19　　调研次数：第1次　　气象：阴　　照片号

人群号	平	坡	多树	广场	路	构筑物	硬铺地	土	砂	间草	草	名称	常绿	落叶	灌木	活动名称	单一	混合	个数	动	静	男	女	老	中	青	人数
																全民健身	●			●	●	64	123				187

日期：9月5日　　时间：8:06　　地点：莲花池公园　　地点编号：905MD　　图纸上编号19　　调研次数：第2次　　气象：阴　　照片号

人群号	平	坡	多树	广场	路	构筑物	硬铺地	土	砂	间草	草	名称	常绿	落叶	灌木	活动名称	单一	混合	个数	动	静	男	女	老	中	青	人数
																全民健身	●			●	●	46	40				86
																路东侧						30	39				69

记录人：
●拍照　孟峥
●记录　游亚鹏
●标图　游亚鹏

日期：9月23日　　时间：8:02　　地点：莲花池公园　　地点编号：4　　图纸上编号19　　调研次数：第3次　　气象：晴　　照片号

人群号	平	坡	多树	广场	路	构筑物	硬铺地	土	砂	间草	草	名称	常绿	落叶	灌木	活动名称	单一	混合	个数	动	静	男	女	老	中	青	人数
																全民健身	●			●	●	14	47	25	35	1	61
																						34	38	36	32	4	72

记录人：
●拍照
●记录　张芳
●标图　张芳

日期：10月9日　　时间：8:02　　地点：莲花池公园　　地点编号：1009E　　图纸上编号19　　调研次数：第4次　　气象：阴　　照片号

人群号	平	坡	多树	广场	路	构筑物	硬铺地	土	砂	间草	草	名称	常绿	落叶	灌木	活动名称	单一	混合	个数	动	静	男	女	老	中	青	人数
																全民健身	●			●	●	58	80	81	54	3	138

日期：10月14日　　时间：7:45　　地点：莲花池公园　　地点编号：1014E　　图纸上编号19　　调研次数：第5次　　气象：晴冷　　照片号

人群号	平	坡	多树	广场	路	构筑物	硬铺地	土	砂	间草	草	名称	常绿	落叶	灌木	活动名称	单一	混合	个数	动	静	男	女	老	中	青	人数
																全民健身	●			●	●	43	24	26	41		67

记录人：
●拍照
●记录　游亚鹏
●标图　游亚鹏

日期：10月14日　　时间：7:30　　地点：莲花池公园　　地点编号：19　　图纸上编号19　　调研次数：第5次　　气象：晴冷　　照片号

人群号	平	坡	多树	广场	路	构筑物	硬铺地	土	砂	间草	草	名称	常绿	落叶	灌木	活动名称	单一	混合	个数	动	静	男	女	老	中	青	人数
																全民健身	●			●	●	19	38	50	5	2	57

记录人：
●拍照
●记录　徐奕
●标图　徐奕

日期：8月27日　时间：11:15　地点：莲花池公园　地点编号：21　图纸上编号23　调研次数：第1次　气象：阴　照片号

人群号	平	坡	多树	广场	路	构筑物	硬铺地	土	砂	间草	草	名称	常绿	落叶	灌木	活动名称	单一	混合	个数	动	静	男	女	老	中	青	人数
备注						亭子	●					杨树、臭椿		●	●	看小孩	●			●							15
																休息											

记录人：
●拍照
●记录　陈红梅
●标图　陈红梅

日期：8月27日　时间：8:08　地点：莲花池公园　地点编号：344-3.4.5　图纸上编号23　调研次数：第1次　气象：阴　照片号

人群号	平	坡	多树	广场	路	构筑物	硬铺地	土	砂	间草	草	名称	常绿	落叶	灌木	活动名称	单一	混合	个数	动	静	男	女	老	中	青	人数
备注：●	●			●			●									打牌		●			●	2	10	12			12
																休息								2			2
																地面书法						5	2	7			7
时间：8:16																休息						2	5	3	3	1	7
时间：10:50																打牌								7	6	1	14
时间：11:02																打牌／休息								7	8	15	15

日期：8月27日　时间：19:28　地点：莲花池公园　地点编号：344　图纸上编号23　调研次数：第1次　气象：阴　照片号

人群号	平	坡	多树	广场	路	构筑物	硬铺地	土	砂	间草	草	名称	常绿	落叶	灌木	活动名称	单一	混合	个数	动	静	男	女	老	中	青	人数
备注 ●						亭子	●			●						演唱	●				●			2			2

记录人：
●拍照
●记录　张芳
●标图　张芳

日期：8月27日　时间：19:40　地点：莲花池公园　地点编号：827N　图纸上编号23　调研次数：第1次　气象：阴　照片号

																打牌	●			●				8			8

记录人：
●拍照　孟峙
●记录　游亚鹏
●标图　游亚鹏

日期：9月5日　时间：8:30　地点：莲花池公园　地点编号：2　图纸上编号23　调研次数：第2次　气象：阴　照片号

																地面书法	●				●			7	2		9

记录人：
●拍照
●记录　张晓奕
●标图　张晓奕

日期：9月23日　时间：8:12　地点：莲花池公园　地点编号：5　图纸上编号23　调研次数：第3次　气象：晴　照片号

																休息	4	●			●	10	2	12			12
																地面书法	8										

记录人：
●拍照
●记录　张芳
●标图　张芳

日期：10月9日　时间：8:00　地点：莲花池公园　地点编号：20　图纸上编号23　调研次数：第4次　气象：阴　照片号

																地面书法	●				●	9	5	14			14

日期：10月14日　时间：7:30　地点：莲花池公园　地点编号：20　图纸上编号23　调研次数：第5次　气象：晴冷　照片号

																地面书法	●				●	9	1	10			10

记录人：
●拍照
●记录　徐奕
●标图　徐奕

人群号	场地类型						地面条件					场地内树木类型				活动类型						人群类型					人数
	平	坡	多树	广场	路	构筑物	硬铺地	土	砂	间草	草	名称	常绿	落叶	灌木	活动名称	单一	混合	个数	动	静	男	女	老	中	青	
备注	●					全民健身器械	●					杨树、臭椿		●	●	打乒乓球		●		●							16
																儿童游戏											11

记录人：
- 拍照
- 记录　陈红梅
- 标图　陈红梅

人群号	平	坡	多树	广场	路	构筑物	硬铺地	土	砂	间草	草	名称	常绿	落叶	灌木	活动名称	单一	混合	个数	动	静	男	女	老	中	青	人数
																打羽毛球		●		●		1	5				6
																打乒乓球											10

记录人：
- 拍照
- 记录　张晓奕
- 标图　张晓奕

人群号	平	坡	多树	广场	路	构筑物	硬铺地	土	砂	间草	草	名称	常绿	落叶	灌木	活动名称	单一	混合	个数	动	静	男	女	老	中	青	人数
																打乒乓球	●			●		22	16				38

人群号	平	坡	多树	广场	路	构筑物	硬铺地	土	砂	间草	草	名称	常绿	落叶	灌木	活动名称	单一	混合	个数	动	静	男	女	老	中	青	人数
																打乒乓球						10	9				19
																				●							

人群号	平	坡	多树	广场	路	构筑物	硬铺地	土	砂	间草	草	名称	常绿	落叶	灌木	活动名称	单一	混合	个数	动	静	男	女	老	中	青	人数
																打乒乓球	●			●		19	11				30

记录人：
- 拍照
- 记录　游亚鹏
- 标图　游亚鹏

人群号	平	坡	多树	广场	路	构筑物	硬铺地	土	砂	间草	草	名称	常绿	落叶	灌木	活动名称	单一	混合	个数	动	静	男	女	老	中	青	人数
																打乒乓球	●			●		15	14				29

记录人：
- 拍照
- 记录　张芳
- 标图　张芳

人群号	平	坡	多树	广场	路	构筑物	硬铺地	土	砂	间草	草	名称	常绿	落叶	灌木	活动名称	单一	混合	个数	动	静	男	女	老	中	青	人数
																打乒乓球	●			●		23	12	8	27		35

记录人：
- 拍照
- 记录　徐奕
- 标图　徐奕

人群号	平	坡	多树	广场	路	构筑物	硬铺地	土	砂	间草	草	名称	常绿	落叶	灌木	活动名称	单一	混合	个数	动	静	男	女	老	中	青	人数
																打乒乓球	●			●		15	11	8	15	3	26

记录人：
- 拍照
- 记录　游亚鹏
- 标图　游亚鹏

日期：9月5日　　时间：8:00　　地点：莲花池公园　　地点编号：7　　图纸上编号22　　调研次数：第2次　　气象：阴　　照片号

人群号	平	坡	多树	广场	路	构筑物	硬铺地	土	砂	间草	草	名称	常绿	落叶	灌木	活动名称	单一	混合	个数	动	静	男	女	老	中	青	人数
备注	●				●		●					国槐				气功	●				●	1					1
																休息						2					2

记录人：
- ●拍照
- ●记录　陈红梅
- ●标图　陈红梅

日期：8月27日　　时间：20:01　　地点：莲花池公园　　地点编号：21　　图纸上编号23　　调研次数：第1次　　气象：阴　　照片号

人群号	平	坡	多树	广场	路	构筑物	硬铺地	土	砂	间草	草	名称	常绿	落叶	灌木	活动名称	单一	混合	个数	动	静	男	女	老	中	青	人数
备注	●	●		水边			●				●	柳树		●	●	钓鱼	●				●						26

记录人：
- ●拍照
- ●记录　张芳
- ●标图　张芳

日期：8月27日　　时间：8:12　　地点：莲花池公园　　地点编号：905MF　　图纸上编号23　　调研次数：第1次　　气象：阴　　照片号

人群号	平	坡	多树	广场	路	构筑物	硬铺地	土	砂	间草	草	名称	常绿	落叶	灌木	活动名称	单一	混合	个数	动	静	男	女	老	中	青	人数
				水边												钓鱼	●				●	35	1				36
																						18	2				20

记录人：
- ●拍照
- ●记录　游亚鹏
- ●标图　游亚鹏

日期：9月23日　　时间：8:30　　地点：莲花池公园　　地点编号：6　　图纸上编号23　　调研次数：第3次　　气象：晴　　照片号

人群号	平	坡	多树	广场	路	构筑物	硬铺地	土	砂	间草	草	名称	常绿	落叶	灌木	活动名称	单一	混合	个数	动	静	男	女	老	中	青	人数
																钓鱼	●				●	28	4	19	12	1	32

记录人：
- ●拍照
- ●记录　张芳
- ●标图　张芳

日期：10月9日　　时间：8:00　　地点：莲花池公园　　地点编号：23　　图纸上编号23　　调研次数：第4次　　气象：阴　　照片号

人群号	平	坡	多树	广场	路	构筑物	硬铺地	土	砂	间草	草	名称	常绿	落叶	灌木	活动名称	单一	混合	个数	动	静	男	女	老	中	青	人数
																钓鱼	●					7				7	7

日期：10月14日　　时间：8:00　　地点：莲花池公园　　地点编号：23　　图纸上编号23　　调研次数：第5次　　气象：晴　　照片号

人群号	平	坡	多树	广场	路	构筑物	硬铺地	土	砂	间草	草	名称	常绿	落叶	灌木	活动名称	单一	混合	个数	动	静	男	女	老	中	青	人数
																钓鱼	●				●	3	2	4	1		5

记录人：
- ●拍照
- ●记录　徐奕
- ●标图　徐奕

日期：8月27日　时间：8:23　地点：莲花池公园　地点编号：1　图纸上编号24　调研次数：第1次　气象：阴　照片号

人群号	平	坡	多树	广场	路	构筑物	硬铺地	土	砂	间草	草	名称	常绿	落叶	灌木	活动名称	单一	混合	个数	动	静	男	女	老	中	青	人数
备注	●			●			●					国槐				打网球	●			●	●	2	1				3
	●		●				●				●	雪松		●	●	休息						1	1				2

日期：8月27日　时间：19:52　地点：莲花池公园　地点编号：1　图纸上编号24　调研次数：第1次　气象：阴　照片号

人群号	平	坡	多树	广场	路	构筑物	硬铺地	土	砂	间草	草	名称	常绿	落叶	灌木	活动名称	单一	混合	个数	动	静	男	女	老	中	青	人数
备注	●						●				●					演唱	●			●		2					2

记录人：
●拍照
●记录　陈红梅
●标图　陈红梅

日期：8月27日　时间：10:40　地点：莲花池公园　地点编号：827F　图纸上编号24　调研次数：第1次　气象：阴　照片号

人群号	平	坡	多树	广场	路	构筑物	硬铺地	土	砂	间草	草	名称	常绿	落叶	灌木	活动名称	单一	混合	个数	动	静	男	女	老	中	青	人数
																练剑		●		●		7	9				16
																太极拳											

记录人：
●拍照　孟崚
●记录　游亚鹏
●标图　游亚鹏

日期：9月5日　时间：8:00　地点：莲花池公园　地点编号：1　图纸上编号24　调研次数：第2次　气象：阴　照片号

人群号	平	坡	多树	广场	路	构筑物	硬铺地	土	砂	间草	草	名称	常绿	落叶	灌木	活动名称	单一	混合	个数	动	静	男	女	老	中	青	人数
																练剑		●		●		12	12				24
																太极拳											
																武术							1	1			1
																皮筋网球							1	1	1	1	2

日期：9月23日　时间：8:17　地点：莲花池公园　地点编号：24　图纸上编号24　调研次数：第3次　气象：晴　照片号

人群号	平	坡	多树	广场	路	构筑物	硬铺地	土	砂	间草	草	名称	常绿	落叶	灌木	活动名称	单一	混合	个数	动	静	男	女	老	中	青	人数
																打拳		●		●				4			4
																练剑								4	5		9
																舞扇									2		2
																聊天									2		2

记录人：
●拍照
●记录　张晓奕
●标图　张晓奕

日期：8月27日	时间：20:12	地点：莲花池公园	地点编号：6	图纸上编号25	调研次数：第1次	气象：阴	照片号

人群号	场地类型						地面条件					场地内树木类型				活动类型						人群类型					人数
	平	坡	多树	广场	路	构筑物	硬铺地	土	砂	间草	草	名称	常绿	落叶	灌木	活动名称	单一	混合	个数	动	静	男	女	老	中	青	
备注	●		●			●										休息、恋爱	●				●	18	30	13	33	2	48

记录人：
- ●拍照
- ●记录　张芳
- ●标图　张芳

日期：9月5日	时间：8:30	地点：莲花池公园	地点编号：2	图纸上编号25	调研次数：第1次	气象：阴	照片号

	平	坡	多树	广场	路	构筑物	硬铺地	土	砂	间草	草	名称	常绿	落叶	灌木	活动名称	单一	混合	个数	动	静	男	女	老	中	青	
			●		●											跳舞	●		●			55	55				110
																观众						23	30				53

日期：9月5日	时间：7:29	地点：莲花池公园	地点编号：6	图纸上编号25	调研次数：第2次	气象：阴	照片号

	平	坡	多树	广场	路	构筑物	硬铺地	土	砂	间草	草	名称	常绿	落叶	灌木	活动名称	单一	混合	个数	动	静	男	女	老	中	青	
																舞扇	●		●								37

记录人：
- ●拍照
- ●记录　陈红梅
- ●标图　陈红梅

日期：9月23日	时间：8:10	地点：莲花池公园	地点编号：25	图纸上编号25	调研次数：第3次	气象：晴	照片号

	平	坡	多树	广场	路	构筑物	硬铺地	土	砂	间草	草	名称	常绿	落叶	灌木	活动名称	单一	混合	个数	动	静	男	女	老	中	青	
																打乒球	●		●			1					1
																聊天						5					5

记录人：
- ●拍照
- ●记录　张晓奕
- ●标图　张晓奕

日期：9月23日	时间：8:34	地点：莲花池公园	地点编号：7	图纸上编号25	调研次数：第3次	气象：晴	照片号

	平	坡	多树	广场	路	构筑物	硬铺地	土	砂	间草	草	名称	常绿	落叶	灌木	活动名称	单一	混合	个数	动	静	男	女	老	中	青	
																打网球	●		●			5	2	5	2		7
																休息											

记录人：
- ●拍照
- ●记录　张芳
- ●标图　张芳

日期：10月14日	时间：8:00	地点：莲花池公园	地点编号：25	图纸上编号25	调研次数：第5次	气象：晴冷	照片号

	平	坡	多树	广场	路	构筑物	硬铺地	土	砂	间草	草	名称	常绿	落叶	灌木	活动名称	单一	混合	个数	动	静	男	女	老	中	青	
																打网球	●		●			4	6	7	3		10
																打羽毛球											
																休息											

记录人：
- ●拍照
- ●记录　徐奕
- ●标图　徐奕

日期：8月27日	时间：14:59	地点：莲花池公园	地点编号：233	图纸上编号26	调研次数：第1次	气象：阴	照片号

人群号	场地类型						地面条件					场地内树木类型				活动类型						人群类型					人数
	平	坡	多树	广场	路	构筑物	硬铺地	土	砂	间草	草	名称	常绿	落叶	灌木	活动名称	单一	混合	个数	动	静	男	女	老	中	青	
备注	●			●	桥	●										放风筝	●				●	3					3

记录人：
- ●拍照
- ●记录　张芳
- ●标图　张芳

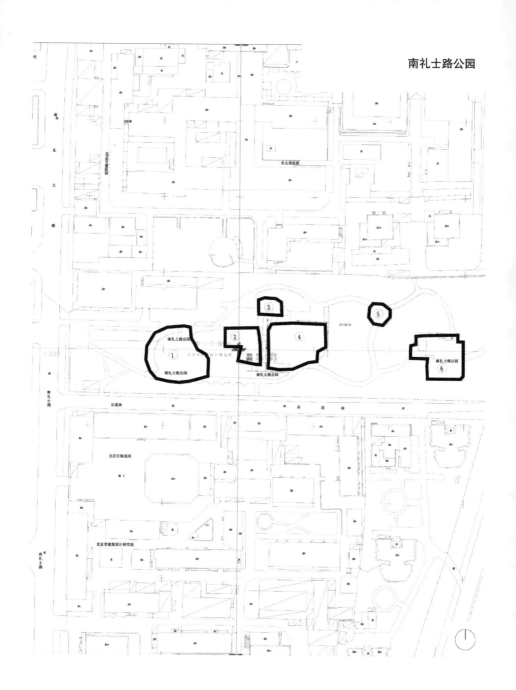

南礼士路公园

日期: ######　时间: 7:35　地点: 南礼士路公园　地点编号: 1　图纸上编号: 1　调研次数: 第1次　气象: 晴　照片号

人群号	场地类型						地面条件					场地内树木类型				活动类型						人群类型					人数
	平	坡	多树	广场	路	构筑物	硬铺地	土	砂	间草	草	名称	常绿	落叶	灌木	活动名称	单一	混合	个数	动	静	男	女	老	中	青	
备注	●		●	●			●							●		跳舞	●				●	34	100	45	89		134

记录人:
- ●拍照　孟峙
- ●记录　张芳，陈红梅
- ●标图　张芳

日期: ######　时间: 7:35　地点: 南礼士路公园　地点编号: 1　图纸上编号: 1　调研次数: 第2次　气象: 晴　照片号

人群号	场地类型						地面条件					场地内树木类型				活动类型						人群类型					人数
	平	坡	多树	广场	路	构筑物	硬铺地	土	砂	间草	草	名称	常绿	落叶	灌木	活动名称	单一	混合	个数	动	静	男	女	老	中	青	
备注	●		●	●			●							●		跳舞	●				●	27	94	22	99		121

记录人:
- ●拍照　孟峙
- ●记录　张芳
- ●标图　张芳

日期: ######　时间: 7:45　地点: 南礼士路公园　地点编号: 1　图纸上编号: 1　调研次数: 第3次　气象: 大雾转晴　照片号

人群号	场地类型						地面条件					场地内树木类型				活动类型						人群类型					人数
	平	坡	多树	广场	路	构筑物	硬铺地	土	砂	间草	草	名称	常绿	落叶	灌木	活动名称	单一	混合	个数	动	静	男	女	老	中	青	
备注	●		●	●			●							●		跳舞	●				●	30	98	99	29		128
																观众						12	44	20	36		56

记录人:
- ●拍照　张晓奕
- ●记录　陈红梅
- ●标图　陈红梅

日期: ######　时间: 8:20　地点: 南礼士路公园　地点编号: 1　图纸上编号: 1　调研次数: 第4次　气象: 晴, 有风　照片号

人群号	场地类型						地面条件					场地内树木类型				活动类型						人群类型					人数
	平	坡	多树	广场	路	构筑物	硬铺地	土	砂	间草	草	名称	常绿	落叶	灌木	活动名称	单一	混合	个数	动	静	男	女	老	中	青	
备注	●		●	●			●							●		跳舞	●				●	33	74	78	29		107
																观众						23	22	36	9		45
																买卖东西											17

记录人:
- ●拍照　陈红梅
- ●记录　张晓奕
- ●标图　张晓奕

表一

日期: ##### 时间: 8:20 地点: 南礼士路公园 地点编号: 1 图纸上编号 1.2 调研次数: 第4次 气象: 晴, 有风 照片号

人群号	平	坡	多树	广场	路	构筑物	硬铺地	土	砂	间草	草	名称	常绿	落叶	灌木	活动名称	单一	混合	个数	动	静	男	女	老	中	青	人数
备注	●		●	●			●							●		义诊	●			●		3	8	4	4	3	11

记录人:
- ●拍照　陈红梅
- ●记录　张晓奕
- ●标图　张晓奕

表二

日期: ##### 时间: 7:40 地点: 南礼士路公园 地点编号: 1 图纸上编号 2 调研次数: 第1次 气象: 晴 照片号

人群号	平	坡	多树	广场	路	构筑物	硬铺地	土	砂	间草	草	名称	常绿	落叶	灌木	活动名称	单一	混合	个数	动	静	男	女	老	中	青	人数
备注	●		●	●			●						●	●		全民		●		●		1	6	6	1		7
																理发						1	1		2		2
																休息						1	2	2	1		3
																踢毽子						1	1				1

记录人:
- ●拍照　孟崎
- ●记录　张芳, 陈红梅
- ●标图　张芳

表三

日期: ##### 时间: 7:39 地点: 南礼士路公园 地点编号: 1 图纸上编号 2 调研次数: 第1次 气象: 晴 照片号

人群号	平	坡	多树	广场	路	构筑物	硬铺地	土	砂	间草	草	名称	常绿	落叶	灌木	活动名称	单一	混合	个数	动	静	男	女	老	中	青	人数
备注	●		●	●			●						●	●		全民		●		●		3	10	10	3		13
																休息						3		3			3
																踢毽子						1	3	4			4

记录人:
- ●拍照　孟崎
- ●记录　张芳
- ●标图　张芳

表四

日期: ##### 时间: 7:45 地点: 南礼士路公园 地点编号: 1 图纸上编号 2 调研次数: 第1次 气象: 晴 照片号

人群号	平	坡	多树	广场	路	构筑物	硬铺地	土	砂	间草	草	名称	常绿	落叶	灌木	活动名称	单一	混合	个数	动	静	男	女	老	中	青	人数
备注	●		●	●			●						●	●		全民健身		●		●		3	1	4			4
																打羽毛球						2	2	4			4
																理发						1	1	2			2

记录人:
- ●拍照　孟崎
- ●记录　张芳
- ●标图　张芳

日期: ##### **时间:** 8:30 **地点:** 南礼士路公园 **地点编号:** 2 **图纸上编号** 2 **调研次数:** 第4次 **气象:** 晴, 有风 **照片号**

人群号	场地类型						地面条件					场地内树木类型				活动类型						人群类型					人数
	平	坡	多树	广场	路	构筑物	硬铺地	土	砂	间草	草	名称	常绿	落叶	灌木	活动名称	单一	混合	个数	动	静	男	女	老	中	青	
备注	●		●	●			●							●	●	全民健身		●		●		2	2	4			4
																打羽毛球						2	4				6
																理发						1	1	2			2
																打牌						1	4	5			5
																卖梨						2		2			2
																休息						2	4	5	1		6

记录人:
● 拍照 陈红梅
● 记录 张晓奕
● 标图 张晓奕

日期: 10月14日 **时间:** 7:45 **地点:** 南礼士路公园 **地点编号:** 3 **图纸上编号** 3 **调研次数:** 第1次 **气象:** 晴 **照片号**

人群号	场地类型						地面条件					场地内树木类型				活动类型						人群类型					人数
	平	坡	多树	广场	路	构筑物	硬铺地	土	砂	间草	草	名称	常绿	落叶	灌木	活动名称	单一	混合	个数	动	静	男	女	老	中	青	
备注	●		●	●			●							●	●	跳舞					●		17	17			17

记录人:
● 拍照 孟峙
● 记录 张芳, 陈红梅
● 标图 张芳

日期: 10月15日 **时间:** 7:45 **地点:** 南礼士路公园 **地点编号:** 3 **图纸上编号** 3 **调研次数:** 第2次 **气象:** 晴 **照片号**

人群号	场地类型						地面条件					场地内树木类型				活动类型						人群类型					人数
	平	坡	多树	广场	路	构筑物	硬铺地	土	砂	间草	草	名称	常绿	落叶	灌木	活动名称	单一	混合	个数	动	静	男	女	老	中	青	
备注	●		●	●			●							●	●	跳舞	●				●	6	23	29			29

记录人:
● 拍照 孟峙
● 记录 张芳
● 标图 张芳

日期: 10月20日 **时间:** 8:00 **地点:** 南礼士路公园 **地点编号:** 3 **图纸上编号** 3 **调研次数:** 第3次 **气象:** 大雾转晴 **照片号**

人群号	场地类型						地面条件					场地内树木类型				活动类型						人群类型					人数
	平	坡	多树	广场	路	构筑物	硬铺地	土	砂	间草	草	名称	常绿	落叶	灌木	活动名称	单一	混合	个数	动	静	男	女	老	中	青	
备注	●		●	●			●							●	●	超级能量					●	12	56	58	10		68
																太极拳						1	1	2			2

记录人:
● 拍照 孟峙
● 记录 张芳
● 标图 张芳

公共建筑及周边场地功能适变设计关键技术

日期: 10月22日　**时间:** 8:20　**地点:** 南礼士路公园　**地点编号:** 3　**图纸上编号** 3　**调研次数:** 第4次　**气象:** 晴, 有风　**照片号**

人群号	场地类型						地面条件					场地内树木类型				活动类型						人群类型					人数
	平	坡	多树	广场	路	构筑物	硬铺地	土	砂	间草	草	名称	常绿	落叶	灌木	活动名称	单一	混合	个数	动	静	男	女	老	中	青	
备注	●		●	●			●							●		气功	●				●	2	3	5			5

记录人:
- ●拍照　陈红梅
- ●记录　张晓奕
- ●标图　张晓奕

日期: ######　**时间:** 7:50　**地点:** 南礼士路公园　**地点编号:** 4　**图纸上编号** 4　**调研次数:** 第1次　**气象:** 晴　**照片号**

人群号	场地类型						地面条件					场地内树木类型				活动类型						人群类型					人数
	平	坡	多树	广场	路	构筑物	硬铺地	土	砂	间草	草	名称	常绿	落叶	灌木	活动名称	单一	混合	个数	动	静	男	女	老	中	青	
备注	●		●	●			●						●	●		练剑	●				●		3	3			3
																打拳						1	6	7			7
																理发						1	1		2	2	2
																踢毽子						1	6	7			7

记录人:
- ●拍照　孟峙
- ●记录　张芳, 陈红梅
- ●标图　张芳

日期: ######　**时间:** 7:51　**地点:** 南礼士路公园　**地点编号:** 4　**图纸上编号** 4　**调研次数:** 第2次　**气象:** 晴　**照片号**

人群号	场地类型						地面条件					场地内树木类型				活动类型						人群类型					人数
	平	坡	多树	广场	路	构筑物	硬铺地	土	砂	间草	草	名称	常绿	落叶	灌木	活动名称	单一	混合	个数	动	静	男	女	老	中	青	
备注	●		●	●			●						●	●		练剑	●				●		5	5			5
																打拳						3	9	12			12
																踢毽子						1		1			1

记录人:
- ●拍照　孟峙
- ●记录　张芳
- ●标图　张芳

日期: ######　**时间:** 7:51　**地点:** 南礼士路公园　**地点编号:** 4　**图纸上编号** 4　**调研次数:** 第3次　**气象:** 大雾转晴　**照片号**

人群号	场地类型						地面条件					场地内树木类型				活动类型						人群类型					人数
	平	坡	多树	广场	路	构筑物	硬铺地	土	砂	间草	草	名称	常绿	落叶	灌木	活动名称	单一	混合	个数	动	静	男	女	老	中	青	
备注	●		●	●		亭子	●						●	●		练剑	●				●	1	1		2		2
																踢毽子							4		4		4
																休息							2		2		2
																打牌						6	2		8		8
																理发						1	1		2		2

记录人:
- ●拍照　张晓奕
- ●记录　陈红梅
- ●标图　陈红梅

人群号	场地类型						地面条件					场地内名称	树木类型			活动类型						人群类型					人数
	平	坡	多树	广场	路	构筑物	硬铺地	土	砂	间草	草	名称	常绿	落叶	灌木	活动名称	单一	混合	个数	动	静	男	女	老	中	青	
备注	●		●	●			●					杨树	●	●		打牌		●			●	14	1		15		15
												槐树				下棋						4			4		4
												梧桐				踢毽								3		3	3
												柿子树				休息						9		7	2		9
												枫树				学跳舞						2	1		3		3
												油松				下棋						4			4		4
												桧柏															

记录人：
- ●拍照 陈红梅
- ●记录 张晓奕
- ●标图 张晓奕

人群号	场地类型						地面条件					场地内树木类型				活动类型						人群类型					人数
	平	坡	多树	广场	路	构筑物	硬铺地	土	砂	间草	草	名称	常绿	落叶	灌木	活动名称	单一	混合	个数	动	静	男	女	老	中	青	
备注	●		●	●			●								●	打拳		●			●	10	11				21
																休息						6	3				9

记录人：
- ●拍照 陈红梅
- ●记录 张晓奕
- ●标图 张晓奕

人群号	场地类型						地面条件					场地内树木类型				活动类型						人群类型					人数
	平	坡	多树	广场	路	构筑物	硬铺地	土	砂	间草	草	名称	常绿	落叶	灌木	活动名称	单一	混合	个数	动	静	男	女	老	中	青	
备注	●		●	●											●	休息		●			●	5	2	6		1	7

记录人：
- ●拍照 张晓奕
- ●记录 陈红梅
- ●标图 陈红梅

人群号	场地类型						地面条件					场地内树木类型				活动类型						人群类型					人数
	平	坡	多树	广场	路	构筑物	硬铺地	土	砂	间草	草	名称	常绿	落叶	灌木	活动名称	单一	混合	个数	动	静	男	女	老	中	青	
备注	●		●	●			●					槐树		●		聊天	●				●			7		2	9

记录人：
- ●拍照 陈红梅
- ●记录 张晓奕
- ●标图 张晓奕

表1

日期: ###### 时间: 8:20 地点: 南礼士路公园 地点编号: 5 图纸上编号 5.2 调研次数: 第4次 气象: 晴，有风 照片号

人群号	平	坡	多树	广场	路	构筑物	硬铺地	土	砂	间草	草	名称	常绿	落叶	灌木	活动名称	单一	混合	个数	动	静	男	女	老	中	青	人数
备注	●		●		●		●					槐树		●		练气功	●		●			2		2			2

记录人:
- ●拍照 陈红梅
- ●记录 张晓奕
- ●标图 张晓奕

表2

日期: ###### 时间: 7:54 地点: 南礼士路公园 地点编号: 6 图纸上编号 6 调研次数: 第1次 气象: 晴 照片号

人群号	平	坡	多树	广场	路	构筑物	硬铺地	土	砂	间草	草	名称	常绿	落叶	灌木	活动名称	单一	混合	个数	动	静	男	女	老	中	青	人数
备注	●		●	●									●	●		练剑		●		●		3	15	6	12		18
																气功		●		●		3	2	5			5
																耍大刀						2		2			2

记录人:
- ●拍照 孟峥
- ●记录 张芳，陈红梅
- ●标图 张芳

表3

日期: ###### 时间: 8:10 地点: 南礼士路公园 地点编号: 6 图纸上编号 6 调研次数: 第1次 气象: 大雾转晴 照片号

人群号	平	坡	多树	广场	路	构筑物	硬铺地	土	砂	间草	草	名称	常绿	落叶	灌木	活动名称	单一	混合	个数	动	静	男	女	老	中	青	人数
备注	●		●	●		长廊	●						●	●		舞扇		●		●		1	6	5	2		7
																抖空竹							2	2			2
																休息						2	1	2	1	1儿童	3

记录人:
- ●拍照 孟峥
- ●记录 张芳，陈红梅
- ●标图 张芳

表4

日期: ###### 时间: 8:30 地点: 南礼士路公园 地点编号: 6 图纸上编号 6 调研次数: 第4次 气象: 晴，有风 照片号

人群号	平	坡	多树	广场	路	构筑物	硬铺地	土	砂	间草	草	名称	常绿	落叶	灌木	活动名称	单一	混合	个数	动	静	男	女	老	中	青	人数
备注	●		●	●		长廊	●					臭椿	●	●		下棋（廊内）		●		●		7		7			7
												云杉				休息（廊内）						2	1	3			3
												柳树				休息、编织						1	4	3	2		5
												油松				抖空竹							1	1			1
												槐树				太极拳							1	1			1
												雪松															

记录人:
- ●拍照 陈红梅
- ●记录 张晓奕
- ●标图 张晓奕

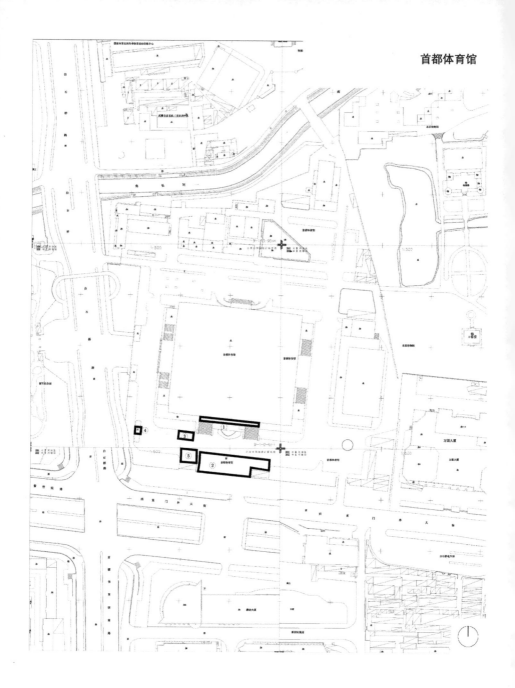

首都体育馆

| 日期: 10月13日 | 时间: 7:55 | 地点:首都体育馆 | 地点编号: 1 | 图纸上编号1 | 调研次数: 第1次 | 气象:晴 | 照片号 |

人群号	场地类型						地面条件					场地内树木类型				活动类型						人群类型					人数
	平	坡	多树	广场	路	构筑物	硬铺地	土	砂	间草	草	名称	常绿	落叶	灌木	活动名称	单一	混合	个数	动	静	男	女	老	中	青	
备注	●			●		体育馆前平台	●									跳拉丁舞					●	4	2				6
	时间: 9:00																										
																跳拉丁舞						6	2				8

记录人:
●拍照 张晓奕
●记录 陈红梅
●标图 陈红梅

| 日期: 10月15日 | 时间: 7:55 | 地点:首都体育馆 | 地点编号: 1 | 图纸上编号1 | 调研次数: 第1次 | 气象:晴 | 照片号 |

人群号	场地类型						地面条件					场地内树木类型				活动类型						人群类型					人数
	平	坡	多树	广场	路	构筑物	硬铺地	土	砂	间草	草	名称	常绿	落叶	灌木	活动名称	单一	混合	个数	动	静	男	女	老	中	青	
备注	●			●		体育馆前平台	●									跳拉丁舞					●	8	9	8	9		17
																练剑				●		3		3			3
	时间: 8:40																										
																跳拉丁舞					●	6	3	9			9
																锻炼				●		3	2	5			5

记录人:
●拍照
●记录 徐奕
●标图 张晓奕

| 日期: 10月29日 | 时间: 8:20 | 地点:首都体育馆 | 地点编号: 1 | 图纸上编号1 | 调研次数: 第2次 | 气象:晴 | 照片号 |

人群号	场地类型						地面条件					场地内树木类型				活动类型						人群类型					人数
	平	坡	多树	广场	路	构筑物	硬铺地	土	砂	间草	草	名称	常绿	落叶	灌木	活动名称	单一	混合	个数	动	静	男	女	老	中	青	
备注	●			●		体育馆前平台	●									跳拉丁舞					●	5	5	3	5	2	10

记录人:
●拍照
●记录 徐奕
●标图 张晓奕

| 日期: 10月30日 | 时间: 8:00 | 地点:首都体育馆 | 地点编号: 1 | 图纸上编号1 | 调研次数: 第3次 | 气象:晴 | 照片号 |

人群号	场地类型						地面条件					场地内树木类型				活动类型						人群类型					人数
	平	坡	多树	广场	路	构筑物	硬铺地	土	砂	间草	草	名称	常绿	落叶	灌木	活动名称	单一	混合	个数	动	静	男	女	老	中	青	
备注	●			●		体育馆前平台	●									跳拉丁舞					●	5	4	4	5		9
																交谊舞						2	2	4			4

记录人:
●拍照
●记录 徐奕
●标图

人群号	场地类型						地面条件					场地内树木类型				活动类型						人群类型					人数
	平	坡	多树	广场	路	构筑物	硬铺地	土	砂	间草	草	名称	常绿	落叶	灌木	活动名称	单一	混合	个数	动	静	男	女	老	中	青	
备注	●			●		体育馆前平台	●									跳拉丁舞					●	4	4	1	6	1	8

记录人:
- ●拍照
- ●记录　徐奕
- ●标图

人群号	场地类型						地面条件					场地内树木类型				活动类型						人群类型					人数
	平	坡	多树	广场	路	构筑物	硬铺地	土	砂	间草	草	名称	常绿	落叶	灌木	活动名称	单一	混合	个数	动	静	男	女	老	中	青	
备注	●			●		公园门口	●									跳交谊舞					●	30	36				66
																溜滚轴						1					1
									时间: 9:00																		
																跳交谊舞						13	31				44

记录人:
- ●拍照　张晓奕
- ●记录　陈红梅
- ●标图　陈红梅

人群号	场地类型						地面条件					场地内树木类型				活动类型						人群类型					人数
	平	坡	多树	广场	路	构筑物	硬铺地	土	砂	间草	草	名称	常绿	落叶	灌木	活动名称	单一	混合	个数	动	静	男	女	老	中	青	
备注	●			●		公园门口	●									跳交谊舞					●	16	43	54	5		59

记录人:
- ●拍照
- ●记录　徐奕
- ●标图　张晓奕

人群号	场地类型						地面条件					场地内树木类型				活动类型						人群类型					人数
	平	坡	多树	广场	路	构筑物	硬铺地	土	砂	间草	草	名称	常绿	落叶	灌木	活动名称	单一	混合	个数	动	静	男	女	老	中	青	
备注	●			●		公园门口	●									跳交谊舞					●	12	32	30	14		44

记录人:
- ●拍照
- ●记录　徐奕
- ●标图　张晓奕

日期: 10月30日　时间: 8:20　地点: 首都体育馆　地点编号:　图纸上编号2　调研次数: 第4次　气象: 晴　照片号

人群号	平	坡	多树	广场	路	构筑物	硬铺地	土	砂	间草	草	名称	常绿	落叶	灌木	活动名称	单一	混合	个数	动	静	男	女	老	中	青	人数
备注	●			●		公园门口	●									跳交谊舞					●	49	7	1			57

记录人:
●拍照
●记录　徐奕
●标图　张晓奕

日期: 10月31日　时间: 8:20　地点: 首都体育馆　地点编号:　图纸上编号2　调研次数: 第5次　气象: 晴　照片号

人群号	平	坡	多树	广场	路	构筑物	硬铺地	土	砂	间草	草	名称	常绿	落叶	灌木	活动名称	单一	混合	个数	动	静	男	女	老	中	青	人数
备注	●			●		公园门口										跳交谊舞					●	16	28	23	21		44

记录人:
●拍照
●记录　徐奕
●标图　张晓奕

日期: 10月13日　时间: 8:00　地点: 首都体育馆　地点编号: 3　图纸上编号3　调研次数: 第1次　气象: 晴　照片号

人群号	平	坡	多树	广场	路	构筑物	硬铺地	土	砂	间草	草	名称	常绿	落叶	灌木	活动名称	单一	混合	个数	动	静	男	女	老	中	青	人数
备注	●			●		公园门口	●									聊天					●	4		4			4
时间: 8:30																练剑					●	2		2			2
																锻炼					●	2		2			2
时间: 9:00																太极拳					●	3	1	4			4

记录人:
●拍照　张晓奕
●记录　陈红梅
●标图　陈红梅

日期: 10月15日　时间: 8:00　地点: 首都体育馆　地点编号: 3　图纸上编号3　调研次数: 第4次　气象: 晴　照片号

人群号	平	坡	多树	广场	路	构筑物	硬铺地	土	砂	间草	草	名称	常绿	落叶	灌木	活动名称	单一	混合	个数	动	静	男	女	老	中	青	人数
备注	●		●			公园门口	●									打羽毛球	●				●		2		2		2
时间: 8:40																太极拳		●			●	3		3			3
																练剑					●	1	1				1
																跳舞				●			9		9		9

记录人:
●拍照
●记录　徐奕
●标图　张晓奕

日期: 10月29日　　时间: 8:00　　地点: 首都体育馆　　地点编号: 3　　图纸上编号 3　　调研次数: 第5次　　气象: 晴　　照片号

人群号	场地类型						地面条件					场地内树木类型				活动类型						人群类型					人数
	平	坡	多树	广场	路	构筑物	硬铺地	土	砂	间草	草	名称	常绿	落叶	灌木	活动名称	单一	混合	个数	动	静	男	女	老	中	青	
备注	●		●			公园门口	●									练剑	●				●	3	1	3		1	4

记录人:
- ●拍照
- ●记录　徐奕
- ●标图　张晓奕

日期: 10月30日　　时间: 8:00　　地点: 首都体育馆　　地点编号: 3　　图纸上编号 3　　调研次数: 第6次　　气象: 晴　　照片号

人群号	场地类型						地面条件					场地内树木类型				活动类型						人群类型					人数
	平	坡	多树	广场	路	构筑物	硬铺地	土	砂	间草	草	名称	常绿	落叶	灌木	活动名称	单一	混合	个数	动	静	男	女	老	中	青	
备注	●		●			公园门口	●									练剑	●				●	2		2			2

记录人:
- ●拍照
- ●记录　徐奕
- ●标图　张晓奕

日期: 10月31日　　时间: 8:00　　地点: 首都体育馆　　地点编号: 3　　图纸上编号 3　　调研次数: 第7次　　气象: 阴　　照片号

人群号	场地类型						地面条件					场地内树木类型				活动类型						人群类型					人数
	平	坡	多树	广场	路	构筑物	硬铺地	土	砂	间草	草	名称	常绿	落叶	灌木	活动名称	单一	混合	个数	动	静	男	女	老	中	青	
备注	●		●			公园门口	●									练剑	●				●	3	1	3		1	4

记录人:
- ●拍照
- ●记录　徐奕
- ●标图　张晓奕

日期: 10月13日　　时间: 7:40　　地点: 首都体育馆　　地点编号: 4　　图纸上编号 4　　调研次数: 第1次　　气象: 晴　　照片号

人群号	场地类型						地面条件					场地内树木类型				活动类型						人群类型					人数
	平	坡	多树	广场	路	构筑物	硬铺地	土	砂	间草	草	名称	常绿	落叶	灌木	活动名称	单一	混合	个数	动	静	男	女	老	中	青	
备注	●			●	●		●									打篮球					●	1				1	1

记录人:
- ●拍照　张晓奕
- ●记录　陈红梅
- ●标图　陈红梅

人群号	场地类型						地面条件					场地内树木类型				活动类型						人群类型					人数
	平	坡	多树	广场	路	构筑物	硬铺地	土	砂	间草	草	名称	常绿	落叶	灌木	活动名称	单一	混合	个数	动	静	男	女	老	中	青	
备注	●			●	●		●									舞扇					●		6	1	5		6

记录人:
- 拍照
- 记录　徐奕
- 标图　张晓奕

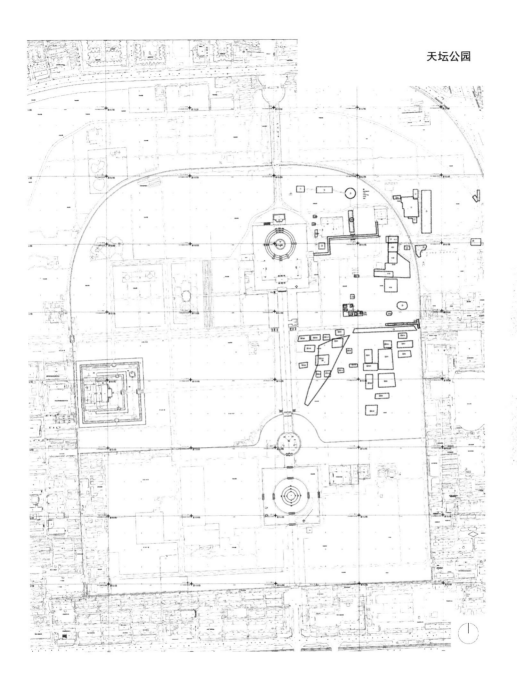

天坛公园

人群号	场地类型						地面条件					场地内树木类型				活动类型						人群类型					人数
	平	坡	多树	广场	路	构筑物	硬铺地	土	砂	间草	草	名称	常绿	落叶	灌木	活动名称	单一	混合	个数	动	静	男	女	老	中	青	
备注	●		●		●		●						●	●		跳舞	●					15	20	12	18	5	35

人群号	场地类型						地面条件					场地内树木类型				活动类型						人群类型					人数
	平	坡	多树	广场	路	构筑物	硬铺地	土	砂	间草	草	名称	常绿	落叶	灌木	活动名称	单一	混合	个数	动	静	男	女	老	中	青	
备注	●		●		●		●						●	●		跳舞						15	13				28

记录人：
- ●拍照　孟峄
- ●记录　张芳
- ●标图　张芳

人群号	场地类型						地面条件					场地内树木类型				活动类型						人群类型					人数
	平	坡	多树	广场	路	构筑物	硬铺地	土	砂	间草	草	名称	常绿	落叶	灌木	活动名称	单一	混合	个数	动	静	男	女	老	中	青	
备注	●		●		●		●						●	●		跳舞	●							3	27		30

记录人：
- ●拍照　孟峄
- ●记录　张芳
- ●标图　张芳

人群号	场地类型						地面条件					场地内树木类型				活动类型						人群类型					人数
	平	坡	多树	广场	路	构筑物	硬铺地	土	砂	间草	草	名称	常绿	落叶	灌木	活动名称	单一	混合	个数	动	静	男	女	老	中	青	
备注	●		●		●		●						●	●		跳舞	●					6	18	5	19		24

记录人：
- ●拍照　孟峄
- ●记录　张芳
- ●标图　张芳

人群号	场地类型						地面条件					场地内树木类型				活动类型						人群类型					人数
	平	坡	多树	广场	路	构筑物	硬铺地	土	砂	间草	草	名称	常绿	落叶	灌木	活动名称	单一	混合	个数	动	静	男	女	老	中	青	
备注	●		●		●		●						●	●		跳舞	●					7	11	7	11		18

记录人：
- ●拍照　孟峄
- ●记录　张芳
- ●标图　张芳

日期: 8月19日　时间: 8:00　地点: 天坛公园　地点编号: B　图纸上编号3　调研次数: 第1次　气象: 阴　照片号

人群号	场地类型						地面条件					场地内树木类型				活动类型						人群类型					人数
	平	坡	多树	广场	路	构筑物	硬铺地	土	砂	间草	草	名称	常绿	落叶	灌木	活动名称	单一	混合	个数	动	静	男	女	老	中	青	
备注				●			●							●	●	跳舞	●					10	22	2	30		32
																看报						14	6	9	11		20
																休息											14

日期: 9月3日　时间: 7:49　地点: 天坛公园　地点编号: (2b)　图纸上编号3　调研次数: 第2次　气象: 阴　照片号

人群号	场地类型						地面条件					场地内树木类型				活动类型						人群类型					人数
	平	坡	多树	广场	路	构筑物	硬铺地	土	砂	间草	草	名称	常绿	落叶	灌木	活动名称	单一	混合	个数	动	静	男	女	老	中	青	
备注					●											抖空竹						11	4				15

记录人:
●拍照　孟峙
●记录　张芳
●标图　张芳

日期: 8月19日　时间: 8:09　地点: 天坛公园　地点编号: D　图纸上编号3　调研次数: 第1次　气象: 阴　照片号

人群号	场地类型						地面条件					场地内树木类型				活动类型						人群类型					人数
	平	坡	多树	广场	路	构筑物	硬铺地	土	砂	间草	草	名称	常绿	落叶	灌木	活动名称	单一	混合	个数	动	静	男	女	老	中	青	
备注	●		●	●			●							●	●	竹板舞	●										
																抖空竹						22	18	4			22

时间:　17:55

人群号	场地类型						地面条件					场地内树木类型				活动类型						人群类型					人数
	平	坡	多树	广场	路	构筑物	硬铺地	土	砂	间草	草	名称	常绿	落叶	灌木	活动名称	单一	混合	个数	动	静	男	女	老	中	青	
																休息							6	3	2	1	6
																看报							6		6		6

日期: 9月3日　时间: 7:49　地点: 天坛公园　地点编号: (2a)　图纸上编号3　调研次数: 第2次　气象: 阴　照片号

人群号	场地类型						地面条件					场地内树木类型				活动类型						人群类型					人数
	平	坡	多树	广场	路	构筑物	硬铺地	土	砂	间草	草	名称	常绿	落叶	灌木	活动名称	单一	混合	个数	动	静	男	女	老	中	青	
备注	●		●	●			●	●						●	●	看报						41	34				75

时间:　19:36

人群号	场地类型						地面条件					场地内树木类型				活动类型						人群类型					人数
	平	坡	多树	广场	路	构筑物	硬铺地	土	砂	间草	草	名称	常绿	落叶	灌木	活动名称	单一	混合	个数	动	静	男	女	老	中	青	
																休息						8	5	2	9	2	13

日期: 10 月 10 日　　时间: 7:51　　地点: 天坛公园　　地点编号: （2a）　　图纸上编号 3　　调研次数: 第 3 次　　气象: 阴　　照片号

人群号	场地类型						地面条件					场地内树木类型				活动类型						人群类型					人数
	平	坡	多树	广场	路	构筑物	硬铺地	土	砂	间草	草	名称	常绿	落叶	灌木	活动名称	单一	混合	个数	动	静	男	女	老	中	青	
备注	●		●	●			●	●					●	●		看报						28	22	50			50

记录人：
- ●拍照　孟峙
- ●记录　张芳
- ●标图　张芳

日期: 10 月 17 日　　时间: 7:46　　地点: 天坛公园　　地点编号: （2a）　　图纸上编号 3　　调研次数: 第 4 次　　气象: 晴　　照片号

人群号	场地类型						地面条件					场地内树木类型				活动类型						人群类型					人数
	平	坡	多树	广场	路	构筑物	硬铺地	土	砂	间草	草	名称	常绿	落叶	灌木	活动名称	单一	混合	个数	动	静	男	女	老	中	青	
备注	●		●	●			●	●					●	●		看报						16	5	17	4		21
																休息											

记录人：
- ●拍照　孟峙
- ●记录　张芳
- ●标图　张芳

日期: 10 月 28 日　　时间: 7:48　　地点: 天坛公园　　地点编号:　　图纸上编号 3　　调研次数: 第 5 次　　气象: 晴　　照片号

人群号	场地类型						地面条件					场地内树木类型				活动类型						人群类型					人数
	平	坡	多树	广场	路	构筑物	硬铺地	土	砂	间草	草	名称	常绿	落叶	灌木	活动名称	单一	混合	个数	动	静	男	女	老	中	青	
备注	●		●	●			●	●					●	●		看报						14	3	17			17
																休息											
																太极											

记录人：
- ●拍照　孟峙
- ●记录　张芳
- ●标图　张芳

日期: 9 月 3 日　　时间: 7:49　　地点: 天坛公园　　地点编号: （2c）　　图纸上编号 4　　调研次数: 第 2 次　　气象: 阴　　照片号

人群号	场地类型						地面条件					场地内树木类型				活动类型						人群类型					人数
	平	坡	多树	广场	路	构筑物	硬铺地	土	砂	间草	草	名称	常绿	落叶	灌木	活动名称	单一	混合	个数	动	静	男	女	老	中	青	
备注	●		●	●	●		●	●					●	●		舞扇							52				52
																抖空竹							4				4
																跳舞							70				70

日期: 10月10日　时间: 7:51　地点: 天坛公园　地点编号:（2c）　图纸上编号 4　调研次数: 第3次　气象: 阴　照片号

人群号	平	坡	多树	广场	路	构筑物	硬铺地	土	砂	间草	草	名称	常绿	落叶	灌木	活动名称	单一	混合	个数	动	静	男	女	老	中	青	人数
备注	●		●	●	●		●	●					●	●		跳舞						1	23	18	6		24
																抖空竹						10	3	11	2		13

记录人:
●拍照　孟峙
●记录　张芳
●标图　张芳

日期: 10月17日　时间: 7:46　地点: 天坛公园　地点编号: 4　图纸上编号 4　调研次数: 第4次　气象: 阴　照片号

人群号	平	坡	多树	广场	路	构筑物	硬铺地	土	砂	间草	草	名称	常绿	落叶	灌木	活动名称	单一	混合	个数	动	静	男	女	老	中	青	人数
备注	●		●	●	●		●	●					●	●		抖空竹						9	3	10	2		12
																舞扇						1	17	18			18

记录人:
●拍照　孟峙
●记录　张芳
●标图　张芳

日期: 10月28日　时间: 7:48　地点: 天坛公园　地点编号:　图纸上编号 4　调研次数: 第5次　气象: 阴　照片号

人群号	平	坡	多树	广场	路	构筑物	硬铺地	土	砂	间草	草	名称	常绿	落叶	灌木	活动名称	单一	混合	个数	动	静	男	女	老	中	青	人数
备注	●		●	●	●		●	●					●	●		抖空竹		●				6	3	7	2		9
																舞扇						1	29	24	6		30

记录人:
●拍照　孟峙
●记录　张芳
●标图　张芳

日期: 8月19日　时间: 8:00　地点: 天坛公园　地点编号:（1）　图纸上编号 5　调研次数: 第1次　气象: 阴　照片号

人群号	平	坡	多树	广场	路	构筑物	硬铺地	土	砂	间草	草	名称	常绿	落叶	灌木	活动名称	单一	混合	个数	动	静	男	女	老	中	青	人数
备注	●		●	●			●	●				柏	●	●		健身						13	28		7	11	400
												槐				走圈											
												松				跑步											
时间: 12:25																											
																健身						9	11				20
																休息											
时间: 17:55																											
																健身						37	26	53		10	63
																休息											
																看报											
时间: 18:49																											
																健身											75
																走卵石						40	7	37		10（7童）	47
																看报											14

日期: 9月3日　时间: 8:05　地点: 天坛公园　地点编号: 93EA　图纸上编号5　调研次数: 第2次　气象: 阴　照片号

人群号	场地类型						地面条件					场地内树木类型				活动类型						人群类型					人数
	平	坡	多树	广场	路	构筑物	硬铺地	土	砂	间草	草	名称	常绿	落叶	灌木	活动名称	单一	混合	个数	动	静	男	女	老	中	青	
备注	●		●	●			●	●				柏树	●	●		全民健身						124	163				287
												槐树				走卵石						25	30				55
												松树				跑步						46	6				52

时间: 11:30

人群号	场地类型						地面条件					场地内树木类型				活动类型						人群类型					人数
																全民健身						19	37	26	24	6（3童）	56

时间: 19:45

人群号	场地类型						地面条件					场地内树木类型				活动类型						人群类型					人数
																全民健身						48	80				128

记录人:
- ●拍照　顾永辉
- ●记录　游亚鹏
- ●标图　游亚鹏

日期: 10月10日　时间: 7:51　地点: 天坛公园　地点编号: 93EA　图纸上编号5　调研次数: 第3次　气象: 阴　照片号

人群号	场地类型						地面条件					场地内树木类型				活动类型						人群类型					人数
	平	坡	多树	广场	路	构筑物	硬铺地	土	砂	间草	草	名称	常绿	落叶	灌木	活动名称	单一	混合	个数	动	静	男	女	老	中	青	
备注	●		●	●			●	●				柏树	●	●		全民健身						92	113	137	168		205
												槐树															
												松树															

记录人:
- ●拍照　孟崝
- ●记录　张芳
- ●标图　张芳

日期: 10月17日　时间: 7:46　地点: 天坛公园　地点编号:　图纸上编号5　调研次数: 第4次　气象: 晴　照片号

人群号	场地类型						地面条件					场地内树木类型				活动类型						人群类型					人数
	平	坡	多树	广场	路	构筑物	硬铺地	土	砂	间草	草	名称	常绿	落叶	灌木	活动名称	单一	混合	个数	动	静	男	女	老	中	青	
备注	●		●	●			●	●				柏树	●	●		全民健身						93	117	65	145		210
												槐树															
												松树															

记录人:
- ●拍照　孟崝
- ●记录　张芳
- ●标图　张芳

日期: 10月28日　时间: 7:48　地点: 天坛公园　地点编号:　图纸上编号5　调研次数: 第5次　气象: 晴　照片号

人群号	场地类型						地面条件					场地内树木类型				活动类型						人群类型					人数
	平	坡	多树	广场	路	构筑物	硬铺地	土	砂	间草	草	名称	常绿	落叶	灌木	活动名称	单一	混合	个数	动	静	男	女	老	中	青	
备注	●		●	●			●			●		柏树	●	●		全民健身						83	106	136	53		189
												槐树															
												松树															

记录人:
- ●拍照　孟峙
- ●记录　张芳
- ●标图　张芳

日期: 10月10日　时间: 7:51　地点: 天坛公园　地点编号: 93EA　图纸上编号5(1)　调研次数: 第1次　气象: 阴　照片号

人群号	场地类型						地面条件					场地内树木类型				活动类型						人群类型					人数
	平	坡	多树	广场	路	构筑物	硬铺地	土	砂	间草	草	名称	常绿	落叶	灌木	活动名称	单一	混合	个数	动	静	男	女	老	中	青	
备注	●		●	●		棚子	●		●				●	●		现代舞						2	74	4	72		76

记录人:
- ●拍照　孟峙
- ●记录　张芳
- ●标图　张芳

日期: 10月17日　时间: 7:46　地点: 天坛公园　地点编号:　图纸上编号5(1)　调研次数: 第2次　气象: 晴　照片号

人群号	场地类型						地面条件					场地内树木类型				活动类型						人群类型					人数
	平	坡	多树	广场	路	构筑物	硬铺地	土	砂	间草	草	名称	常绿	落叶	灌木	活动名称	单一	混合	个数	动	静	男	女	老	中	青	
备注	●		●	●		棚子	●		●				●	●		韵律操						10	60	2	63	5	70

记录人:
- ●拍照　孟峙
- ●记录　张芳
- ●标图　张芳

日期: 10月28日　时间: 7:48　地点: 天坛公园　地点编号:　图纸上编号5(1)　调研次数: 第3次　气象: 晴　照片号

人群号	场地类型						地面条件					场地内树木类型				活动类型						人群类型					人数
	平	坡	多树	广场	路	构筑物	硬铺地	土	砂	间草	草	名称	常绿	落叶	灌木	活动名称	单一	混合	个数	动	静	男	女	老	中	青	
备注	●		●	●		棚子	●		●				●	●		韵律操						2	59	4	57		61

记录人:
- ●拍照　孟峙
- ●记录　张芳
- ●标图　张芳

日期: 8月19日　时间: 8:00　地点: 天坛公园　地点编号: （2）　图纸上编号 6（1），6（2）　调研次数: 第1次　气象: 阴　照片号

人群号	场地类型						地面条件					场地内树木类型				活动类型						人群类型					人数
	平	坡	多树	广场	路	构筑物	硬铺地	土	砂	间草	草	名称	常绿	落叶	灌木	活动名称	单一	混合	个数	动	静	男	女	老	中	青	人数
备注	●		●	●			●			●			●			休息						6	5				11
																太极拳						7	2				9
																踢毽子						4	4				8

记录人:
- ●拍照　孟峙
- ●记录　游亚鹏
- ●标图　游亚鹏

人群号	场地类型						地面条件					场地内树木类型				活动类型						人群类型					人数
											时间: 18:59																
																打羽毛球						6	4				10
											时间: 19:30																
																跳舞						67	67				134

记录人:
- ●拍照　张晓奕
- ●记录　陈红梅
- ●标图　陈红梅

日期: 10月10日　时间: 8:22　地点: 天坛公园　地点编号: （2）　图纸上编号 6（1），6（2）　调研次数: 第3次　气象: 阴　照片号

人群号	场地类型						地面条件					场地内树木类型				活动类型						人群类型					人数
	平	坡	多树	广场	路	构筑物	硬铺地	土	砂	间草	草	名称	常绿	落叶	灌木	活动名称	单一	混合	个数	动	静	男	女	老	中	青	人数
备注	●		●	●			●			●			●			交际舞						25	39	23	41		64
																踢毽子						1	2	2	1		3
																太极拳						9	9	13	5		18

记录人:
- ●拍照　孟峙
- ●记录　张芳
- ●标图　张芳

日期: 10月17日　时间: 8:29　地点: 天坛公园　地点编号: 　图纸上编号 6（1），6（2）　调研次数: 第4次　气象: 阴　照片号

人群号	场地类型						地面条件					场地内树木类型				活动类型						人群类型					人数
	平	坡	多树	广场	路	构筑物	硬铺地	土	砂	间草	草	名称	常绿	落叶	灌木	活动名称	单一	混合	个数	动	静	男	女	老	中	青	人数
备注	●		●	●			●			●			●			交际舞						17	49	31	35		66
																踢毽子						6	11	12	5		17
																练剑						10	9	19			19

记录人:
- ●拍照　孟峙
- ●记录　张芳
- ●标图　张芳

日期: 10月17日　时间: 8:35　地点: 天坛公园　地点编号:　图纸上编号6(2)　调研次数: 第5次　气象: 晴　照片号

人群号	场地类型						地面条件					场地内树木类型				活动类型						人群类型					人数
	平	坡	多树	广场	路	构筑物	硬铺地	土	砂	间草	草	名称	常绿	落叶	灌木	活动名称	单一	混合	个数	动	静	男	女	老	中	青	
备注	●		●	●			●			●			●			柔力球						4	14	10	8		18
																太极拳						4	15	9	10		19
																休息						3	4	7			7

记录人:
- ●拍照　孟峙
- ●记录　张芳
- ●标图　张芳

日期: 10月28日　时间: 8:35　地点: 天坛公园　地点编号:　图纸上编号6(1),6(2)　调研次数: 第6次　气象: 晴　照片号

人群号	场地类型						地面条件					场地内树木类型				活动类型						人群类型					人数
	平	坡	多树	广场	路	构筑物	硬铺地	土	砂	间草	草	名称	常绿	落叶	灌木	活动名称	单一	混合	个数	动	静	男	女	老	中	青	
备注	●		●	●			●			●			●			跳舞						20	50	18	52		70
																踢毽子						4	9	9	4		13
																太极拳						9	9	18			18

记录人:
- ●拍照　孟峙
- ●记录　张芳
- ●标图　张芳

日期: 8月19日　时间: 8:09　地点: 天坛公园　地点编号: G　图纸上编号6(3)　调研次数: 第1次　气象: 阴　照片号

人群号	场地类型						地面条件					场地内树木类型				活动类型						人群类型					人数
	平	坡	多树	广场	路	构筑物	硬铺地	土	砂	间草	草	名称	常绿	落叶	灌木	活动名称	单一	混合	个数	动	静	男	女	老	中	青	
备注	●		●	●		七星石	●			●			●			柔力球											23
																休息											28
							时间: 18:59																				
																柔力球						2	1				3
																打羽毛球						1	1				2
																休息						1	10				11

记录人:
- ●拍照
- ●记录　陈红梅
- ●标图　陈红梅

日期：10 月 10 日　　时间：8:25　　地点：天坛公园　　地点编号：G　图纸上编号 6（3）　　调研次数：第 3 次　　气象：阴　　照片号

人群号	平	坡	多树	广场	路	构筑物	硬铺地	土	砂	间草	草	名称	常绿	落叶	灌木	活动名称	单一	混合	个数	动	静	男	女	老	中	青	人数
备注	●		●	●		七星石	●			●			●			太极拳						10	38	34	14		48
																柔力球						4	10	5	9		14
																打网球						2		1		1	2
																休息						5	14	16	3		19
																打牌						1	4	5			5

记录人：
- ●拍照　孟峙
- ●记录　张芳
- ●标图　张芳

日期：10 月 17 日　　时间：8:40　　地点：天坛公园　　地点编号：　图纸上编号 6（3）　　调研次数：第 4 次　　气象：阴　　照片号

人群号	平	坡	多树	广场	路	构筑物	硬铺地	土	砂	间草	草	名称	常绿	落叶	灌木	活动名称	单一	混合	个数	动	静	男	女	老	中	青	人数
备注	●		●	●		七星石	●			●			●			太极拳						6	12	7	11		18
																小网球						2		1		1	2

记录人：
- ●拍照　孟峙
- ●记录　张芳
- ●标图　张芳

日期：10 月 28 日　　时间：8:12　　地点：天坛公园　　地点编号：　图纸上编号 6（2），6（3）　　调研次数：第 5 次　　气象：阴　　照片号

人群号	平	坡	多树	广场	路	构筑物	硬铺地	土	砂	间草	草	名称	常绿	落叶	灌木	活动名称	单一	混合	个数	动	静	男	女	老	中	青	人数
备注	●		●	●		七星石	●			●			●			练剑		●				4	10	13	1		14
																太极拳						2	16	6	12		18
																练剑						3	4	5	2		7
																练剑						6	14	9	11		20
																柔力球						2	6	8			8

记录人：
- ●拍照　孟峙
- ●记录　张芳
- ●标图　张芳

人群号	场地类型						地面条件					场地内树木类型				活动类型						人群类型					人数
	平	坡	多树	广场	路	构筑物	硬铺地	土	砂	间草	草	名称	常绿	落叶	灌木	活动名称	单一	混合	个数	动	静	男	女	老	中	青	
备注	●		●	●			●	●					●			太极拳						5	10	14		1	15

| | | | | | | | | | | | | | | | | 休息 | | | | | | 1 | 6 | 3 | 3 | 1 | 7 |

| | | | | | | | | | | | | | | | | 休息 | | | | | | 2 | 1 | 3 | | | 3 |
| | | | | | | | | | | | | | | | | | | | | | | | | | | | |

记录人：
- ●拍照
- ●记录　陈红梅
- ●标图　陈红梅

人群号	场地类型						地面条件					场地内树木类型				活动类型						人群类型					人数
	平	坡	多树	广场	路	构筑物	硬铺地	土	砂	间草	草	名称	常绿	落叶	灌木	活动名称	单一	混合	个数	动	静	男	女	老	中	青	
备注	●		●	●			●	●					●			如意操						7	11	18			18
																跳舞						1	30	12	19		31
																踢毽子						3	4		7		7

记录人：
- ●拍照　孟峙
- ●记录　张芳
- ●标图　张芳

人群号	场地类型						地面条件					场地内树木类型				活动类型						人群类型					人数
	平	坡	多树	广场	路	构筑物	硬铺地	土	砂	间草	草	名称	常绿	落叶	灌木	活动名称	单一	混合	个数	动	静	男	女	老	中	青	
备注	●		●	●	●		●	●					●			跳舞						1	23				24

记录人：
- ●拍照　孟峙
- ●记录　张芳
- ●标图　张芳

人群号	场地类型						地面条件					场地内树木类型				活动类型						人群类型					人数
	平	坡	多树	广场	路	构筑物	硬铺地	土	砂	间草	草	名称	常绿	落叶	灌木	活动名称	单一	混合	个数	动	静	男	女	老	中	青	
备注	●		●	●	●		●							●		舞扇						2	26	15	13		28

记录人：
- 拍照　孟峙
- 记录　张芳
- 标图　张芳

人群号	场地类型						地面条件					场地内树木类型				活动类型						人群类型					人数
	平	坡	多树	广场	路	构筑物	硬铺地	土	砂	间草	草	名称	常绿	落叶	灌木	活动名称	单一	混合	个数	动	静	男	女	老	中	青	
备注	●		●	●			●							●	●	超常能量	●					28	134				162

人群号	场地类型						地面条件					场地内树木类型				活动类型						人群类型					人数
	平	坡	多树	广场	路	构筑物	硬铺地	土	砂	间草	草	名称	常绿	落叶	灌木	活动名称	单一	混合	个数	动	静	男	女	老	中	青	
备注	●		●	●			●							●	●	超常能量	●										93

记录人：
- 拍照　孟峙
- 记录　张芳
- 标图　张芳

人群号	场地类型						地面条件					场地内树木类型				活动类型						人群类型					人数
	平	坡	多树	广场	路	构筑物	硬铺地	土	砂	间草	草	名称	常绿	落叶	灌木	活动名称	单一	混合	个数	动	静	男	女	老	中	青	
备注	●		●				●	●						●	●	超常能量	●					34	78				112

记录人：
- 拍照　孟峙
- 记录　张芳
- 标图　张芳

日期：10月28日　　时间：8:25　　地点：天坛公园　　地点编号：　　图纸上编号6（5）　　调研次数：第4次　　气象：晴　　照片号

人群号	场地类型						地面条件					场地内树木类型				活动类型						人群类型					人数
	平	坡	多树	广场	路	构筑物	硬铺地	土	砂	间草	草	名称	常绿	落叶	灌木	活动名称	单一	混合	个数	动	静	男	女	老	中	青	
备注	●		●	●			●		●					●	●	超常能置	●					21	55	55	21		76

记录人：
●拍照　孟峙
●记录　张芳
●标图　张芳

日期：9月3日　　时间：8:05　　地点：天坛公园　　地点编号：93EB　　图纸上编号6　　调研次数：第2次　　气象：阴　　照片号

人群号	场地类型						地面条件					场地内树木类型				活动类型						人群类型					人数
	平	坡	多树	广场	路	构筑物	硬铺地	土	砂	间草	草	名称	常绿	落叶	灌木	活动名称	单一	混合	个数	动	静	男	女	老	中	青	
备注			●				●					柏				跳舞											166
												槐				踢毽子											13
												松				板球											5
																练剑											28
																太极拳											30
																柔力球											13
																休息凳											30
																齐步操											50
																军歌操											48
																休息											46
																打羽毛球											
									时间：19:55																		
																跳交际舞						52	56				108
																休息，观赏											42

记录人：
●拍照　顾永辉
●记录　游亚鹏
●标图　游亚鹏

日期：8月19日　　时间：8:08　　地点：天坛公园　　地点编号：9（1）　　图纸上编号7　　调研次数：第1次　　气象：阴　　照片号

人群号	场地类型						地面条件					场地内树木类型				活动类型						人群类型					人数
	平	坡	多树	广场	路	构筑物	硬铺地	土	砂	间草	草	名称	常绿	落叶	灌木	活动名称	单一	混合	个数	动	静	男	女	老	中	青	
备注	●			●						●			●	●		练剑						14	7				21
																聊天											
																拉二胡											20
									时间：12:57																		
																唱戏						6	13				19
																休息											

记录人：
●拍照　张晓奕
●记录　陈红梅
●标图　陈红梅

人群号	场地类型						地面条件					场地内树木类型				活动类型						人群类型					人数
	平	坡	多树	广场	路	构筑物	硬铺地	土	砂	间草	草	名称	常绿	落叶	灌木	活动名称	单一	混合	个数	动	静	男	女	老	中	青	人数
备注	●				●					●			●	●		练剑											21
																聊天											
																拉二胡											20

人群号	场地类型						地面条件					场地内树木类型				活动类型						人群类型					人数
																唱戏（5组人）						12	8	10	10		20

记录人：
- ●拍照　张晓奕
- ●记录　张晓奕
- ●标图　张晓奕

人群号	场地类型						地面条件					场地内树木类型				活动类型						人群类型					人数
	平	坡	多树	广场	路	构筑物	硬铺地	土	砂	间草	草	名称	常绿	落叶	灌木	活动名称	单一	混合	个数	动	静	男	女	老	中	青	人数
备注	●				●					●			●	●		休息		●				6	3				9
																拉二胡			●			1					1
																								1			1（观众）

记录人：
- ●拍照　张晓奕
- ●记录　陈红梅
- ●标图　陈红梅

人群号	场地类型						地面条件					场地内树木类型				活动类型						人群类型					人数
	平	坡	多树	广场	路	构筑物	硬铺地	土	砂	间草	草	名称	常绿	落叶	灌木	活动名称	单一	混合	个数	动	静	男	女	老	中	青	人数
备注	●				●					●			●	●		练剑		●				1	3	4			4
																聊天					●	4		4			4
																拉二胡						1		1			1

记录人：
- ●拍照　张晓奕
- ●记录　陈红梅
- ●标图　陈红梅

日期：9月3日　　时间：8:11　　地点：天坛公园　　地点编号：9（2）　　图纸上编号 8　　调研次数：第1次　　气象：阴　　照片号

人群号	场地类型						地面条件					场地内树木类型				活动类型						人群类型					人数
	平	坡	多树	广场	路	构筑物	硬铺地	土	砂	间草	草	名称	常绿	落叶	灌木	活动名称	单一	混合	个数	动	静	男	女	老	中	青	
备注	●		●				●					桧柏	●	●		太极拳	●										40
												枫树															（7观众）

时间：11:20

																打羽毛球											12

时间：12:51

																休息						3	8	10	1		11

记录人：
- ●拍照　张晓奕
- ●记录　张晓奕
- ●标图　张晓奕

日期：10月10日　　时间：8:14　　地点：天坛公园　　地点编号：9（2）　　图纸上编号 8　　调研次数：第2次　　气象：阴　　照片号

人群号	场地类型						地面条件					场地内树木类型				活动类型						人群类型					人数
	平	坡	多树	广场	路	构筑物	硬铺地	土	砂	间草	草	名称	常绿	落叶	灌木	活动名称	单一	混合	个数	动	静	男	女	老	中	青	
备注	●		●				●							●	●	练剑	●				●	11	18				29
																						3	6				9（观众）

记录人：
- ●拍照　张晓奕
- ●记录　陈红梅
- ●标图　陈红梅

日期：10月17日　　时间：8:14　　地点：天坛公园　　地点编号：8　　图纸上编号 8　　调研次数：第3次　　气象：晴　　照片号

人群号	场地类型						地面条件					场地内树木类型				活动类型						人群类型					人数
	平	坡	多树	广场	路	构筑物	硬铺地	土	砂	间草	草	名称	常绿	落叶	灌木	活动名称	单一	混合	个数	动	静	男	女	老	中	青	
备注	●		●				●							●	●	太极拳	●				●	17	37	51	3		54

记录人：
- ●拍照　张晓奕
- ●记录　陈红梅
- ●标图　陈红梅

日期：10月28日　　时间：8:14　　地点：天坛公园　　地点编号：8　　图纸上编号8　　调研次数：第4次　　气象：晴　　照片号

人群号	场地类型						地面条件					场地内树木类型				活动类型						人群类型					人数
	平	坡	多树	广场	路	构筑物	硬铺地	土	砂	间草	草	名称	常绿	落叶	灌木	活动名称	单一	混合	个数	动	静	男	女	老	中	青	
备注	●		●				●						●	●		太极拳	●			●		10	35	31	10	4	45

记录人：
- ●拍照　张晓奕
- ●记录　陈红梅
- ●标图　陈红梅

日期：9月3日　　时间：8:14　　地点：天坛公园　　地点编号：9（3）　　图纸上编号9　　调研次数：第1次　　气象：阴　　照片号

人群号	场地类型						地面条件					场地内树木类型				活动类型						人群类型					人数
	平	坡	多树	广场	路	构筑物	硬铺地	土	砂	间草	草	名称	常绿	落叶	灌木	活动名称	单一	混合	个数	动	静	男	女	老	中	青	
备注	●		●				●						●	●		练剑	●										11
												槐树				踢毽子											6
																聊天											0
																长枪											5
时间：8:55																											
																踢毽子											13
																舞扇											9
																太极拳											9
																长枪											3
																观看											3
时间：11:25																											
																吃饭											3
时间：12:43																											
																跳舞											2
																编织											1
																睡觉											3

记录人：
- ●拍照　张晓奕
- ●记录　张晓奕
- ●标图　张晓奕

日期：10月10日　　时间：8:12　　地点：天坛公园　　地点编号：9（3）　　图纸上编号9　　调研次数：第2次　　气象：阴　　照片号

人群号	场地类型						地面条件					场地内树木类型				活动类型						人群类型					人数
	平	坡	多树	广场	路	构筑物	硬铺地	土	砂	间草	草	名称	常绿	落叶	灌木	活动名称	单一	混合	个数	动	静	男	女	老	中	青	
备注	●		●				●						●	●		练剑		●		●		3	5				8
																踢毽子						3	4				7
																长枪						2	5				7

记录人：
- ●拍照　张晓奕
- ●记录　陈红梅
- ●标图　陈红梅

日期：10月17日　　时间：8:10　　地点：天坛公园　　地点编号：9　　图纸上编号9　　调研次数：第3次　　气象：晴　　照片号

人群号	场地类型						地面条件					场地内树木类型				活动类型						人群类型					人数
	平	坡	多树	广场	路	构筑物	硬铺地	土	砂	间草	草	名称	常绿	落叶	灌木	活动名称	单一	混合	个数	动	静	男	女	老	中	青	
备注	●		●				●						●	●		踢毽子		●		●		1	3		4		4
																长枪						4	10				14

记录人：
- ●拍照　张晓奕
- ●记录　陈红梅
- ●标图　陈红梅

日期：10月28日　时间：8:10　　地点：天坛公园　　地点编号：9　　图纸上编号9　　调研次数：第4次　　气象：晴　　照片号

人群号	场地类型						地面条件					场地内树木类型				活动类型						人群类型					人数
	平	坡	多树	广场	路	构筑物	硬铺地	土	砂	间草	草	名称	常绿	落叶	灌木	活动名称	单一	混合	个数	动	静	男	女	老	中	青	
备注	●		●				●						●	●		踢毽子		●		●		2	2	1	3		4
																练剑						3	4	5	2		7
																舞扇						2	4	5	1		6
																长枪						2		2			2

记录人：
- ●拍照　张晓奕
- ●记录　陈红梅
- ●标图　陈红梅

日期：8月19日　时间：7:48　　地点：天坛公园　　地点编号：A　　图纸上编号10　　调研次数：第1次　　气象：阴　　照片号

人群号	场地类型						地面条件					场地内树木类型				活动类型						人群类型					人数
	平	坡	多树	广场	路	构筑物	硬铺地	土	砂	间草	草	名称	常绿	落叶	灌木	活动名称	单一	混合	个数	动	静	男	女	老	中	青	
备注	●			●					●				●	●		太极系列		●		●							10
																身体活动											8
																红绸舞											28

记录人：
- ●拍照　张晓奕
- ●记录　张晓奕
- ●标图　张晓奕

日期：10月10日　时间：8:04　地点：天坛公园　地点编号：7　图纸上编号10　调研次数：第2次　气象：阴　照片号

人群号	平	坡	多树	广场	路	构筑物	硬铺地	土	砂	间草	草	名称	常绿	落叶	灌木	活动名称	单一	混合	个数	动	静	男	女	老	中	青	人数
备注	●				●					●			●	●		红绸舞	●				●						33

记录人：
- ●拍照　张晓奕
- ●记录　陈红梅
- ●标图　陈红梅

日期：10月17日　时间：8:07　地点：天坛公园　地点编号：10　图纸上编号10　调研次数：第3次　气象：阴　照片号

人群号	平	坡	多树	广场	路	构筑物	硬铺地	土	砂	间草	草	名称	常绿	落叶	灌木	活动名称	单一	混合	个数	动	静	男	女	老	中	青	人数
备注	●				●					●			●	●		舞扇	●				●	1	28				29
																聊天							4	4			4
																练功							2	2			2

记录人：
- ●拍照　张晓奕
- ●记录　陈红梅
- ●标图　陈红梅

日期：10月28日　时间：8:00　地点：天坛公园　地点编号：10　图纸上编号10　调研次数：第4次　气象：晴　照片号

人群号	平	坡	多树	广场	路	构筑物	硬铺地	土	砂	间草	草	名称	常绿	落叶	灌木	活动名称	单一	混合	个数	动	静	男	女	老	中	青	人数
备注	●				●					●			●	●		红绸舞	●				●		44	12	27	5	44

记录人：
- ●拍照　张晓奕
- ●记录　陈红梅
- ●标图　陈红梅

日期：8月19日　时间：8:20　地点：天坛公园　地点编号：　图纸上编号11　调研次数：第2次　气象：阴　照片号

人群号	平	坡	多树	广场	路	构筑物	硬铺地	土	砂	间草	草	名称	常绿	落叶	灌木	活动名称	单一	混合	个数	动	静	男	女	老	中	青	人数
备注						长廊										聊天						174	322				496
																下棋											
																打牌											
																编织											
时间：12:39																聊天											75
																下棋											
																打牌											
																编织											
时间：17:44																聊天						41	21				62

日期：8月19日　　时间：8:20　　地点：天坛公园　　地点编号：　　图纸上编号11　　调研次数：第2次　　气象：阴　　照片号

人群号	平	坡	多树	广场	路	构筑物	硬铺地	土	砂	间草	草	名称	常绿	落叶	灌木	活动名称	单一	混合	个数	动	静	男	女	老	中	青	人数
																下棋											
																打牌											
																编织											

时间：19:00

																唱戏						17	34				51
																聊天											
																演奏											

时间：19:45

																唱戏						106	62				168
																聊天											
																演奏											

记录人：
● 拍照
● 记录　胡越
● 标图　陈红梅

日期：9月3日　　时间：8:41　　地点：天坛公园　　地点编号：　　图纸上编号11　　调研次数：第2次　　气象：阴　　照片号

人群号	平	坡	多树	广场	路	构筑物	硬铺地	土	砂	间草	草	名称	常绿	落叶	灌木	活动名称	单一	混合	个数	动	静	男	女	老	中	青	人数
备注						长廊										打牌						285	219				514
																跳舞											
																交谊舞											
																唱戏											

记录人：
● 拍照
● 记录
● 标图

日期：10月10日　　时间：8:00　　地点：天坛公园　　地点编号：　　图纸上编号11　　调研次数：第3次　　气象：阴　　照片号

人群号	平	坡	多树	广场	路	构筑物	硬铺地	土	砂	间草	草	名称	常绿	落叶	灌木	活动名称	单一	混合	个数	动	静	男	女	老	中	青	人数
备注						长廊										打牌						190	118				308
																跳舞											
																交谊舞											
																唱戏											

记录人：
● 拍照
● 记录
● 标图

表 1

日期: 10月17日　时间: 8:00　地点: 天坛公园　地点编号:　图纸上编号11　调研次数: 第4次　气象: 阴　照片号

人群号	场地类型						地面条件					场地内树木类型				活动类型						人群类型					人数
	平	坡	多树	广场	路	构筑物	硬铺地	土	砂	间草	草	名称	常绿	落叶	灌木	活动名称	单一	混合	个数	动	静	男	女	老	中	青	
备注						长廊										打牌						205	147				352
																跳舞											
																交谊舞											
																唱戏											

记录人:
- 拍照　游亚鹏
- 记录　游亚鹏,顾永辉,徐奕,邰方晴
- 标图　游亚鹏

表 2

日期: 10月28日　时间: 8:00　地点: 天坛公园　地点编号:　图纸上编号11　调研次数: 第5次　气象: 晴　照片号

人群号	场地类型						地面条件					场地内树木类型				活动类型						人群类型					人数
	平	坡	多树	广场	路	构筑物	硬铺地	土	砂	间草	草	名称	常绿	落叶	灌木	活动名称	单一	混合	个数	动	静	男	女	老	中	青	
备注						长廊										打牌						170	122	210	79	3	292
																跳舞											

记录人:
- 拍照　游亚鹏
- 记录　游亚鹏,顾永辉,徐奕,邰方晴
- 标图　徐奕

表 3

日期: 9月3日　时间: 8:40　地点: 天坛公园　地点编号: 8　图纸上编号12　调研次数: 第1次　气象: 阴　照片号

人群号	场地类型						地面条件					场地内树木类型				活动类型						人群类型					人数
	平	坡	多树	广场	路	构筑物	硬铺地	土	砂	间草	草	名称	常绿	落叶	灌木	活动名称	单一	混合	个数	动	静	男	女	老	中	青	
备注	●		●		●	长廊	●				●	槐树	●	●		抖手	●					9	17				26
												白皮松				观看休息						3	7				10
												侧柏															
												桃树															
							时间: 11:13																				
																聊天						1	3				4

记录人:
- 拍照　张晓奕
- 记录　张晓奕
- 标图　张晓奕

日期：10月10日　时间：8:30　地点：天坛公园　地点编号：8　图纸上编号12　调研次数：第2次　气象：阴　照片号

人群号	平	坡	多树	广场	路	构筑物	硬铺地	土	砂	间草	草	名称	常绿	落叶	灌木	活动名称	单一	混合	个数	动	静	男	女	老	中	青	人数
备注	●		●		●	长廊	●			●		槐树	●	●		抖手		●			●	7	17				24
												白皮松				观看休息						1	3				4

记录人：
- ●拍照　张晓奕
- ●记录　陈红梅
- ●标图　陈红梅

日期：10月17日　时间：8:30　地点：天坛公园　地点编号：12　图纸上编号12　调研次数：第3次　气象：晴　照片号

人群号	平	坡	多树	广场	路	构筑物	硬铺地	土	砂	间草	草	名称	常绿	落叶	灌木	活动名称	单一	混合	个数	动	静	男	女	老	中	青	人数
备注	●		●		●	长廊	●				●	槐树	●	●		气功		●			●	5	22	20	7		27
												白皮松				休息						5	2	7			7

记录人：
- ●拍照　张晓奕
- ●记录　陈红梅
- ●标图　陈红梅

日期：10月28日　时间：8:30　地点：天坛公园　地点编号：12　图纸上编号12　调研次数：第4次　气象：晴　照片号

人群号	平	坡	多树	广场	路	构筑物	硬铺地	土	砂	间草	草	名称	常绿	落叶	灌木	活动名称	单一	混合	个数	动	静	男	女	老	中	青	人数
备注	●		●		●	长廊	●				●	槐树	●	●		甩手	●				●	2	19	20	1		21
												白皮松															

记录人：
- ●拍照　张晓奕
- ●记录　陈红梅
- ●标图　陈红梅

日期：10月10日　时间：8:24　地点：天坛公园　地点编号：　图纸上编号13　调研次数：第1次　气象：阴　照片号

人群号	平	坡	多树	广场	路	构筑物	硬铺地	土	砂	间草	草	名称	常绿	落叶	灌木	活动名称	混合	个数	动	静	男	女	老	中	青	人数
备注	●		●	●			●					侧柏	●	●		做操	●					12				12
												槐树				锻炼						4				4
												白皮松				舞扇						3				3
																舞扇						24				24

记录人：
- ●拍照　张晓奕
- ●记录　陈红梅
- ●标图　陈红梅

日期: 10月17日　时间: 8:20　地点: 天坛公园　地点编号: 13(1)　图纸上编号13(1)　调研次数: 第2次　气象: 晴　照片号

人群号	平	坡	多树	广场	路	构筑物	硬铺地	土	砂	间草	草	名称	常绿	落叶	灌木	活动名称	单一	混合	个数	动	静	男	女	老	中	青	人数
备注	●		●	●			●						●	●		锻炼	●					1	4			5	5

时间: 8:20　地点编号: 13(2)　图纸上编号13(2)

人群号	平	坡	多树	广场	路	构筑物	硬铺地	土	砂	间草	草	名称	常绿	落叶	灌木	活动名称	单一	混合	个数	动	静	男	女	老	中	青	人数
																舞扇						2	7				9

时间: 8:20　地点编号: 13(3)　图纸上编号13(3)

人群号	平	坡	多树	广场	路	构筑物	硬铺地	土	砂	间草	草	名称	常绿	落叶	灌木	活动名称	单一	混合	个数	动	静	男	女	老	中	青	人数
																舞扇							25			25	25

记录人:
- 拍照　张晓奕
- 记录　陈红梅
- 标图　陈红梅

日期: 10月28日　时间: 8:20　地点: 天坛公园　地点编号:　图纸上编号13　调研次数: 第3次　气象: 晴　照片号

人群号	平	坡	多树	广场	路	构筑物	硬铺地	土	砂	间草	草	名称	常绿	落叶	灌木	活动名称	单一	混合	个数	动	静	男	女	老	中	青	人数
备注	●		●	●			●						●	●			●										
13(1)																练剑							12	6	6		12
13(2)																舞扇						1	12	11	2		13
																太极拳							2		1	1	2
13(2)																跳舞							4		4		4

记录人:
- 拍照　张晓奕
- 记录　陈红梅
- 标图　陈红梅

日期: 8月19日　时间: 8:09　地点: 天坛公园　地点编号: E　图纸上编号14　调研次数: 第1次　气象: 阴　照片号

人群号	平	坡	多树	广场	路	构筑物	硬铺地	土	砂	间草	草	名称	常绿	落叶	灌木	活动名称	单一	混合	个数	动	静	男	女	老	中	青	人数
备注	●		●	●			●							●		跳舞	●					52	52				104
																											57(观众)

人群号	场地类型						地面条件					场地内树木类型				活动类型						人群类型					人数
	平	坡	多树	广场	路	构筑物	硬铺地	土	砂	间草	草	名称	常绿	落叶	灌木	活动名称	单一	混合	个数	动	静	男	女	老	中	青	
备注	●		●	●			●							●		跳舞						55	55				110
																观众						23	30				53

人群号	场地类型						地面条件					场地内树木类型				活动类型						人群类型					人数
																唱戏						136	84				220
																跳舞											
																唱歌											

记录人:
- ●拍照　孟峙
- ●记录　张芳
- ●标图　张芳

人群号	场地类型						地面条件					场地内树木类型				活动类型						人群类型					人数
	平	坡	多树	广场	路	构筑物	硬铺地	土	砂	间草	草	名称	常绿	落叶	灌木	活动名称	单一	混合	个数	动	静	男	女	老	中	青	
备注	●		●	●			●							●		跳舞						56	53	90	19		109

记录人:
- ●拍照　孟峙
- ●记录　张芳
- ●标图　张芳

人群号	场地类型						地面条件					场地内树木类型				活动类型						人群类型					人数
	平	坡	多树	广场	路	构筑物	硬铺地	土	砂	间草	草	名称	常绿	落叶	灌木	活动名称	单一	混合	个数	动	静	男	女	老	中	青	
备注	●		●	●			●							●		跳舞						51	78	42	87		129

记录人:
- ●拍照　孟峙
- ●记录　张芳
- ●标图　张芳

人群号	场地类型						地面条件					场地内树木类型				活动类型						人群类型					人数
	平	坡	多树	广场	路	构筑物	硬铺地	土	砂	间草	草	名称	常绿	落叶	灌木	活动名称	单一	混合	个数	动	静	男	女	老	中	青	
备注	●		●	●			●							●		跳舞						28	39	23	44		67

记录人:
- ●拍照　孟峙
- ●记录　张芳
- ●标图　张芳

日期：9月3日　时间：8:23　地点：天坛公园　地点编号：93EC　图纸上编号15　调研次数：第1次　气象：阴　照片号

人群号	场地类型						地面条件					场地内树木类型				活动类型						人群类型					人数
	平	坡	多树	广场	路	构筑物	硬铺地	土	砂	间草	草	名称	常绿	落叶	灌木	活动名称	单一	混合	个数	动	静	男	女	老	中	青	
备注	●		●		●		●					槐树		●		讲座						21	82				103

记录人：
- ●拍照　孟峙
- ●记录　游亚鹏
- ●标图　游亚鹏

日期：10月10日　时间：8:40　地点：天坛公园　地点编号：　图纸上编号15　调研次数：第2次　气象：阴　照片号

人群号	场地类型						地面条件					场地内树木类型				活动类型						人群类型					人数
	平	坡	多树	广场	路	构筑物	硬铺地	土	砂	间草	草	名称	常绿	落叶	灌木	活动名称	单一	混合	个数	动	静	男	女	老	中	青	
备注	●		●		●		●					槐树		●		讲座						19	69				88

记录人：
- ●拍照　张晓奕
- ●记录　陈红梅
- ●标图　陈红梅

日期：10月17日　时间：8:40　地点：天坛公园　地点编号：15　图纸上编号15　调研次数：第3次　气象：阴　照片号

人群号	场地类型						地面条件					场地内树木类型				活动类型						人群类型					人数
	平	坡	多树	广场	路	构筑物	硬铺地	土	砂	间草	草	名称	常绿	落叶	灌木	活动名称	单一	混合	个数	动	静	男	女	老	中	青	
备注	●		●		●		●					槐树		●		讲座						26	87	106	7		113

记录人：
- ●拍照　张晓奕
- ●记录　陈红梅
- ●标图　陈红梅

日期：8月19日　时间：8:00　地点：天坛公园　地点编号：（3）　图纸上编号16　调研次数：第1次　气象：阴　照片号

人群号	场地类型						地面条件					场地内树木类型				活动类型						人群类型					人数
	平	坡	多树	广场	路	构筑物	硬铺地	土	砂	间草	草	名称	常绿	落叶	灌木	活动名称	单一	混合	个数	动	静	男	女	老	中	青	
备注	●		●				●							●		休息							15	15			15
																气功							3	3			3
																抖空竹							1	1			1

人群号	场地类型						地面条件					场地内树木类型				活动类型						人群类型					人数
	平	坡	多树	广场	路	构筑物	硬铺地	土	砂	间草	草	名称	常绿	落叶	灌木	活动名称	单一	混合	个数	动	静	男	女	老	中	青	
备注	●		●				●				●	柏树	●			太极拳						5	16				21
																气功						6	16				22

记录人：
- ●拍照　张晓奕
- ●记录　陈红梅
- ●标图　陈红梅

人群号	场地类型						地面条件					场地内树木类型				活动类型						人群类型					人数
	平	坡	多树	广场	路	构筑物	硬铺地	土	砂	间草	草	名称	常绿	落叶	灌木	活动名称	单一	混合	个数	动	静	男	女	老	中	青	
备注	●		●				●				●	柏树	●			太极拳						2	4		6		6

时间：8:23　　图纸上编号16　　调研次数：第1次

	平	坡	多树	广场	路	构筑物	硬铺地	土	砂	间草	草	名称	常绿	落叶	灌木	活动名称	单一	混合	个数	动	静	男	女	老	中	青	
																休息						2	4	6			6
																打拳						6	9	15			15

记录人：
- ●拍照　张晓奕
- ●记录　陈红梅
- ●标图　陈红梅

时间：8:50　　图纸上编号16　　调研次数：第2次

	平	坡	多树	广场	路	构筑物	硬铺地	土	砂	间草	草	名称	常绿	落叶	灌木	活动名称	单一	混合	个数	动	静	男	女	老	中	青	
																打羽毛球						4	2	3	3		6
																太极拳						3	5	8			8
																跳舞						1	5	6			6

记录人：
- ●拍照　张晓奕
- ●记录　陈红梅
- ●标图　陈红梅

人群号	场地类型						地面条件					场地内树木类型				活动类型						人群类型					人数
	平	坡	多树	广场	路	构筑物	硬铺地	土	砂	间草	草	名称	常绿	落叶	灌木	活动名称	单一	混合	个数	动	静	男	女	老	中	青	
备注	●		●				●				●	柏树	●			躺地休息							9	9			9
																打拳						2	6	8			8

记录人：
- ●拍照　陈红梅
- ●记录　张晓奕
- ●标图　张晓奕

日期: 10月10日　时间: 8:45　地点: 天坛公园　地点编号:　图纸上编号17(1)　调研次数: 第1次　气象: 阴　照片号

人群号	平	坡	多树	广场	路	构筑物	硬铺地	土	砂	间草	草	名称	常绿	落叶	灌木	活动名称	单一	混合	个数	动	静	男	女	老	中	青	人数
备注	●		●		●			●				槐树		●		锻炼						19	69				88

记录人:
●拍照　张晓奕
●记录　陈红梅
●标图　陈红梅

日期: 10月17日　时间: 8:45　地点: 天坛公园　地点编号:　图纸上编号17(1)　调研次数: 第2次　气象: 晴　照片号

人群号	平	坡	多树	广场	路	构筑物	硬铺地	土	砂	间草	草	名称	常绿	落叶	灌木	活动名称	单一	混合	个数	动	静	男	女	老	中	青	人数
备注	●		●		●			●				槐树		●		讲座						1	8	9			9

记录人:
●拍照　张晓奕
●记录　陈红梅
●标图　陈红梅

日期: 10月28日　时间: 8:45　地点: 天坛公园　地点编号:　图纸上编号17(1)　调研次数: 第3次　气象: 晴　照片号

人群号	平	坡	多树	广场	路	构筑物	硬铺地	土	砂	间草	草	名称	常绿	落叶	灌木	活动名称	单一	混合	个数	动	静	男	女	老	中	青	人数
备注	●		●		●			●				槐树		●		讲座						31	56	85	2		87

记录人:
●拍照　陈红梅
●记录　张晓奕
●标图　张晓奕

日期: 8月19日　时间: 9:25　地点: 天坛公园　地点编号: I　图纸上编号17　调研次数: 第1次　气象: 阴　照片号

人群号	平	坡	多树	广场	路	构筑物	硬铺地	土	砂	间草	草	名称	常绿	落叶	灌木	活动名称	单一	混合	个数	动	静	男	女	老	中	青	人数
备注	●		●	●			青砖						●	●		练剑						1	16	17			17
																打羽毛球						6	3			9	9
																拉丁舞							2		2		2
																踢毽子							4	4			4
																休息						2	7	9			9

日期: 9月3日　时间: 8:41　地点: 天坛公园　地点编号:（4）　图纸上编号17　调研次数: 第2次　气象: 阴　照片号

人群号	平	坡	多树	广场	路	构筑物	硬铺地	土	砂	间草	草	名称	常绿	落叶	灌木	活动名称	单一	混合	个数	动	静	男	女	老	中	青	人数
备注	●		●	●			青砖						●	●		打羽毛球						14	31				45
																打拳											2
																跳舞											5
																练功											10
																休闲											8

日期: 10月10日　时间: 8:48　地点: 天坛公园　地点编号:（4）　图纸上编号17　调研次数: 第3次　气象: 阴　照片号

人群号	平	坡	多树	广场	路	构筑物	硬铺地	土	砂	间草	草	名称	常绿	落叶	灌木	活动名称	单一	混合	个数	动	静	男	女	老	中	青	人数
备注	●		●	●			青砖						●	●		打羽毛球		●		●		4	4		8		8
																太极拳						5	12	17			17
																练剑						5	2		7		7
																休闲						1	9			10	10
																跳舞						1	3		4		4

时间: 9:15

人群号	平	坡	多树	广场	路	构筑物	硬铺地	土	砂	间草	草	名称	常绿	落叶	灌木	活动名称	单一	混合	个数	动	静	男	女	老	中	青	人数
																太极拳						1	5	5	1		6
																练剑							4	4			4
																打羽毛球						3	3	2	4		6
																休息						2	7		9		9
																国标舞						1	3	4			4

记录人:
- 拍照　张晓奕
- 记录　陈红梅
- 标图　陈红梅

日期: 10月17日　时间: 8:48　地点: 天坛公园　地点编号: 17　图纸上编号17　调研次数: 第4次　气象: 阴　照片号

人群号	平	坡	多树	广场	路	构筑物	硬铺地	土	砂	间草	草	名称	常绿	落叶	灌木	活动名称	单一	混合	个数	动	静	男	女	老	中	青	人数
备注	●		●	●			青砖						●	●				●			●						

地点编号: 17（1）

人群号	平	坡	多树	广场	路	构筑物	硬铺地	土	砂	间草	草	名称	常绿	落叶	灌木	活动名称	单一	混合	个数	动	静	男	女	老	中	青	人数
																练剑						3	2	5			5

地点编号: 17（2）

人群号	平	坡	多树	广场	路	构筑物	硬铺地	土	砂	间草	草	名称	常绿	落叶	灌木	活动名称	单一	混合	个数	动	静	男	女	老	中	青	人数
																打羽毛球						2	1	3			3

地点编号: 17（3）

人群号	平	坡	多树	广场	路	构筑物	硬铺地	土	砂	间草	草	名称	常绿	落叶	灌木	活动名称	单一	混合	个数	动	静	男	女	老	中	青	人数
																练剑						1	2	3			3

地点编号: 17（4）

日期: 10月28日　时间: 8:48　地点: 天坛公园　地点编号: 17　图纸上编号17　调研次数: 第4次　气象: 阴　照片号

地点编号: 17（5）

人群号	平	坡	多树	广场	路	构筑物	硬铺地	土	砂	间草	草	名称	常绿	落叶	灌木	活动名称	单一	混合	个数	动	静	男	女	老	中	青	人数
																舞扇							4	3	1		4

地点编号: 17（6）

人群号	平	坡	多树	广场	路	构筑物	硬铺地	土	砂	间草	草	名称	常绿	落叶	灌木	活动名称	单一	混合	个数	动	静	男	女	老	中	青	人数
																舞扇						2	8	6	4		10

日期：8月19日　　时间：9:25　　地点：天坛公园　　地点编号：Ⅰ　　图纸上编号17（2）　　调研次数：第1次　　气象：阴　　照片号

人群号	平	坡	多树	广场	路	构筑物	硬铺地	土	砂	间草	草	名称	常绿	落叶	灌木	活动名称	单一	混合	个数	动	静	男	女	老	中	青	人数
备注	●		●	●			青砖							●	●	练剑						1	16	17			17
																打羽毛球						6	3			9	9
																拉丁舞							2		2		2
																踢毽子							4		4		4
																休息						2	7			9	9

日期：9月3日　　时间：8:41　　地点：天坛公园　　地点编号：（4）　　图纸上编号17（2）　　调研次数：第2次　　气象：阴　　照片号

人群号	平	坡	多树	广场	路	构筑物	硬铺地	土	砂	间草	草	名称	常绿	落叶	灌木	活动名称	单一	混合	个数	动	静	男	女	老	中	青	人数
备注	●		●	●			青砖							●	●	打羽毛球						14	31				45
																打拳											2
																跳舞											5
																练功											10
																休闲											8

日期：10月10日　　时间：8:48　　地点：天坛公园　　地点编号：（4）　　图纸上编号17（2）　　调研次数：第3次　　气象：阴　　照片号

人群号	平	坡	多树	广场	路	构筑物	硬铺地	土	砂	间草	草	名称	常绿	落叶	灌木	活动名称	单一	混合	个数	动	静	男	女	老	中	青	人数
备注	●		●	●			青砖							●	●	打羽毛球	●		●			4	4		8		8
																太极拳						5	12	17			17
																练剑						5	2		7		7
																休闲						1	9			10	10
																跳舞						1	3		4		4
时间：9:15																											
																太极拳						1	5	5	1		6
																练剑							4		4		4
																打羽毛球						3	3	2		4	6
																休息						2	7			9	9
																国标舞						1	3		4		4

记录人：
- ●拍照　张晓奕
- ●记录　陈红梅
- ●标图　陈红梅

日期: 10月17日　时间: 8:48　地点: 天坛公园　地点编号: 17　图纸上编号 17（2）　调研次数: 第4次　气象: 阴　照片号

人群号	平	坡	多树	广场	路	构筑物	硬铺地	土	砂	间草	草	名称	常绿	落叶	灌木	活动名称	单一	混合	个数	动	静	男	女	老	中	青	人数
备注	●		●	●			青砖						●	●				●			●						
地点编号: 17（1）																练剑						3	2	5			5
地点编号: 17（2）																打羽毛球						2	1	3			3
地点编号: 17（3）																练剑						1	2	3			3
地点编号: 17（4）																											

日期: 10月17日　时间: 8:48　地点: 天坛公园　地点编号: 17　图纸上编号 17（2）　调研次数: 第4次　气象: 晴　照片号

人群号	平	坡	多树	广场	路	构筑物	硬铺地	土	砂	间草	草	名称	常绿	落叶	灌木	活动名称	单一	混合	个数	动	静	男	女	老	中	青	人数
地点编号: 17（5）																舞扇							4	3	1		4
地点编号: 17（6）																舞扇						2	8	6	4		10

日期: 10月28日　时间: 8:45　地点: 天坛公园　地点编号:　图纸上编号 17（2）　调研次数: 第5次　气象: 晴　照片号

人群号	平	坡	多树	广场	路	构筑物	硬铺地	土	砂	间草	草	名称	常绿	落叶	灌木	活动名称	单一	混合	个数	动	静	男	女	老	中	青	人数
备注	●		●	●			青砖						●	●		自由活动		●			●	1	4	5			5
																太极拳						1	3	2	2		4
																打羽毛球						2	1	3			3
																练剑						1		1			1
																舞扇						2	23	25			25
																太极拳						3	4	7			7

日期: 9月3日　时间: 8:41　地点: 天坛公园　地点编号: （6）　图纸上编号 18　调研次数: 第2次　气象: 阴　照片号

人群号	平	坡	多树	广场	路	构筑物	硬铺地	土	砂	间草	草	名称	常绿	落叶	灌木	活动名称	单一	混合	个数	动	静	男	女	老	中	青	人数
备注			●		●		●									太极拳						8	13				21
																舞扇							6				6
																练剑						4	2				6
																太极拳						7	2				9
																转圈						4	3				7
																练剑						2	3	4	1		5
																下棋								7			7
																沙包						2	5	7			7
																香功						32	46	78			78
																抖空竹						5		5			5
																香功						5	23	28			28
																太极拳						2	6				8
																打羽毛球						1	3				4
																练剑						4	3				7
																打牌								7			7

记录人:
●拍照
●记录　张芳
●标图　张芳

时间: 19:26

人群号	平	坡	多树	广场	路	构筑物	硬铺地	土	砂	间草	草	名称	常绿	落叶	灌木	活动名称	单一	混合	个数	动	静	男	女	老	中	青	人数
																气功						12	13			5	25

记录人:
●拍照
●记录　陈红梅
●标图　陈红梅

人群号	场地类型						地面条件					场地内树木类型				活动类型						人群类型					人数
	平	坡	多树	广场	路	构筑物	硬铺地	土	砂	间草	草	名称	常绿	落叶	灌木	活动名称	单一	混合	个数	动	静	男	女	老	中	青	
备注					●	门边										跳舞							23		23		23

记录人:
- ●拍照　张晓奕
- ●记录　陈红梅
- ●标图　陈红梅

人群号	场地类型						地面条件					场地内树木类型				活动类型						人群类型					人数
	平	坡	多树	广场	路	构筑物	硬铺地	土	砂	间草	草	名称	常绿	落叶	灌木	活动名称	单一	混合	个数	动	静	男	女	老	中	青	
备注							●									跳舞								3	15		18
																打羽毛球								1	3		4

人群号	场地类型						地面条件					场地内树木类型				活动类型						人群类型					人数
	平	坡	多树	广场	路	构筑物	硬铺地	土	砂	间草	草	名称	常绿	落叶	灌木	活动名称	单一	混合	个数	动	静	男	女	老	中	青	
备注	●		●		●					●	●					跳舞	●		●				4		4		4
																聊天							10		10		10
																跳交际舞							6	7		13		13
																打羽毛球							2	4		6		6

记录人:
- ●拍照　张晓奕
- ●记录　陈红梅
- ●标图　陈红梅

人群号	场地类型						地面条件					场地内树木类型				活动类型						人群类型					人数
	平	坡	多树	广场	路	构筑物	硬铺地	土	砂	间草	草	名称	常绿	落叶	灌木	活动名称	单一	混合	个数	动	静	男	女	老	中	青	
备注	●		●		●					●	●					跳舞	●		●				4		4		4

时间: 9:00　图纸上编号 19(2)　调研次数:

																聊天							4		4		4
																打羽毛球							4	4		4		4

记录人:
- ●拍照　张晓奕
- ●记录　陈红梅
- ●标图　陈红梅

日期: 10月28日　时间: 9:00　地点: 天坛公园　地点编号: 19(1)　图纸上编号 19(1)　调研次数: 第5次　气象: 阴　照片号

人群号	场地类型						地面条件					场地内树木类型				活动类型						人群类型					人数
	平	坡	多树	广场	路	构筑物	硬铺地	土	砂	间草	草	名称	常绿	落叶	灌木	活动名称	单一	混合	个数	动	静	男	女	老	中	青	
备注	●		●		●		●					柿子树	●	●		打羽毛球		●		●		1	1	1		1	2
																线网球						1		1			1

时间: 9:00　图纸上编号 19(2)

		●		●		●	墙边		●								跳舞						22		11	11	22
																打羽毛球						1	1		2		2

记录人:
- ●拍照　陈红梅
- ●记录　张晓奕
- ●标图　张晓奕

日期: 8月19日　时间: 10:05　地点: 天坛公园　地点编号: (4)　图纸上编号 20　调研次数: 第1次　气象: 阴　照片号

人群号	场地类型						地面条件					场地内树木类型				活动类型						人群类型					人数
	平	坡	多树	广场	路	构筑物	硬铺地	土	砂	间草	草	名称	常绿	落叶	灌木	活动名称	单一	混合	个数	动	静	男	女	老	中	青	
备注			●					●			●		●	●		跑步						15	8				23
																气功						7	24				31

时间: 11:50

																气功						5		5			5
																武术						5		1		4	5

日期: 10月10日　时间: 7:45　地点: 天坛公园　地点编号:　图纸上编号 20　调研次数: 第3次　气象: 阴　照片号

人群号	场地类型						地面条件					场地内树木类型				活动类型						人群类型					人数
	平	坡	多树	广场	路	构筑物	硬铺地	土	砂	间草	草	名称	常绿	落叶	灌木	活动名称	单一	混合	个数	动	静	男	女	老	中	青	
备注			●					●			●	松树	●					●			●						
1																练剑						3	7	6	4		10
2																舞扇						51	62	63	50		113
3																舞扇							6	6			6
4																太极拳						8	17	12	13		25
5																太极拳						6	8	9	5		14
6																太极拳						6	22	16	12		28
7																太极拳						10	1	5	6		11
8																太极拳						3	6	8	1		9
9																太极拳						2	1	3			3
10																太极拳						2	4	6			6
11																太极拳						6	1	3	4		7
12																练剑						10	1	7	4		11
13																休闲						6	27	28	5		33
14																香功						10	30	25	15		40
15																气功						6	27	28	5		33
16																练剑						9	7	14	2		16
17																舞扇						2	7	7	2		9
18																武术						3	4	6	1		7

记录人:
- ●拍照　游亚鹏，顾永辉
- ●记录　徐奕，邱方晴
- ●标图　游亚鹏，顾永辉

人群号	平	坡	多树	广场	路	构筑物	硬铺地	土	砂	间草	草	名称	常绿	落叶	灌木	活动名称	单一	混合	个数	动	静	男	女	老	中	青	人数
备注			●				●					松树	●				●			●							
1																练剑						3	4	3	4		7
2																太极拳						18	48	25	41		66
17																练剑						10	7	10	7		17
16																太极拳						6	18	15	9		24
24																练剑						2	14	12	4		16
18																武术						3	2	3	2		5
15																香功						19	40	48	11		59
14																香功						10	39	40	9		49
13																休闲						5	4				9
12																太极拳						3	5	6	2		8
11																太极拳						11		10	1		11
19																休闲						4	5	6	3		9
20																太极拳						4	10	12	2		14
21																休闲						8	1	7	2		9
22																太极拳						5	11	14	2		16
23																练剑						5	9	12	2		14

记录人:
- ●拍照　游亚鹏，顾永辉
- ●记录　徐奕，邰方晴
- ●标图　游亚鹏，顾永辉

人群号	平	坡	多树	广场	路	构筑物	硬铺地	土	砂	间草	草	名称	常绿	落叶	灌木	活动名称	单一	混合	个数	动	静	男	女	老	中	青	人数
备注			●				●					松树	●				●			●							
2																舞扇						17	50	37	30		67
1																舞扇						1	7	6	2		8
17																练剑							4		4		4
16																练剑						10	2	11	1		12
18																武术						4	2	5		1	6
15																香功						6	29	30	5		35
14																香功						5	38	26	15	2	43
13																抖空竹						10	7	3	5	9	17
																休闲											
																跳皮筋											
																打拳											
12																休闲						7	1	5	3		8
11																太极拳						3		3			3
19																做操						5	4	4	4	1	9
3																休闲						3	4	7			7
23																练剑						2	7	5	4		9
20																太极拳						7	1	7	1		8
																休闲											
4																太极拳						2	6	8			8

记录人:
- ●拍照　游亚鹏，顾永辉
- ●记录　徐奕，邰方晴
- ●标图　游亚鹏，顾永辉

日期: 8月19日　时间: 8:13　地点: 天坛公园　地点编号: 全民对面　图纸上编号21　调研次数: 第1次　气象: 阴　照片号

人群号	场地类型						地面条件					场地内树木类型				活动类型						人群类型					人数
	平	坡	多树	广场	路	构筑物	硬铺地	土	砂	间草	草	名称	常绿	落叶	灌木	活动名称	单一	混合	个数	动	静	男	女	老	中	青	
备注	●			●		建筑	●					槐树				交谊舞					●	18	18	18	18		36
						厕所						柏树															
						围墙																					

记录人:
- ●拍照　孟峙
- ●记录　游亚鹏
- ●标图　游亚鹏

日期: 10月10日　时间: 8:15　地点: 天坛公园　地点编号: 全民对面　图纸上编号21　调研次数: 第3次　气象: 阴　照片号

人群号	场地类型						地面条件					场地内树木类型				活动类型						人群类型					人数
	平	坡	多树	广场	路	构筑物	硬铺地	土	砂	间草	草	名称	常绿	落叶	灌木	活动名称	单一	混合	个数	动	静	男	女	老	中	青	
备注	●				●	建筑	●					槐树				交谊舞					●	15	18	6	27		33
						厕所						柏树															
						围墙																					

记录人:
- ●拍照　孟峙
- ●记录　张芳
- ●标图　张芳

日期: 10月17日　时间: 8:22　地点: 天坛公园　地点编号: 全民对面　图纸上编号21　调研次数: 第4次　气象: 晴　照片号

人群号	场地类型						地面条件					场地内树木类型				活动类型						人群类型					人数
	平	坡	多树	广场	路	构筑物	硬铺地	土	砂	间草	草	名称	常绿	落叶	灌木	活动名称	单一	混合	个数	动	静	男	女	老	中	青	
备注	●				●	建筑	●					槐树				交谊舞					●	17	21	10	27	1	38
						厕所						柏树															
						围墙																					

记录人:
- ●拍照　孟峙
- ●记录　张芳
- ●标图　张芳

日期: 10月28日　时间: 7:55　地点　天坛公园　地点编号: 全民对面　图纸上编号21　调研次数: 第5次　气象: 晴　照片号

人群号	场地类型						地面条件					场地内树木类型				活动类型						人群类型					人数
	平	坡	多树	广场	路	构筑物	硬铺地	土	砂	间草	草	名称	常绿	落叶	灌木	活动名称	单一	混合	个数	动	静	男	女	老	中	青	
备注	●				●	建筑	●					槐树				交谊舞					●	13	25	5	33		38
						厕所						柏树															
						围墙																					

记录人:
- ●拍照　孟峙
- ●记录　张芳
- ●标图　张芳

人群号	场地类型						地面条件					场地内树木类型				活动类型						人群类型					人数
	平	坡	多树	广场	路	构筑物	硬铺地	土	砂	间草	草	名称	常绿	落叶	灌木	活动名称	单一	混合	个数	动	静	男	女	老	中	青	
备注	●			●		围墙	●									交谊舞					●	12	12	12	12		24

记录人：
- ●拍照
- ●记录　陈红梅
- ●标图　陈红梅

日期：8月19日　　时间：12:00　　地点：天坛公园　　地点编号：林中人　　图纸上编号23　　调研次数：第1次　　气象：阴　　照片号

人群号	场地类型						地面条件					场地内树木类型				活动类型						人群类型					人数
	平	坡	多树	广场	路	构筑物	硬铺地	土	砂	间草	草	名称	常绿	落叶	灌木	活动名称	单一	混合	个数	动	静	男	女	老	中	青	
备注			●					●			●		●	●		气功											61

记录人：
- ●拍照　孟峙
- ●记录　游亚鹏
- ●标图　游亚鹏

附录 B | 五棵松文化体育中心程序输入数据清单

600,498

100,83

1000,10

2

22,22,22,22,22,22,22,22,22,22,22,22,22,22,22,22,22,22,22,22,22,22,
22,22,22,22,22,22,22,22,22,22,22,22,22,22,22,22,22,22,22,22,22,22,
22,22,22,22,22,22,22,22,22,22,22,22,03,03,03,03,03,03,03,03,03,22,
22,22,22,22,22,22,22,22,22,22,22,03,03,03,03,03,03,03,03,03,22,
22,22,22,22,22,22,22,22,22,22,22,22

22,01,01,01,01,01,01,01,01,01,01,01,01,01,01,23,23,23,23,23,23,23,
23,23,23,23,23,23,23,23,23,23,23,23,01,01,01,01,01,01,01,01,01,
01,01,01,01,01,01,01,01,01,01,01,01,01,01,01,01,01,01,01,01,01,0
1,01,01,01,01,01,01,01,01,01,01,01,01,01,01,01,01,01,01,01,01,01,
01,01,01,01,01,01,01,01,01,22

22,01,01,01,01,01,01,01,01,01,01,01,01,01,01,23,23,23,23,23,23,23,
23,23,23,23,23,23,23,23,23,23,23,23,01,01,01,01,01,01,01,01,01,
01,01,01,01,01,01,01,01,01,01,01,01,01,01,01,01,01,01,01,01,01,0
1,01,01,01,01,01,01,01,01,01,01,01,01,01,01,01,01,01,01,01,01,01,
01,01,01,01,01,01,01,01,01,22

22,01,01,01,01,01,01,01,01,01,01,01,01,01,01,23,23,23,23,23,23,23,
23,23,23,23,23,23,23,23,23,23,23,23,01,01,01,01,01,01,01,01,01,
01,01,01,01,01,01,01,01,01,01,01,01,01,01,01,01,01,01,01,01,01,
01,01,01,01,01,01,01,01,01,01,01,01,01,01,01,01,01,01,01,01,01,
01,01,01,01,01,01,01,01,01,01,01,22

22,01,01,01,01,01,01,01,01,01,01,01,01,01,01,23,23,23,23,23,23,23,
23,23,23,23,23,23,23,23,23,23,23,23,23,01,01,01,01,01,01,01,01,01,
01,01,01,01,01,01,01,01,01,01,01,01,01,01,01,01,01,01,01,01,01,01,
01,01,01,01,01,01,01,01,01,01,01,01,01,01,01,01,01,01,01,01,01,01,
01,01,01,01,01,01,01,01,01,01,22
22,01,01,01,01,01,01,01,01,01,01,01,01,01,01,23,23,23,23,23,23,23,
23,23,23,23,23,23,23,23,23,23,23,23,23,01,01,01,01,01,01,01,01,01,
01,01,01,01,01,01,01,01,01,01,01,01,01,01,01,01,01,01,01,01,01,01,
01,01,01,01,01,01,01,01,01,01,01,01,01,01,01,01,01,01,01,01,01,01,
01,01,01,01,01,01,01,01,01,01,22
22,01,01,01,01,01,01,01,01,01,01,01,01,01,01,23,23,23,23,23,23,23,
23,23,23,23,23,23,23,23,23,23,23,23,23,01,01,01,01,01,01,01,01,01,
01,01,01,01,01,01,01,01,01,01,01,01,01,01,01,01,01,01,01,01,01,01,
01,01,01,01,01,01,01,01,01,01,01,01,01,01,01,01,01,01,01,01,01,01,
01,01,01,01,01,01,01,01,01,01,22
22,01,01,01,01,01,01,01,01,01,01,01,01,01,01,23,23,23,23,23,23,23,
23,23,23,23,23,23,23,23,23,23,23,23,23,01,01,01,01,01,01,01,01,01,
01,01,01,01,01,01,01,01,01,01,01,01,01,01,01,01,01,01,01,01,01,01,
01,01,01,01,01,01,01,01,01,01,01,01,01,01,01,01,01,01,01,01,01,01,
01,01,01,01,01,01,01,01,01,01,22
22,01,01,01,01,01,01,01,01,01,01,01,01,01,01,23,23,23,23,23,23,23,
23,23,23,23,23,23,23,23,23,23,23,23,23,01,01,01,01,01,01,01,01,01,
01,01,01,01,01,01,01,01,15,15,15,15,15,15,15,15,15,15,15,15,15,15,
15,15,15,15,15,15,15,15,15,15,15,15,15,15,15,15,15,15,15,15,15,15,
15,15,15,15,01,01,01,01,01,01,01,22
22,01,01,01,01,01,01,01,01,01,01,01,01,01,01,23,23,23,23,23,23,23,
23,23,23,23,23,23,23,23,23,23,23,23,23,01,01,01,01,01,01,01,01,01,
01,01,01,01,01,01,01,01,15,15,15,15,15,15,15,15,15,15,15,15,15,15,
15,15,15,15,15,15,15,15,15,15,15,15,15,15,15,15,15,15,15,15,15,15,
15,15,15,15,01,01,01,01,01,01,01,22
22,01,01,01,01,01,01,01,01,01,01,01,01,01,01,23,23,23,23,23,23,23,
23,23,23,23,23,23,23,23,23,23,23,23,23,01,01,01,01,01,01,01,01,01,

01,01,01,01,01,01,01,01,15,15,15,15,15,15,15,15,15,15,15,15,15,15,

15,15,15,15,15,15,15,15,15,15,15,15,15,15,15,15,15,15,15,15,15,15,

15,15,15,15,01,01,01,01,01,01,01,22

22,01,01,01,01,01,01,01,01,01,01,01,01,01,01,23,23,23,23,23,23,23,

23,23,23,23,23,23,23,23,23,23,23,23,23,01,01,01,01,01,01,01,01,01,

01,01,01,01,01,01,01,01,15,15,15,15,15,15,15,15,15,15,15,15,15,15,

15,15,15,15,15,15,15,15,15,15,15,15,15,15,15,15,15,15,15,15,15,15,

15,15,15,15,01,01,01,01,01,01,01,22

22,01,01,01,01,01,01,01,01,01,01,01,01,01,01,23,23,23,23,23,23,23,

23,23,23,23,23,23,23,23,23,23,23,23,23,01,01,01,01,01,01,01,01,01,

01,01,01,01,01,01,01,01,15,15,15,15,15,15,15,15,15,15,15,15,15,15,

15,15,15,15,15,15,15,15,15,15,15,15,15,15,15,15,15,15,15,15,15,15,

15,15,15,15,01,01,01,01,01,01,01,22

22,01,01,01,01,01,01,01,01,01,01,01,01,01,01,23,23,23,23,23,23,23,

23,23,23,23,23,23,23,23,23,23,23,23,23,01,01,01,01,01,01,01,01,01,

01,01,01,01,01,01,01,01,15,15,15,15,15,15,15,15,15,15,15,15,15,15,

15,15,15,15,15,15,15,15,15,15,15,15,15,15,15,15,15,15,15,15,15,15,

15,15,15,15,01,01,01,01,01,01,01,22

03,01,01,01,01,01,01,01,01,01,01,01,01,01,01,23,23,23,23,23,23,23,

23,23,23,23,23,23,23,23,23,23,23,23,23,01,01,01,01,01,01,01,01,01,

01,01,01,01,01,01,01,01,15,15,15,15,15,15,15,15,15,15,15,15,15,15,

15,15,15,15,15,15,15,15,15,15,15,15,15,15,15,15,15,15,15,15,15,15,

15,15,15,15,01,01,01,01,01,01,01,03

03,01,01,01,01,01,01,01,01,01,01,01,01,01,01,23,23,23,23,23,23,23,

23,23,23,23,23,23,23,23,23,23,23,23,23,01,01,01,01,01,01,01,01,01,

01,01,01,01,01,01,01,01,15,15,15,15,15,15,15,15,15,15,15,15,15,15,

15,15,15,15,15,15,15,15,15,15,15,15,15,15,15,15,15,15,15,15,15,15,

15,15,15,15,01,01,01,01,01,01,01,03

03,01,01,01,01,01,01,01,01,01,01,01,01,01,01,23,23,23,23,23,23,23,

23,23,23,23,23,23,23,23,23,23,23,23,23,01,01,01,01,01,01,01,01,01,

01,01,01,01,01,01,01,01,15,15,15,15,15,15,15,15,15,15,15,15,15,15,

15,15,15,15,15,15,15,15,15,15,15,15,15,15,15,15,15,15,15,15,15,15,

15,15,15,15,01,01,01,01,01,01,01,03
03,01,01,01,01,01,01,01,01,01,01,01,01,01,01,23,23,23,23,23,23,23,
23,23,23,23,23,23,23,23,23,23,23,23,23,01,01,01,01,01,01,01,01,01,
01,01,01,01,01,01,01,01,15,15,15,15,15,15,15,15,15,15,15,15,15,15,
15,15,15,15,15,15,15,15,15,15,15,15,15,15,15,15,15,15,15,15,15,15,
15,15,15,15,01,01,01,01,01,01,03
03,01,01,01,01,01,01,01,01,01,01,01,01,01,01,23,23,23,23,23,23,23,
23,23,23,23,23,23,23,23,23,23,23,23,23,01,01,01,01,01,01,01,01,01,
01,01,01,01,01,01,01,01,15,15,15,15,15,15,15,15,15,15,21,21,21,21,
21,21,21,21,21,21,21,21,21,21,21,21,21,21,21,15,15,15,15,15,15,
15,15,15,15,01,01,01,01,01,01,01,03
03,01,01,01,01,01,01,01,01,01,01,01,01,01,01,23,23,23,23,23,23,23,
23,23,23,23,23,23,23,23,23,23,23,23,23,01,01,01,01,01,01,01,01,01,
01,01,01,01,01,01,01,01,15,15,15,15,15,15,15,15,15,15,21,21,21,21,
21,21,21,21,21,21,21,21,21,21,21,21,21,21,21,15,15,15,15,15,15,
15,15,15,15,01,01,01,01,01,01,03
03,01,01,01,01,01,01,01,01,01,01,01,01,01,01,23,23,23,23,23,23,23,
23,23,23,23,23,23,23,23,23,23,23,23,23,01,01,01,01,01,01,01,01,01,
01,01,01,01,01,01,01,01,15,15,15,15,15,15,15,15,15,15,21,21,21,21,
21,21,21,21,21,21,21,21,21,21,21,21,21,21,21,15,15,15,15,15,15,
15,15,15,15,01,01,01,01,01,01,03
03,01,01,01,01,01,01,01,01,01,01,01,01,01,01,23,23,23,23,23,23,23,
23,23,23,23,23,23,23,23,23,23,23,23,23,01,01,01,01,01,01,01,01,01,
01,01,01,01,01,01,01,01,15,15,15,15,15,15,15,15,15,15,21,21,21,21,
21,21,21,21,21,21,21,21,21,21,21,21,21,21,21,15,15,15,15,15,15,
15,15,15,15,01,01,01,01,01,01,03
03,01,01,01,01,01,01,01,01,01,01,01,01,01,23,23,23,23,23,23,23,
23,23,23,23,23,23,23,23,23,23,23,23,23,01,01,01,01,01,01,01,01,01,
01,01,01,01,01,01,01,15,15,15,15,15,15,15,15,15,15,21,21,21,21,
21,21,21,21,21,21,21,21,21,21,21,21,21,21,21,15,15,15,15,15,15,
15,15,15,15,01,01,01,01,01,01,03
22,01,01,01,01,01,01,01,01,01,01,01,01,01,01,23,23,23,23,23,23,23,

23,23,23,23,23,23,23,23,23,23,23,23,23,01,01,01,01,01,01,01,01,01,
01,01,01,01,01,01,01,01,15,15,15,15,15,15,15,15,15,15,21,21,21,21,
21,21,21,21,21,21,21,21,21,21,21,21,21,21,21,15,15,15,15,15,15,
15,15,15,15,01,01,01,01,01,01,01,22
22,01,01,01,01,01,01,01,01,01,01,01,01,01,01,23,23,23,23,23,23,23,
23,23,23,23,23,23,23,23,23,23,23,23,01,01,01,01,01,01,01,01,
01,01,01,01,01,01,01,01,15,15,15,15,15,15,15,15,15,15,21,21,21,21,
21,21,21,21,21,21,21,21,21,21,21,21,21,21,21,15,15,15,15,15,15,
15,15,15,15,01,01,01,01,01,01,01,22
22,01,01,01,01,01,01,01,01,01,01,01,01,01,01,23,23,23,23,23,23,23,
23,23,23,23,23,23,23,23,23,23,23,23,01,01,01,01,01,01,01,01,
01,01,01,01,01,01,01,01,15,15,15,15,15,15,15,15,15,15,21,21,21,21,
21,21,21,21,21,21,21,21,21,21,21,21,21,21,21,15,15,15,15,15,15,
15,15,15,15,01,01,01,01,01,01,01,22
22,01,01,01,01,01,01,01,01,01,01,01,01,01,01,23,23,23,23,23,23,23,
23,23,23,23,23,23,23,23,23,23,23,23,01,01,01,01,01,01,01,01,
01,01,01,01,01,01,01,01,15,15,15,15,15,15,15,15,15,15,21,21,21,21,
21,21,21,21,21,21,21,21,21,21,21,21,21,21,21,15,15,15,15,15,15,
15,15,15,15,01,01,01,01,01,01,01,22
22,01,01,01,01,01,01,01,01,01,01,01,01,01,01,23,23,23,23,23,23,23,
23,23,23,23,23,23,23,23,23,23,23,23,01,01,01,01,01,01,01,01,
01,01,01,01,01,01,01,01,15,15,15,15,15,15,15,15,15,15,21,21,21,21,
21,21,21,21,21,21,21,21,21,21,21,21,21,21,21,15,15,15,15,15,15,
15,15,15,15,01,01,01,01,01,01,01,22
22,01,01,01,01,01,01,01,01,01,01,01,01,01,01,23,23,23,23,23,23,23,
23,23,23,23,23,23,23,23,23,23,23,23,01,01,01,01,01,01,01,01,
01,01,01,01,01,01,01,01,15,15,15,15,15,15,15,15,15,15,21,21,21,21,
21,21,21,21,21,21,21,21,21,21,21,21,21,21,21,15,15,15,15,15,15,
15,15,15,15,01,01,01,01,01,01,01,22
22,01,01,01,01,01,01,01,01,01,01,01,01,01,01,23,23,23,23,23,23,23,
23,23,23,23,23,23,23,23,23,23,23,23,01,01,01,01,01,01,01,01,
01,01,01,01,01,01,01,01,15,15,15,15,15,15,15,15,15,15,21,21,21,21,

21,21,21,21,21,21,21,21,21,21,21,21,21,21,21,21,15,15,15,15,15,15,
15,15,15,15,01,01,01,01,01,01,01,22
22,01,01,01,01,01,01,01,01,01,01,01,01,01,01,23,23,23,23,23,23,23,
23,23,23,23,23,23,23,23,23,23,23,23,01,01,01,01,01,01,01,01,01,
01,01,01,01,01,01,01,01,15,15,15,15,15,15,15,15,15,15,21,21,21,21,
21,21,21,21,21,21,21,21,21,21,21,21,15,15,15,15,15,15,
15,15,15,15,01,01,01,01,01,01,01,22
22,01,01,01,01,01,01,01,01,01,01,01,01,01,01,23,23,23,23,23,23,23,
23,23,23,23,23,23,23,23,23,23,23,23,01,01,01,01,01,01,01,01,01,
01,01,01,01,01,01,01,01,15,15,15,15,15,15,15,15,15,15,21,21,21,21,
21,21,21,21,21,21,21,21,21,21,21,21,15,15,15,15,15,15,
15,15,15,15,01,01,01,01,01,01,01,22
22,01,01,01,01,01,01,01,01,01,01,01,01,01,01,23,23,23,23,23,23,23,
23,23,23,23,23,23,23,23,23,23,23,23,01,01,01,01,01,01,01,01,01,
01,01,01,01,01,01,01,01,15,15,15,15,15,15,15,15,15,15,21,21,21,21,
21,21,21,21,21,21,21,21,21,21,21,21,15,15,15,15,15,15,
15,15,15,15,01,01,01,01,01,01,01,22
22,01,01,01,01,01,01,01,01,01,01,01,01,01,01,23,23,23,23,23,23,23,
23,23,23,23,23,23,23,23,23,23,23,23,01,01,01,01,01,01,01,01,01,
01,01,01,01,01,01,01,01,15,15,15,15,15,15,15,15,15,15,21,21,21,21,
21,21,21,21,21,21,21,21,21,21,21,21,15,15,15,15,15,15,
15,15,15,15,01,01,01,01,01,01,01,22
22,01,01,01,01,01,01,01,01,01,01,01,01,01,01,23,23,23,23,23,23,23,
23,23,23,23,23,23,23,23,23,23,23,23,01,01,01,01,01,01,01,01,01,
01,01,01,01,01,01,01,01,15,15,15,15,15,15,15,15,15,15,21,21,21,21,
21,21,21,21,21,21,21,21,21,21,21,21,15,15,15,15,15,15,
15,15,15,15,01,01,01,01,01,01,01,22
22,01,01,01,01,01,01,01,01,01,01,01,01,01,01,23,23,23,23,23,23,23,
23,23,23,23,23,23,23,23,23,23,23,23,01,01,01,01,01,01,01,01,
01,01,01,01,01,01,01,01,15,15,15,15,15,15,15,15,15,15,21,21,21,21,
21,21,21,21,21,21,21,21,21,21,21,21,15,15,15,15,15,15,
15,15,15,15,01,01,01,01,01,01,01,22

22,01,01,01,01,01,01,01,01,01,01,01,01,01,01,23,23,23,23,23,23,23,
23,23,23,23,23,23,23,23,23,23,23,23,23,01,01,01,01,01,01,01,01,01,
01,01,01,01,01,01,01,01,15,15,15,15,15,15,15,15,15,15,21,21,21,21,
21,21,21,21,21,21,21,21,21,21,21,21,21,21,21,21,15,15,15,15,15,15,
15,15,15,15,01,01,01,01,01,01,01,22
03,01,01,01,01,01,01,01,01,01,01,01,01,01,01,23,23,23,23,23,23,23,
23,23,23,23,23,23,23,23,23,23,23,23,23,01,01,01,01,01,01,01,01,01,
01,01,01,01,01,01,01,01,15,15,15,15,15,15,15,15,15,15,21,21,21,21,
21,21,21,21,21,21,21,21,21,21,21,21,21,21,21,21,15,15,15,15,15,15,
15,15,15,15,01,01,01,01,01,01,01,03
03,01,01,01,01,01,01,01,01,01,01,01,01,01,01,23,23,23,23,23,23,23,
23,23,23,23,23,23,23,23,23,23,23,23,23,01,01,01,01,01,01,01,01,01,
01,01,01,01,01,01,01,01,14,14,14,14,14,14,14,14,14,14,14,14,14,14,
14,14,14,14,14,14,14,14,14,14,14,14,14,14,14,14,14,14,14,14,14,14,
14,14,14,14,01,01,01,01,01,01,01,03
03,01,01,01,01,01,01,01,01,01,01,01,01,01,01,23,23,23,23,23,23,23,
23,23,23,23,23,23,23,23,23,23,23,23,23,01,01,01,01,01,01,01,01,01,
01,01,01,01,01,01,01,01,14,14,14,14,14,14,14,14,14,14,14,14,14,14,
14,14,14,14,14,14,14,14,14,14,14,14,14,14,14,14,14,14,14,14,14,14,
14,14,14,14,01,01,01,01,01,01,01,03
03,01,01,01,01,01,01,01,01,01,01,01,01,01,01,23,23,23,23,23,23,23,
23,23,23,23,23,23,23,23,23,23,23,23,23,01,01,01,01,01,01,01,01,01,
01,01,01,01,01,01,01,01,14,14,14,14,14,14,14,14,14,14,14,14,14,14,
14,14,14,14,14,14,14,14,14,14,14,14,14,14,14,14,14,14,14,14,14,14,
14,14,14,14,01,01,01,01,01,01,01,03
03,01,01,01,01,01,01,01,01,01,01,01,01,01,01,23,23,23,23,23,23,23,
23,23,23,23,23,23,23,23,23,23,23,23,23,01,01,01,01,01,01,01,01,01,
01,01,01,01,01,01,01,01,14,14,14,14,14,14,14,14,14,14,14,14,14,14,
14,14,14,14,14,14,14,14,14,14,14,14,14,14,14,14,14,14,14,14,14,14,
14,14,14,14,01,01,01,01,01,01,01,03
03,01,01,01,01,01,01,01,01,01,01,01,01,01,01,23,23,23,23,23,23,23,
23,23,23,23,23,23,23,23,23,23,23,23,23,01,01,01,01,01,01,01,01,01,

01,01,01,01,01,01,01,01,14,14,14,14,14,14,14,14,14,14,14,14,14,
14,14,14,14,14,14,14,14,14,14,14,14,14,14,14,14,14,14,14,14,14,
14,14,14,14,01,01,01,01,01,01,01,03

03,01,01,01,01,01,01,01,01,01,01,01,01,01,01,23,23,23,23,23,23,23,
23,23,23,23,23,23,23,23,23,23,23,23,23,01,01,01,01,01,01,01,01,01,
01,01,01,01,01,01,01,01,14,14,14,14,14,14,14,14,14,14,14,14,14,
14,14,14,14,14,14,14,14,14,14,14,14,14,14,14,14,14,14,14,14,14,
14,14,14,14,01,01,01,01,01,01,01,03

03,01,01,01,01,01,01,01,01,01,01,01,01,01,01,23,23,23,23,23,23,23,
23,23,23,23,23,23,23,23,23,23,23,23,23,01,01,01,01,01,01,01,01,01,
01,01,01,01,01,01,01,01,14,14,14,14,14,14,14,14,14,14,14,14,14,
14,14,14,14,14,14,14,14,14,14,14,14,14,14,14,14,14,14,14,14,14,
14,14,14,14,01,01,01,01,01,01,01,03

03,01,01,01,01,01,01,01,01,01,01,01,01,01,01,23,23,23,23,23,23,23,
23,23,23,23,23,23,23,23,23,23,23,23,23,01,01,01,01,01,01,01,01,01,
01,01,01,01,01,01,01,01,14,14,14,14,14,14,14,14,14,14,14,14,14,
14,14,14,14,14,14,14,14,14,14,14,14,14,14,14,14,14,14,14,14,14,
14,14,14,14,01,01,01,01,01,01,01,03

22,01,01,01,01,01,01,01,01,01,01,01,01,01,01,23,23,23,23,23,23,23,
23,23,23,23,23,23,23,23,23,23,23,23,23,01,01,01,01,01,01,01,01,01,
01,01,01,01,01,01,01,01,14,14,14,14,14,14,14,14,14,14,14,14,14,
14,14,14,14,14,14,14,14,14,14,14,14,14,14,14,14,14,14,14,14,14,
14,14,14,14,01,01,01,01,01,01,22

22,01,01,01,01,01,01,01,01,01,01,01,01,01,01,23,23,23,23,23,23,23,
23,23,23,23,23,23,23,23,23,23,23,23,23,01,01,01,01,01,01,01,01,01,
01,01,01,01,01,01,01,01,14,14,14,14,14,14,14,14,14,14,14,14,14,
14,14,14,14,14,14,14,14,14,14,14,14,14,14,14,14,14,14,14,14,14,
14,14,14,14,01,01,01,01,01,01,22

22,01,01,01,01,01,01,01,01,01,01,01,01,01,01,23,23,23,23,23,23,23,
23,23,23,23,23,23,23,23,23,23,23,23,23,01,01,01,01,01,01,01,01,01,
01,01,01,01,01,01,01,01,14,14,14,14,14,14,14,14,14,14,14,14,14,
14,14,14,14,14,14,14,14,14,14,14,14,14,14,14,14,14,14,14,14,14,

14,14,14,14,01,01,01,01,01,01,01,22

22,01,01,01,01,01,01,01,01,01,01,01,01,01,01,23,23,23,23,23,23,23,
23,23,23,23,23,23,23,23,23,23,23,23,23,01,01,01,01,01,01,01,01,01,
01,01,01,01,01,01,01,01,14,14,14,14,14,14,14,14,14,14,14,14,14,14,
14,14,14,14,14,14,14,14,14,14,14,14,14,14,14,14,14,14,14,14,14,14,
14,14,14,14,01,01,01,01,01,01,01,22

22,01,01,01,01,01,01,01,01,01,01,01,01,01,01,23,23,23,23,23,23,23,
23,23,23,23,23,23,23,23,23,23,23,23,23,01,01,01,01,01,01,01,01,01,
01,01,01,01,01,01,01,01,14,14,14,14,14,14,14,14,14,14,14,14,14,14,
14,14,14,14,14,14,14,14,14,14,14,14,14,14,14,14,14,14,14,14,14,14,
14,14,14,14,01,01,01,01,01,01,01,22

22,01,01,01,01,01,01,01,01,01,01,01,01,01,01,23,23,23,23,23,23,23,
23,23,23,23,23,23,23,23,23,23,23,23,23,01,01,01,01,01,01,01,01,01,
01,01,01,01,01,01,01,01,14,14,14,14,14,14,14,14,14,14,14,14,14,14,
14,14,14,14,14,14,14,14,14,14,14,14,14,14,14,14,14,14,14,14,14,14,
14,14,14,14,01,01,01,01,01,01,01,22

22,01,01,01,01,01,01,01,01,01,01,01,01,01,01,23,23,23,23,23,23,23,
23,23,23,23,23,23,23,23,23,23,23,23,23,01,01,01,01,01,01,01,01,01,
01,01,01,01,01,01,01,01,14,14,14,14,14,14,14,14,14,14,14,14,14,14,
14,14,14,14,14,14,14,14,14,14,14,14,14,14,14,14,14,14,14,14,14,14,
14,14,14,14,01,01,01,01,01,01,01,22

22,01,01,01,01,01,01,01,01,01,01,01,01,01,01,23,23,23,23,23,23,23,
23,23,23,23,23,23,23,23,23,23,23,23,23,01,01,01,01,01,01,01,01,01,
01,01,01,01,01,01,01,01,14,14,14,14,14,14,14,14,14,14,14,14,14,14,
14,14,14,14,14,14,14,14,14,14,14,14,14,14,14,14,14,14,14,14,14,14,
14,14,14,14,01,01,01,01,01,01,01,22

22,01,01,01,01,01,01,01,01,01,01,01,01,01,01,23,23,23,23,23,23,23,
23,23,23,23,23,23,23,23,23,23,23,23,23,01,01,01,01,01,01,01,01,01,
01,01,01,01,01,01,01,01,14,14,14,14,14,14,14,14,14,14,14,14,14,14,
14,14,14,14,14,14,14,14,14,14,14,14,14,14,14,14,14,14,14,14,14,14,
14,14,14,14,01,01,01,01,01,01,01,22

22,01,01,01,01,01,01,01,01,01,01,01,01,01,01,23,23,23,23,23,23,23,

23,23,23,23,23,23,23,23,23,23,23,23,23,01,01,01,01,01,01,01,01,01,
01,01,01,01,01,01,01,01,14,14,14,14,14,14,14,14,14,14,14,14,14,14,
14,14,14,14,14,14,14,14,14,14,14,14,14,14,14,14,14,14,14,14,14,14,
14,14,14,14,01,01,01,01,01,01,01,22
22,01,01,01,01,01,01,01,01,01,01,01,01,01,01,23,23,23,23,23,23,23,
23,23,23,23,23,23,23,23,23,23,23,01,01,01,01,01,01,01,01,
01,01,01,01,01,01,01,01,14,14,14,14,14,14,14,14,14,14,14,14,14,14,
14,14,14,14,14,14,14,14,14,14,14,14,14,14,14,14,14,14,14,14,14,14,
14,14,14,14,01,01,01,01,01,01,01,22
22,01,01,01,01,01,01,01,01,01,01,01,01,01,01,23,23,23,23,23,23,23,
23,23,23,23,23,23,23,23,23,23,23,01,01,01,01,01,01,01,01,01,
01,01,01,01,01,01,01,01,14,14,14,14,14,14,14,14,14,14,14,14,14,14,
14,14,14,14,14,14,14,14,14,14,14,14,14,14,14,14,14,14,14,14,14,14,
14,14,14,14,01,01,01,01,01,01,01,22
22,01,01,01,01,01,01,01,01,01,01,01,01,01,01,23,23,23,23,23,23,23,
23,23,23,23,23,23,23,23,23,23,23,01,01,01,01,01,01,01,01,01,
01,01,01,01,01,01,01,01,14,14,14,14,14,14,14,14,14,14,14,14,14,14,
14,14,14,14,14,14,14,14,14,14,14,14,14,14,14,14,14,14,14,14,14,14,
14,14,14,14,01,01,01,01,01,01,01,22
22,01,01,01,01,01,01,01,01,01,01,01,01,01,01,23,23,23,23,23,23,23,
23,23,23,23,23,23,23,23,23,23,23,01,01,01,01,01,01,01,01,01,
01,01,01,01,01,01,01,01,14,14,14,14,14,14,14,14,14,14,14,14,14,14,
14,14,14,14,14,14,14,14,14,14,14,14,14,14,14,14,14,14,14,14,14,14,
14,14,14,14,01,01,01,01,01,01,01,22
03,01,01,01,01,01,01,01,01,01,01,01,01,01,01,23,23,23,23,23,23,23,
23,23,23,23,23,23,23,23,23,23,23,01,01,01,01,01,01,01,01,01,
01,01,01,01,01,01,01,01,14,14,14,14,14,14,14,14,14,14,14,14,14,
14,14,14,14,14,14,14,14,14,14,14,14,14,14,14,14,14,14,14,14,14,14,
14,14,14,14,01,01,01,01,01,01,01,03
03,01,01,01,01,01,01,01,01,01,01,01,01,01,01,23,23,23,23,23,23,23,
23,23,23,23,23,23,23,23,23,23,23,01,01,01,01,01,01,01,01,01,
01,01,01,01,01,01,01,01,14,14,14,14,14,14,14,14,14,14,14,14,14,14,

14,14,14,14,14,14,14,14,14,14,14,14,14,14,14,14,14,14,14,14,14,
14,14,14,14,01,01,01,01,01,01,01,03
03,01,01,01,01,01,01,01,01,01,01,01,01,01,01,01,01,01,01,01,01,01,
01,01,01,01,01,01,01,01,01,01,01,01,01,01,01,01,01,01,01,01,01,01,
01,01,01,01,01,01,01,14,14,14,14,14,14,14,14,14,14,14,14,14,14,
14,14,14,14,14,14,14,14,14,14,14,14,14,14,14,14,14,14,14,14,14,
14,14,14,14,01,01,01,01,01,01,01,03
03,01,01,01,01,01,01,01,01,01,01,01,01,01,01,01,01,01,01,01,01,01,
01,01,01,01,01,01,01,01,01,01,01,01,01,01,01,01,01,01,01,01,01,01,
01,01,01,01,01,01,01,14,14,14,14,14,14,14,14,14,14,14,14,14,14,
14,14,14,14,14,14,14,14,14,14,14,14,14,14,14,14,14,14,14,14,14,
14,14,14,14,01,01,01,01,01,01,01,03
03,01,01,01,01,01,01,01,01,01,01,01,01,01,01,01,01,01,01,01,01,01,
01,01,01,01,01,01,01,01,01,01,01,01,01,01,01,01,01,01,01,01,01,01,
01,01,01,01,01,01,01,14,14,14,14,14,14,14,14,14,14,14,14,14,14,
14,14,14,14,14,14,14,14,14,14,14,14,14,14,14,14,14,14,14,14,14,
14,14,14,14,01,01,01,01,01,01,01,03
03,01,01,01,01,01,01,01,01,01,01,01,01,01,01,01,01,01,01,01,01,01,
01,01,01,01,01,01,01,01,01,01,01,01,01,01,01,01,01,01,01,01,01,01,
01,01,01,01,01,01,01,14,14,14,14,14,14,14,14,14,14,14,14,14,14,
14,14,14,14,14,14,14,14,14,14,14,14,14,14,14,14,14,14,14,14,14,
14,14,14,14,01,01,01,01,01,01,01,03
03,01,01,01,01,01,01,01,01,01,01,01,01,01,01,01,01,01,01,01,01,01,
01,01,01,01,01,01,01,01,01,01,01,01,01,01,01,01,01,01,01,01,01,01,
01,01,01,01,01,01,01,14,14,14,14,14,14,14,14,14,14,14,14,14,
14,14,14,14,14,14,14,14,14,14,14,14,14,14,14,14,14,14,14,14,14,
14,14,14,14,01,01,01,01,01,01,01,03
03,01,01,01,01,01,01,01,01,01,01,01,01,01,01,01,01,01,01,01,01,01,
01,01,01,01,01,01,01,01,01,01,01,01,01,01,01,01,01,01,01,01,01,01,
01,01,01,01,01,01,01,14,14,14,14,14,14,14,14,14,14,14,14,14,
14,14,14,14,14,14,14,14,14,14,14,14,14,14,14,14,14,14,14,14,14,
14,14,14,14,01,01,01,01,01,01,01,03

03,01,01,01,01,01,01,01,01,01,01,01,01,01,01,01,01,01,01,01,01,01,
01,01,01,01,01,01,01,01,01,01,01,01,01,01,01,01,01,01,01,01,01,01,
01,01,01,01,01,01,01,01,14,14,14,14,14,14,14,14,14,14,14,14,14,14,
14,14,14,14,14,14,14,14,14,14,14,14,14,14,14,14,14,14,14,14,14,14,
14,14,14,14,01,01,01,01,01,01,01,03
22,01,01,01,01,01,01,01,01,01,01,01,01,01,01,01,01,01,01,01,01,01,
01,01,01,01,01,01,01,01,01,01,01,01,01,01,01,01,01,01,01,01,01,01,
01,01,01,01,01,01,01,01,14,14,14,14,14,14,14,14,14,14,14,14,14,14,
14,14,14,14,14,14,14,14,14,14,14,14,14,14,14,14,14,14,14,14,14,14,
14,14,14,14,01,01,01,01,01,01,01,22
22,01,01,01,01,01,01,01,01,01,01,01,01,01,01,01,01,01,01,01,01,01,
01,01,01,01,01,01,01,01,01,01,01,01,01,01,01,01,01,01,01,01,01,01,
01,01,01,01,01,01,01,01,14,14,14,14,14,14,14,14,14,14,14,14,14,14,
14,14,14,14,14,14,14,14,14,14,14,14,14,14,14,14,14,14,14,14,14,14,
14,14,14,14,01,01,01,01,01,01,01,22
22,01,01,01,01,01,01,01,01,01,01,01,01,01,01,01,01,01,01,01,01,01,
01,01,01,01,01,01,01,01,01,01,01,01,01,01,01,01,01,01,01,01,01,01,
01,01,01,01,01,01,01,01,14,14,14,14,14,14,14,14,14,14,14,14,14,14,
14,14,14,14,14,14,14,14,14,14,14,14,14,14,14,14,14,14,14,14,14,14,
14,14,14,14,01,01,01,01,01,01,01,22
22,01,01,01,01,01,01,01,01,01,01,01,01,01,01,01,01,01,01,01,01,01,
01,01,01,01,01,01,01,01,01,01,01,01,01,01,01,01,01,01,01,01,01,01,
01,01,01,01,01,01,01,01,14,14,14,14,14,14,14,14,14,14,14,14,14,14,
14,14,14,14,14,14,14,14,14,14,14,14,14,14,14,14,14,14,14,14,14,14,
14,14,14,14,01,01,01,01,01,01,22
22,01,01,01,01,01,01,01,01,01,01,01,01,01,01,01,01,01,01,01,01,01,
01,01,01,01,01,01,01,01,01,01,01,01,01,01,01,01,01,01,01,01,01,01,
01,01,01,01,01,01,01,01,14,14,14,14,14,14,14,14,14,14,14,14,14,14,
14,14,14,14,14,14,14,14,14,14,14,14,14,14,14,14,14,14,14,14,14,14,
14,14,14,14,01,01,01,01,01,01,01,22
22,01,01,01,01,01,01,01,01,01,01,01,01,01,01,01,01,01,01,01,01,01,
01,01,01,01,01,01,01,01,01,01,01,01,01,01,01,01,01,01,01,01,01,01,

01,01,01,01,01,01,01,01,14,14,14,14,14,14,14,14,14,14,14,14,14,14,
14,14,14,14,14,14,14,14,14,14,14,14,14,14,14,14,14,14,14,14,14,14,
14,14,14,14,01,01,01,01,01,01,01,22
22,01,01,01,01,01,01,01,01,01,01,01,01,01,01,01,01,01,01,01,01,01,
01,01,01,01,01,01,01,01,01,01,01,01,01,01,01,01,01,01,01,01,01,01,
01,01,01,01,01,01,01,01,14,14,14,14,14,14,14,14,14,14,14,14,14,14,
14,14,14,14,14,14,14,14,14,14,14,14,14,14,14,14,14,14,14,14,14,14,
14,14,14,14,01,01,01,01,01,01,01,22
22,01,01,01,01,01,01,01,01,01,01,01,01,01,01,01,01,01,01,01,01,01,
01,01,01,01,01,01,01,01,01,01,01,01,01,01,01,01,01,01,01,01,01,01,
01,01,01,01,01,01,01,01,14,14,14,14,14,14,14,14,14,14,14,14,14,14,
14,14,14,14,14,14,14,14,14,14,14,14,14,14,14,14,14,14,14,14,14,14,
14,14,14,14,01,01,01,01,01,01,01,22
22,01,01,01,01,01,01,01,01,01,01,01,01,01,01,01,01,01,01,01,01,01,
01,01,01,01,01,01,01,01,01,01,01,01,01,01,01,01,01,01,01,01,01,01,
01,01,01,01,01,01,01,01,14,14,14,14,14,14,14,14,14,14,14,14,14,14,
14,14,14,14,14,14,14,14,14,14,14,14,14,14,14,14,14,14,14,14,14,14,
14,14,14,14,01,01,01,01,01,01,01,22
22,01,01,01,01,01,01,01,01,01,01,01,01,01,01,01,01,01,01,01,01,01,
01,01,01,01,01,01,01,01,01,01,01,01,01,01,01,01,01,01,01,01,01,01,
01,01,01,01,01,01,01,01,14,14,14,14,14,14,14,14,14,14,14,14,14,14,
14,14,14,14,14,14,14,14,14,14,14,14,14,14,14,14,14,14,14,14,14,14,
14,14,14,14,01,01,01,01,01,01,01,22
22,01,01,01,01,01,01,01,01,01,01,01,01,01,01,01,01,01,01,01,01,01,
01,01,01,01,01,01,01,01,01,01,01,01,01,01,01,01,01,01,01,01,01,01,
01,01,01,01,01,01,01,01,14,14,14,14,14,14,14,14,14,14,14,14,14,14,
14,14,14,14,14,14,14,14,14,14,14,14,14,14,14,14,14,14,14,14,14,14,
14,14,14,14,01,01,01,01,01,01,01,22
22,01,01,01,01,01,01,01,01,01,01,01,01,01,01,01,01,01,01,01,01,01,
01,01,01,01,01,01,01,01,01,01,01,01,01,01,01,01,01,01,01,01,01,01,
01,01,01,01,01,01,01,01,14,14,14,14,14,14,14,14,14,14,14,14,14,14,
14,14,14,14,14,14,14,14,14,14,14,14,14,14,14,14,14,14,14,14,14,14,

14,14,14,14,01,01,01,01,01,01,01,22
22,01,01,01,01,01,01,01,01,01,01,01,01,01,01,01,01,01,01,01,01,01,
01,01,01,01,01,01,01,01,01,01,01,01,01,01,01,01,01,01,01,01,01,
01,01,01,01,01,01,01,14,14,14,14,14,14,14,14,14,14,14,14,14,14,
14,14,14,14,14,14,14,14,14,14,14,14,14,14,14,14,14,14,14,14,
14,14,14,14,01,01,01,01,01,01,01,22
22,22,22,22,22,22,22,22,22,22,22,22,22,03,03,03,03,03,03,03,03,
03,22,22,22,22,22,22,22,22,22,22,22,22,03,03,03,03,03,03,03,
03,03,22,22,22,22,22,22,22,22,22,22,22,22,03,03,03,03,03,03,03,
03,03,22,22,22,22,22,22,22,22,22,22,22,22,22,03,03,03,03,03,03,
03,03,03,22,22,22,22,22,22,22,22,22,22,22,22,22

本书中 5ks 软件由马晓钧编写。
第 4 章中《五棵松体育公园科研报告》的负责人为胡越、邰方晴，
参与调研的人员为邰方晴、张晓奕、陈虹梅、顾永辉、游亚鹏、
孟峙、张芳、徐奕、翟雅雅。
感谢他们的工作和付出！
本书撰写过程中得到北京建筑大学祝贺老师的大力支持，在此表
示感谢！

参考资料

[1] 来江州."卡特里娜"飓风的启示录 [J].中国减灾, 2005 (10): 35-37.

[2] 马东来, 董正举, 黄俊雄.从北京"7.21"特大暴雨思考社会安全管理 [J].城市管理与科技, 2013, 115(4): 11-13.

[3] 秦梅, 梁家栋, 骆秉全.北京市大型体育场馆综合利用发展研究报告 [M].北京: 人民出版社, 2019: 92-93.

[4] 胡越.建筑设计流程的转变 [M].北京: 中国建筑工业出版社, 2012: 117.

[5] 胡越.流程控制——广义韧性建筑的设计方法与实践 [M].北京: 中国建筑工业出版社, 2023: 12.

[6] 刘先觉.现代建筑设计理论 [M].北京: 中国建筑工业出版社, 2008: 521.

[7] JOHN C J. Design Methods[M]. New York : John Wiley&Sons, 1992: 3.

[8] 林格.怎么提高智力 [M].北京: 新世界出版社, 2006: 91.

[9] 林格.怎么提高智力 [M].北京: 新世界出版社, 2006: 95-98.

[10] 袁方.社会研究方法教程 [M].北京: 北京大学出版社, 1997: 165.

[11] 《人性场所——城市开放空间设计导则》中建议在进行定量的对外部空间的使用状况评价中, "需要花费更多的时间和精力以及使用更系统的社会科学方法……可能需要四或五个半天的实地考察"。

[12] 培根.城市设计 [M].北京: 中国建筑工业出版社, 2003: 23.

[13] 研究设计是对研究类型、研究程序和具体方法加以选择并制定详细的研究方案。在许多社会研究中，研究设计的任务还包括确定研究方案和测量方法。抽样是依据统计学原理从研究总体中抽取出适当的样本。测量是制定操作化方案对所要研究的概念加以有效计量。

[14] 袁方 . 社会研究方法教程 [M]. 北京：北京大学出版社，1997：25.

[15] 林奇 . 城市意向 [M]. 北京：华夏出版社，2001：48.

[16] 林奇 . 城市意向 [M]. 北京：华夏出版社，2001：78.

[17] 盖尔 . 交往与空间 [M]. 何人可，译 . 北京：中国建筑工业出版社，2002：139-141.

[18] ALEXANDER, CHRISTOPHER, SARA I. A Pattern Language[M]. Oxford: Oxford University Press, 1977.

[19] 盖尔 . 交往与空间 [M]. 何人可，译 . 北京：中国建筑工业出版社，2002：187-200.

[20] 马库斯，弗朗西斯 . 人性场所——城市开放空间设计导则 [M]. 俞孔坚，译 . 北京：中国建筑工业出版社，2001：30.

[21] BOSSELMANN, PETER, et al. Sun, Wind, and Comfort: A Study of Open Spaces and Sidewalks in Four Downtown Areas [M]. Berkeley: University of California Press , 1984.

[22] 林奇 . 城市意向 [M]. 北京：华夏出版社，2001：35.

[23] 盖尔 . 交往与空间 [M]. 何人可，译 . 北京：中国建筑工业出版社，2002：141.

[24] Sebestyen, Adam, and Jakub Tyc. 2020. 'Machine Learning Methods in Energy Simulations for Architects and Designers', Proceedings of the 38th International Conference on Education and research in Computer Aided Architectural Design in Europe (eCAADe), 1: 613-622.

[25] Duering, Serjoscha, Angelos Chronis, and Reinhard Koenig. 2020. „Optimizing Urban Systems: Integrated Optimization of Spatial Configurations. " In The 11th annual Symposium on Simulation for Architecture and Urban Design (SimAUD),

509–515. Vienna, Austria.

[26] Lu, Siliang, Zhiang Zhang, Erica Cochran Hameen, Berangere Lartigue, and Omer Karaguzel. 2020. "Energy Co-Simulation of the Hybrid Cooling Control with Synthetic Thermal Preference Distributions." In The 11th annual Symposium on Simulation for Architecture and Urban Design (SimAUD), 271–278. Vienna, Austria.

[27] Krietemeyer, Bess, Jason Dedrick, Camila Andino, and Daniela Andino. 2020. "Spatial Interpolation of Outdoor Illumination at Night using Geostatistical Modeling." In The 11th annual Symposium on Simulation for Architecture and Urban Design (SimAUD), 67–74. Vienna, Austria.

[28] Koh, Immanuel. 2020. "The Augmented Museum – a Machinic Experience with Deep Learning." In Proceedings of the 25th International Conference on Computer-Aided Architectural Design Research in Asia (CAADRIA), 641–650. Bangkok, Thailand.

[29] Jrgensen, J. , Tamke, M. , & Poulsgaard, K. S. (2020). Occupancy-informed: Introducing a method or flexible behavioural mapping in architecture using machine vision. Proceedings of the 38th eCAADe Conference (eCAADe).

[30] Sun, Chengyu, and Wei Hu. (2020). A Rapid Building Density Survey Method Based on Improved Unet. Proceedings of the 25th International Conference on Computer-Aided Architectural Design Research in Asia (CAADRIA), 651–660. Bangkok, Thailand.

[31] Shicong Cao and Hao Zheng. (2021). A POI-Based Machine Learning Method for Predicting Residents' Health Status. Proceedings of the 3rd International Conference on Computational Design and Robotic Fabrication (CDRF). Shanghai, China.

[32] Zhang, Jiaxin, Tomohiro Fukuda, and Nobuyoshi Yabuki.

2020. "A Large-Scale Measurement and Quantitative Analysis Method of Façade Color in the Urban Street Using Deep Learning." In Proceedings of the 2nd International Conference on Computational Design and Robotic Fabrication (CDRF), 93–102. Shanghai, China.

[33] Xiao, Yahan, Sen Chen, Yasushi Ikeda, and Kensuke Hotta. 2020. "Automatic Recognition and Segmentation of Architectural Elements from 2D Drawings by Convolutional Neural Network." In Proceedings of the 25th International Conference on Computer-Aided Architectural Design Research in Asia (CAADRIA), 843–852. Bangkok, Thailand.

[34] Maeng, Hoyoung and Hyun, Kyung Hoon. 2021. "Data-Driven Analysis of Spatial Patterns through Large-Scale Datasets of Building Floor Plan." In Proceedings of the 26th International Conference on Computer-Aided Architectural Design Research in Asia (CAADRIA). Hong Kong, China.

[35] Liu, Yubo, Yihua Luo, Qiaoming Deng, and Xuanxing Zhou. 2020. "Exploration of Campus Layout Based on Generative Adversarial Network." In Proceedings of the 2nd International Conference on Computational Design and Robotic Fabrication (CDRF), 169–178. Shanghai, China.

[36] Zheng, Hao, Keyao An, Jingxuan Wei, and Yue Ren. 2020. "Apartment Floor Plans Generation via Generative Adversarial Networks." In Proceedings of the 25th International Conference on Computer-Aided Architectural Design Research in Asia (CAADRIA), 601–610. Bangkok, Thailand.